21世纪高等学校计算机
基础实用规划教材

C程序设计基础
（第2版）

◎ 王珊珊 臧冽 张志航 皮德常 编著

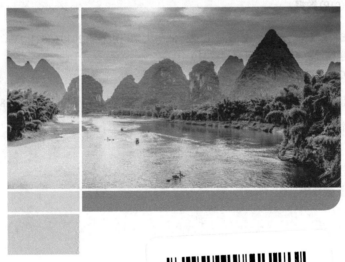

清华大学出版社

北京

内 容 简 介

本书全面介绍标准 C 语言的相关知识,内容包括:C 语言概述,基本数据类型、运算符和表达式,标准设备的输入输出,C 语言的流程控制,函数,编译预处理,数组,结构体、共用体和枚举类型,指针,链表及其算法,数据文件的使用等。

本书力求概念严谨,同时做到深入浅出、通俗易懂;通过大量的例题和习题帮助程序设计初学者掌握必需的基本语法和常用算法。

本书适合作为高等学校计算机专业和非计算机的理工科各专业的程序设计基础课程教材,也可以作为广大计算机爱好者的自学教材。

图书在版编目(CIP)数据

C 程序设计基础/王珊珊等编著.—2 版.—北京:清华大学出版社,2019(2024.1重印)

(21 世纪高等学校计算机基础实用规划教材)

ISBN 978-7-302-51263-9

Ⅰ. ①C… Ⅱ. ①王… Ⅲ. ①C 语言–程序设计–高等学校–教材 Ⅳ. ①TP312.8

中国版本图书馆 CIP 数据核字(2018)第 212148 号

责任编辑: 付弘宇 张爱华
封面设计: 刘 键
责任校对: 时翠兰
责任印制: 杨 艳

出版发行: 清华大学出版社
　　　　　网　　址: https://www.tup.com.cn, https://www.wqxuetang.com
　　　　　地　　址: 北京清华大学学研大厦 A 座　　　　　邮　　编: 100084
　　　　　社 总 机: 010- 83470000　　　　　邮　　购: 010- 62786544
　　　　　投稿与读者服务: 010-62776969, c-service@tup.tsinghua.edu.cn
　　　　　质量反馈: 010-62772015, zhiliang@tup.tsinghua.edu.cn
　　　　　课件下载: https://www.tup.com.cn, 010-83470236
印 装 者: 三河市君旺印务有限公司
经　 销: 全国新华书店
开　 本: 185mm×260mm　　　　印　张: 20　　　　字　　数: 486 千字
版　 次: 2007 年 9 月第 1 版　 2019 年 2 月第 2 版　　印　　次: 2024 年 1 月第 6 次印刷
印　 数: 4501~5000
定　 价: 59.00 元

产品编号: 044412-02

出 版 说 明

  随着我国改革开放的进一步深化，高等教育也得到了快速发展，各地高校紧密结合地方经济建设发展需要，科学运用市场调节机制，加大了使用信息科学等现代科学技术提升、改造传统学科专业的投入力度，通过教育改革合理调整和配置了教育资源，优化了传统学科专业，积极为地方经济建设输送人才，为我国经济社会的快速、健康和可持续发展以及高等教育自身的改革发展做出了巨大贡献。但是，高等教育质量还需要进一步提高以适应经济社会发展的需要，不少高校的专业设置和结构不尽合理，教师队伍整体素质亟待提高，人才培养模式、教学内容和方法需要进一步转变，学生的实践能力和创新精神亟待加强。

  教育部一直十分重视高等教育质量工作。2007 年 1 月，教育部下发了《关于实施高等学校本科教学质量与教学改革工程的意见》，计划实施“高等学校本科教学质量与教学改革工程（简称‘质量工程’）”，通过专业结构调整、课程教材建设、实践教学改革、教学团队建设等多项内容，进一步深化高等学校教学改革，提高人才培养的能力和水平，更好地满足经济社会发展对高素质人才的需要。在贯彻和落实教育部“质量工程”的过程中，各地高校发挥师资力量强、办学经验丰富、教学资源充裕等优势，对其特色专业及特色课程（群）加以规划、整理和总结，更新教学内容、改革课程体系，建设了一大批内容新、体系新、方法新、手段新的特色课程。在此基础上，经教育部相关教学指导委员会专家的指导和建议，清华大学出版社在多个领域精选各高校的特色课程，分别规划出版系列教材，以配合“质量工程”的实施，满足各高校教学质量和教学改革的需要。

  本系列教材立足于计算机公共课程领域，以公共基础课为主、专业基础课为辅，横向满足高校多层次教学的需要。在规划过程中体现了如下一些基本原则和特点。

  （1）面向多层次、多学科专业，强调计算机在各专业中的应用。教材内容坚持基本理论适度，反映各层次对基本理论和原理的需求，同时加强实践和应用环节。

  （2）反映教学需要，促进教学发展。教材要适应多样化的教学需要，正确把握教学内容和课程体系的改革方向，在选择教材内容和编写体系时注意体现素质教育、创新能力与实践能力的培养，为学生的知识、能力、素质协调发展创造条件。

  （3）实施精品战略，突出重点，保证质量。规划教材把重点放在公共基础课和专业基础课的教材建设上；特别注意选择并安排一部分原来基础比较好的优秀教材或讲义修订再版，逐步形成精品教材；提倡并鼓励编写体现教学质量和教学改革成果的教材。

  （4）主张一纲多本，合理配套。基础课和专业基础课教材配套，同一门课程可以有针对不同层次、面向不同专业的多本具有各自内容特点的教材。处理好教材统一性与多样化，基本教材与辅助教材、教学参考书，文字教材与软件教材的关系，实现教材系列资源配套。

（5）依靠专家，择优选用。在制定教材规划时依靠各课程专家在调查研究本课程教材建设现状的基础上提出规划选题。在落实主编人选时，要引入竞争机制，通过申报、评审确定主题。书稿完成后要认真实行审稿程序，确保出书质量。

繁荣教材出版事业，提高教材质量的关键是教师。建立一支高水平教材编写梯队才能保证教材的编写质量和建设力度，希望有志于教材建设的教师能够加入到我们的编写队伍中来。

21世纪高等学校计算机基础实用规划教材

联系人：魏江江 weijj@tup.tsinghua.edu.cn

前　言

C 语言是在由 UNIX 的研制者（美国贝尔实验室的 Dennis Ritchie 和 Ken Thompson）于 1970 年研制出的 B 语言的基础上发展和完善起来的。1972 年，在 DEC PDP-11 计算机上实现了最初的 C 语言，此后 C 语言伴随着计算机的发展一直走到了今天。

C 语言是一种支持过程化的、实用的程序设计语言，是高校学生学习程序设计的一门必修基础课程，同时也是编程人员广泛使用的工具。学好 C 语言，可以触类旁通其他语言，如 C++、Java、C#和 VB 等。本书是编者在总结过去 20 多年的教学和实践经验的基础上编写而成的，适合用作高等学校计算机专业和非计算机的理工科专业的程序设计基础课程教材，也可供读者自学使用。本书目前被用作南京航空航天大学理工科各专业的程序设计语言课程教材。

本书作者主张的教学理念是注重程序设计算法的教学，注重对学生算法思路的逻辑训练。本书讲述力求概念严谨，同时做到深入浅出、通俗易懂。各章节配有大量的例题和习题，主要是针对各章的教学难点和重点以及各种算法而设计的。在选择例题和习题时，尽量涵盖目前程序设计语言课程的各种算法类型，使初学者见到习题后，能够在教材的例题中找到相似的例子，这样对初学者来说，解题就不是一件非常困难的事情。建议教师在进行课本教学外，根据实际情况安排课程设计，选用适合不同层次学生的课程设计题目，强化训练学生动手编写较大规模程序的能力。

2007 年本书的第 1 版《程序设计语言——C》出版，至今已使用多年，在学生中取得了良好的反响。第 1 版的程序运行环境是 Turbo C 2.0，为了适应计算机软硬件环境的变化，本书的程序运行环境改为 Visual Studio 2010（简称 VS2010）。在教材内容上，本书在第 1 版的基础上，修正了部分不足，文字描述更加准确；本书对第 1 版全部源程序例子做了少量增删，并对源程序主函数的书写格式做了调整，调整前和调整后的格式如下：

```
main()              //调整前的程序书写格式，主函数没有明确指定返回值
{
    //…语句
}


int main()          //调整后的程序书写格式，主函数的返回值类型指定为 int
{
    //…语句
    return 0;       //调整后，增加 return 语句
}
```

本书主要具有以下几点特色。

（1）整体考虑计算机和非计算机专业的教学要求，适用于计算机专业和非计算机的理工科各专业。

（2）本书比较"瘦"，页码相对较少。笔者曾调研过一些高校，该课程的课时约为40~56。既然学时有限，那么书的厚度也应相应配套。

（3）在内容顺序的安排上更加合理，方便计算机专业和非计算机专业的学生在学习时进行内容上的取舍。例如提前讲解结构体、枚举等内容，这为学生在后续的学习中使用这些内容进行实验做了铺垫。此部分内容在其他许多同类教材中都是最后讲解。又如，在介绍链表时分别讲解了不带头结点和带头结点的链表算法，满足不同专业的教学需要。

（4）给出部分算法的来历和数学证明（如筛选法求素数以及汉诺塔问题），增加趣味性。

（5）在作业安排上，从易到难，环环相扣。有许多学生学过 C 语言，却不会编程。编者在教学中认识到了这一点，因此设计了许多与实际有关的习题，并且这些习题都是彼此相关的。

（6）本书通俗易懂，深入浅出，将复杂的概念采用浅显的语言讲述，便于读者理解和掌握。

本书第 1~3 章、第 9~11 章由王珊珊执笔（其中 10.3.3 节由皮德常执笔），第 5~8 章由臧洌执笔，第 4 章由张志航执笔。全书由王珊珊负责统稿。皮德常仔细通读了全书，在基本概念及文字描述上做了把关，并给出部分算法的来历和数学证明。参加本书编写工作的还有朱敏、张定会、钱忠民、潘梅园、张卓莹、刘佳、朱玉莲等。

讲述本书全部内容的建议学时为：理论教学 48 学时，课程设计 16~32 学时（内容另行安排），上机实验 50 学时。本书的实验环境是 Visual Studio 2010，书中全部例题和习题均已在该环境中通过编译和运行。书中标题前加"*"的章节为选学内容。

本书提供所有例题的源代码和习题的答案，同时向选用本书作教材的教师提供讲课用的 PowerPoint 格式电子教案。读者可以直接从清华大学出版社网站（http://www.tup.com.cn）下载这些资源。资源下载的相关问题请联系 fuhy@tup.tsinghua.edu.cn。

与本书配套的实践教材《C 语言程序设计上机实验及学习指导》已由南京大学出版社出版。该实践教材的主要内容是与本书配套的上机实验、课程设计以及针对每章知识点的练习题及解析，是本书的补充。两本教材形成了完整的教材体系，是保障教学质量的基础。

由于编者的水平有限，本书中难免存在疏漏之处，恳请专家和广大读者指正。可以通过电子邮件与编者联系：shshwang@nuaa.edu.cn（王珊珊），zangliwen@nuaa.edu.cn（臧洌），zzh20100118@qq.com（张志航），dc.pi@nuaa.edu.cn（皮德常）。

编　者

2018 年 6 月

于南京航空航天大学

目　录

第1章 C 语言概述

1.1 计算机语言与程序

人类语言是人与人之间交流信息的工具，而计算机语言是人与计算机之间交流信息的工具。用计算机解决问题时，人们必须首先将解决该问题的方法和步骤按一定序列和规则用计算机语言描述出来，形成计算机源程序，经过编译、连接，生成可执行程序，然后计算机就可自动执行该程序，完成所需要的功能。

计算机语言与程序经历了以下三个阶段的发展。

1.1.1 机器语言与程序

机器语言是第一代计算机语言。

我们知道，在计算机内部采用二进制表示信息。指挥计算机完成一个基本操作的指令也是由二进制代码构成的，称为机器指令。每一条机器指令的格式和含义都是由设计者规定的，并按照这个规定设计和制造硬件。一个计算机系统的全部机器指令的总和称为指令系统，也就是机器语言。用机器语言编写的程序为如下形式：

```
0000 0100 0001 0010
0000 0100 1100 1010
0001 0010 1111 0000
1000 1010 0110 0001
      ⋮
```

上面每一行都是一条机器指令，代表一个具体的操作。用机器语言编写的程序能直接在计算机上运行，运行速度快、效率高，但必须由专业人员编写程序。机器语言程序依赖于硬件，程序的可移植性差。所谓移植，是指在一个计算机系统下编写的程序经过改动可以在另一个计算机系统中运行，并且运行结果一致。改动越少，表示可移植性越好；反之，表示可移植性越差。

1.1.2 汇编语言与程序

汇编语言是第二代计算机语言。

汇编语言是一种符号语言，它将难以记忆的二进制指令用有意义的英文单词缩写来代替，英文单词缩写被称为助记符，每一个助记符代表一条机器指令。例如，用助记符 ADD 表示"加"操作，用 SUB 表示"减"操作。用汇编语言编写的程序为如下形式：

```
MOV  AL  12D          /* 表示将十进制数 12 送往累加器 AL */
```

```
SUB  AL  18D          /* 表示从累加器 AL 中减去十进制数 18 */
   ⋮
HLT                   /* 表示停止执行程序 */
```

汇编语言提高了程序的可读性和可写性，使编程者在编写程序时稍微轻松了一点。但汇编语言程序不能在计算机上直接运行，必须把它翻译成相应的机器语言程序才能运行。将汇编语言程序翻译成机器语言程序的过程称为汇编。汇编过程是计算机运行汇编程序自动完成的，如图 1-1 所示。汇编程序是一种计算机系统软件。

图 1-1　汇编过程

1.1.3　高级语言与程序

如上所述，机器语言和汇编语言都是面向机器的语言，受计算机硬件机型的限制，通用性差，不便于学习，一般只适用于专业人员。为了从根本上解决这个问题，人们创造了高级程序设计语言，简称高级语言。高级语言采用类似于人类自然语言和数学语言的方式描述问题、编写程序。例如，用 C 语言编写的一个程序片段如下：

```
int a, b, c;              /* 定义变量 a, b, c */
scanf("%d%d", &a, &b);    /* 输入变量 a, b 的值 */
c = a + b;                /* 将变量 a, b 的值相加，结果赋给变量 c */
printf("c=%d\n", c);      /* 输出求和结果 */
```

该程序片段每条语句的功能已给出说明。用高级语言编写程序时，不需要了解计算机的内部硬件结构，只要告诉计算机"做什么"即可。至于计算机用什么机器指令去完成（即"怎么做"），编程者不需要关心。也就是说，编写高级语言程序时，不需要考虑具体的计算机硬件系统。

但是，计算机无法直接执行高级语言程序，必须将高级语言程序翻译成机器语言程序才能执行。翻译过程分成两步完成，即编译和连接，如图 1-2 所示。

图 1-2　编译、连接过程

高级语言源程序经编译后得到目标程序（一种形式的机器语言程序），再经过与库程序（包含系统提供的通用函数目标代码）的连接生成可执行的机器语言程序。编译程序和连接程序分别完成编译和连接工作，它们也是计算机系统软件。

高级语言是第三代计算机语言。高级语言不仅易学易用，通用性强，而且具有良好的可移植性。因为不同的计算机系统有不同的编译程序（也称编译器），将高级语言源程序重新编译（在编译之前有时需要对源程序稍加改动，称为移植）后，即可在不同的计算机系统中运行。

目前世界上有数百种高级语言，应用于不同领域，而 C 语言作为其中的优秀代表，得到了普遍应用。

1.2 C 语言的发展及其特点

C 语言与 UNIX 操作系统关系密切。最初的 UNIX 是采用汇编语言编写的，而后出现了 B 语言版本的 UNIX（它是第一个用高级语言编写的 UNIX）。C 语言是美国贝尔实验室的 Dennis M. Ritchie 在 B 语言版的 UNIX 基础上开发出来的，1972 年在 DEC PDP-11 计算机上实现了最初的 C 语言。当时开发 C 语言的目的就是为了编写新版 UNIX 操作系统，新版 UNIX 操作系统中 90%的代码用 C 语言编写，10%的代码用汇编语言编写。随着 UNIX 操作系统的广泛应用，C 语言也被人们认识和接受。

20 世纪 80 年代前后，C 语言在各种计算机上的快速推广产生了许多 C 语言版本。这些版本虽然是类似的，但通常互不兼容。显然人们需要一个与开发平台和机器无关的标准 C 语言版本。从 1983 年开始，美国国家标准协会（American National Standard Institute，ANSI）着手制定 C 语言的规范，到 1989 年完成了 ANSI C 标准的制定。Brian W. Kernighan 和 Dennis M. Ritchie 编著的 *The C Programming Language—Second Edition*（1988 年，第 2 版）介绍了 ANSI C 的全部内容，该书被称为 C 语言的圣经（C Bible）。该书的第 1 版在 1978 年完成，有兴趣的读者可参考阅读。

目前国际标准化组织（ISO）推出的最新的、成熟的 C 语言标准有 C99 和 C11 等，因为本书是 C 语言的入门教材，讲授的是 C 语言的基本知识，所以本书基本上遵循 ANSI C 标准。有兴趣的读者可自行参阅相关的 C 语言新标准。

C 语言具有如下优点。

（1）语言简洁、紧凑，使用方便、灵活。C 语言只有 32 个关键字，程序书写形式自由。

（2）具有丰富的运算符和数据类型。

（3）C 语言可以直接访问内存地址，进行位操作，完成类似于汇编语言的操作，使其能够胜任开发系统软件的工作。有时 C 语言也被称为中级语言，其含义是它将高级语言的优点与汇编语言的实用性结合在一起。

（4）生成的目标代码质量高，程序运行效率高。

（5）可移植性好。即程序可以很容易地被改写并运行在不同的计算机系统上。

但是，C 语言也具有如下局限性。

（1）C 语言的数据类型检查机制较弱，这使得程序中的一些错误不能在编译时被发现。

（2）C 语言本身几乎没有支持代码重用的语言结构，因此一个程序员精心设计的程序很难为其他程序所用。

（3）当程序达到一定规模时，程序员很难控制程序的复杂性。

C语言既适用于开发大型的复杂系统软件，也可以开发一般的应用软件。

C语言的发展方向是C++语言。在C语言的基础之上，为了满足管理程序的复杂性以及代码重用的需要，1980年贝尔实验室的Bjarne Stroustrup博士及其同事对C语言进行了改进和扩充，最初的成果称为"带类的C"，而后称为"新C"。1983年，由Rick Mascitti提议，正式命名为C++（C Plus Plus）。因为在C语言中，运算符"++"是对变量进行增值运算，那么C++的喻义是对C语言进行"增值"。1994年制定了ANSI C++草案。此后又经过不断完善，成为目前的C++。C++语言仍然在不断的发展中。有兴趣的读者可以在学完本书内容后，继续学习C++语言。

1.3　简单的C程序

下面举一个简单的例子来说明C程序的基本结构。

例1-1　第一个简单的C程序，源程序名为Li0101.c。

```
/* ------------------------------------------------------------
       程序名：Li0101.c
       程序功能：输出一行信息
       开发者：XXX
       开发时间：2015 年 2 月 10 日
       修改时间：2017 年 6 月 16 日
       其他说明：  …
       ------------------------------------------------------------
*/
#include<stdio.h>

int main()
{
  printf("Programming is exciting!\n");
  return 0;
}
```

上述程序由注释语句和主函数构成。

C程序的注释语句从"/*"开始，到"*/"结束，在"/*"和"*/"之间对程序的功能、语句的功能以及一些程序的设计思想做说明。注释分成两种：一种是块状的序言性注释；另一种是书写在一行中的功能性注释。本例中的注释是块状注释，一般写在程序的开头部分，跨多行书写，内容包括源程序名称、总体功能、程序开发者、开发日期、修改日期等。一般在编写大型正式程序时给出序言性注释，在学习C程序设计基础时忽略该注释。在下面的例1-2中可以看到在一行中书写的功能性注释，一般写在一行的后半部分，对本行语句做说明。注释语句是给程序开发者看的，对产生程序的可执行代码没有影响。C语言对源程序正式编译之前，会将注释语句从源程序中删除，参见第11章中例11-6。

任何C程序必须包含一个主函数，函数名是main，它是主控函数，表示程序从该函数开始执行。例1-1中，int main()是函数的首部，紧接着是由花括号{}括起来的函数体。在函数体中，按照算法写出语句，完成指定的功能。上述程序在主函数中调用系统标准输出函数 printf()，完成输出一行字符串的功能。字符串是用双引号括起来的字符序列，该序列尾部的"\n"是一个控制字符，完成换行功能。

运行该程序，输出如下信息：

```
Programming is exciting!
```

注意：输出"\n"其意义不是输出字符\n，而是完成换行控制功能，即把当前输出点移至下一行的起始位置，等待下面的输出。即如果后续还有输出，则从下一行开始输出。

例 1-2 第二个简单的 C 程序。

```
/* ----------------------------------------------------------------
        Li0102.c  该程序输入一个数，求出并输出该数的平方
   ----------------------------------------------------------------
*/
#include<stdio.h>

int main()
{
  int num, square;                  /* 定义变量 num 和 square */

  printf("num = ");                 /* 输出提示信息 */
  scanf("%d", &num);                /* 输入一个数，赋给变量 num */
  square = num * num;               // 求 num 的平方，结果赋给变量 square
  printf("square = %d\n", square);  // 输出变量 square 的值
  return 0;
}
```

上述程序对主函数中各个语句的功能都用注释语句给出了说明。注意最后两行的注释是以"//"开头的，这是 VS2010 环境中给出的一种新的注释格式，表示从"//"开始到行尾是注释，它只能书写在一行中的后半部分。

该程序的运行结果为：

```
num = 8<Enter>
square = 64
```

其中，带下画线的部分为用户的输入，<Enter>表示<回车>，本书约定所有程序的输入都采用这种带下画线的形式表示。执行上述程序时，首先在屏幕上显示：

```
num =
```

等待用户输入一个整数，假如输入的是 8<Enter>，则输出结果是：

```
square = 64
```

例 1-3 一个由两个函数构成的 C 程序。

6

```
/* ------------------------------------------------------------
       Li0103.c  该程序调用函数 fsum()求两个数之和
   ------------------------------------------------------------
*/
#include<stdio.h>

int fsum(int x, int y)              /* A行 */
{
  int z;

  z=x+y;
  return z;                         /* B行 */
}
int main()
{
  int  a, b, c;                     /* 定义变量a、b和c */

  a=3;                              /* 给变量a赋值 */
  b=5;                              /* 给变量b赋值 */
  c = fsum(a, b);                   /* (C行)求a与b之和，结果赋给变量c */
  printf("c = %d\n", c);            /* 输出变量c的值 */
  return 0;
}
```

　　C 程序可以由若干函数组成，本程序由两个函数组成。程序从主函数 main()开始，当执行到 C 行时，发生函数调用，流程转入 A 行执行函数 fsum()，同时将实际参数（简称实参）a 和 b 的值分别赋给形式参数（简称形参）x 和 y；函数 fsum()执行结束，到达 B 行，将计算结果 z 通过 return 语句带回主函数；同时程序的流程返回到主函数中的 C 行，并将函数 fsum()的计算结果 8 赋值给变量 c，程序继续执行，调用 printf()函数输出：c = 8。

　　从本例看出，一个 C 程序由若干函数构成，程序的执行总是从 main()开始，当发生函数的调用及返回时，程序的执行流程在函数间跳转。

1.4　程序开发的步骤

　　开发 C 语言程序，一般在集成开发环境中进行，本书使用的集成开发环境是 VS2010。编程者首先在集成开发环境中输入源程序（扩展名为.c），如源程序名为 Li0101.c。在集成环境中启动编译程序，将源程序转化成目标程序（扩展名为.obj），如 Li0101.obj，即目标程序文件和源程序文件的主文件名一致，文件扩展名为.obj。然后启动连接程序，将目标程序与库程序（一般扩展名为.lib）连接，生成可执行程序（扩展名为.exe），如 Li0101.exe。最后运行可执行程序。

　　在程序开发的各个阶段，如编译、连接、执行，均有可能出现错误。当出现错误后，必须返回到程序的编辑状态，对源程序进行修改。

程序的开发步骤如图 1-3 所示。

图 1-3　开发 C 程序的步骤

习　题　1

1．程序设计语言经过了几代的发展？各代程序的书写形式有何变化？如何运行各代程序？

2．什么是程序的可移植性？如何评价程序可移植性的优劣？

3．C 语言的优点和局限性是什么？

4．C 程序的基本结构是什么？在 C 程序中如何写注释？

5．简要说明 C 程序的开发步骤。

6．上机运行本章的三个例子程序，熟悉所用集成开发环境。

7．仿照例 1-1，编写程序，输出以下三行信息：

```
******************************************
*         Microsoft VS2010             *
******************************************
```

8．仿照例 1-3，编写一个函数 int average(int x, int y, int z)，用于求三个整数的平均值。在主函数中调用 average()函数，求出三个变量 a、b 和 c 的平均值，并输出该平均值。

C 语言概述

第2章 数据类型、运算符和表达式

学习编写程序，首先要了解程序的基本组成要素。从形式上说，C 程序是由一些符号、单词构成的语句组成；从逻辑上说，程序=数据结构+算法。所以必须首先了解构成程序的符号、单词和数据。本章主要介绍这些构成程序的基本语法要素。

2.1 保留字和标识符

2.1.1 保留字

保留字（reserved word）也称关键字（keyword），它们是 C 语言预先定义并保留做自身使用的字符序列，具有特殊的含义及用法，编程者不能将它们用作自己的变量或函数名等。例如，在例 1-2 中的"int num, square;"一行，int 是保留字，它是类型说明符，此行中用于定义整型变量。ANSI C 中共有 32 个保留字，它们是：

auto	break	case	char	const	continue	default
do	double	else	enum	extern	float	for
goto	if	int	long	register	return	short
signed	sizeof	static	struct	switch	typedef	union
unsigned	void	volatile	while			

这些保留字的意义和用法将在以后逐步介绍。

2.1.2 标识符

标识符（identifier）是有效字符序列，用来标识用户自己定义的变量名、符号常量名、函数名、数组名、类型名等。例如，在例 1-3 的主函数中，变量名 a、b 和 c 以及函数名 fsum 均为用户定义的标识符。

标识符的命名应遵循以下规则。

（1）不能是保留字。

（2）只能由字母、数字和下画线三种字符组成，区分大小写字母，如 sum 与 Sum 为不同的标识符。

（3）第一个字符必须为字母或下画线。

（4）中间不能有空格。

（5）标识符可以为任意长度，一般以不超过 31 个字符为宜。特定的 C 语言编译系统对标识符的长度有具体的规定。

（6）一般不要与 C 语言中的库函数名相同。

以下是 6 个合法标识符：

```
myName          Average      GetDay
StudentName     _above       Lotus_1_2_3
```

以下是 5 个非法标识符：

```
M.D.John    $123    3D64    a>b    3DMax
```

为了增强程序的可读性，标识符本身要有意义，命名时应遵循指定的规则。近年来越来越流行的规则有：驼峰命名法，其中第一个单词首字母小写，余下的单词首字母大写，例如 studentName；帕斯卡（Pascal）命名法（也称大驼峰命名法），所有单词首字母均为大写，例如 StudentName。另外还有匈牙利命名法等规则，读者可自行学习。

2.2 C 语言的基本数据类型

程序中经常需要处理数据。描述一个数据需要两方面的信息：一是数据占用的存储空间的大小（即该数据占用的字节数）；二是该数据允许执行的操作或运算。为数据赋予类型就可以明确这两方面的信息。C 语言的数据类型分为两类：一类是基本数据类型；另一类是导出数据类型。基本数据类型包括字符型、整型、单精度实型（简称实型）、双精度实型和空类型。导出数据类型是由基本数据类型构造出来的新的数据类型，包括数组、指针和结构体等，相关内容请参阅后续相关章节。表 2-1 列出了 C 语言的基本数据类型及各类型数据的取值范围。

表 2-1 C 语言的基本数据类型及各类型数据的取值范围

类型标识	名称	占用字节数/字节	取值范围	有效数字位数/位
char	字符型	1	$-128\sim127$	
int	整型	4	$-2^{31}\sim(2^{31}-1)$	
float	单精度实型	4	$-10^{38}\sim10^{38}$	7（VS2010 中）
double	双精度实型	8	$-10^{308}\sim10^{308}$	16（VS2010 中）
void	空类型		无值	

字符型量用于表示一个字符，一般存储该字符的 ASCII 码值，占用 1 字节的存储空间，也可以将其看成一个 8 位二进制长度的整数。整型量用于表示一个整数，其占用的二进制位数随不同的 C 语言集成开发环境而不同，在 VS2010 中占用 4 字节，本教材中默认整型数据占用 4 字节。实型量用来表示一个实数，按浮点格式存储数据，两种实型量因占用的字节数不同，其表示的数据范围也不同。实型量"有效数字位数（指十进制位数）"的意义是，从第一个非零值开始，在有效数字位数范围内的数字能正确地在计算机内部存储，超过了有效数字位数的数字就无法存储，因而不能正确表示。实型量的有效数字位数与具体的浮点存储格式有关，感兴趣的读者可参阅相关书籍。

对于字符型量和整型量，均可以把它们看成整型量。在类型标识符 char 和 int 之前加上修饰词后，可以得到其他类型的整型量。这些修饰词有 signed（有符号的）、unsigned（无符号的）、long（长的）、short（短的），组合后的数据类型见表 2-2。

表 2-2   C 语言的全部整型数据类型

类型标识	类型标识最简形式	名称	占用字节数/字节	取值范围
[signed] char	char	有符号字符型	1	$-128 \sim 127$
unsigned char	unsigned char	无符号字符型	1	$0 \sim 255$
[signed] short [int]	short	有符号短整型	2	$-32\,768 \sim 32\,767$
unsigned short [int]	unsigned short	无符号短整型	2	$0 \sim 65\,535$
[signed] int	int	有符号整型	4	$-2^{31} \sim (2^{31}-1)$
unsigned [int]	unsigned	无符号整型	4	$0 \sim (2^{32}-1)$
[signed] long [int]	long	有符号长整型	4	$-2^{31} \sim (2^{31}-1)$
unsigned long [int]	unsigned long	无符号长整型	4	$0 \sim (2^{32}-1)$

表 2-2 的类型标识中方括号括起的部分可省略，例如 signed long int 等价于 long。

类型标识符可用于定义变量，如 "int a=5, b=-5;" 定义了两个整型变量 a 和 b，这两个变量的初值分别是 5 和-5。整型量在内存中以补码形式存放，例如一个 int 型量占用 4字节（即 32 个二进制位），上述 a 和 b 两个量在内存中存放的形式为：

a: 0000 0000 0000 0000 0000 0000 0000 0101
b: 1111 1111 1111 1111 1111 1111 1111 1011

补码的最高位是符号位。5 是正数，其补码形式与原码相同。-5 的补码是其原码取反加 1。

注意：int 型量与 unsigned int 型量的区别如图 2-1 所示。int 型量是 32 位的，采用补码形式表示，第一个二进制位是符号位；unsigned int 型量也是 32 位的，采用原码形式表示，没有符号位。任何二进制编码，其意义取决于其数据类型，例如，对于二进制编码 1111 1111 1111 1111 1111 1111 1111 1011，如果它是一个 int 型量，则其值为-5。如果它是一个 unsigned int 型量，则其值为 4 294 967 291（等于 $2^{32}-1-4$）。

图 2-1   int 型量与 unsigned int 型量的区别

2.3   常量和变量

2.3.1   常量

在程序运行过程中，其值不能被改变的量称为常量。编程者可以直接在程序中书写常量。如在例 1-3 中的语句 "a=3;" 和 "b=5;"，直接在程序中书写整型常量 3 和 5。例 1-1

中直接书写字符串常量"Programming is exciting!\n"。下面对各种类型的常量及其书写形式做详细介绍。

1. 整型常量

（1）十进制常量，如 123、–456。

（2）八进制常量，如 0123、–016。八进制整型常量以 0（零）开头，在数值中可以出现数字符号 0～7。

（3）十六进制常量，如 0x123、–0xAB。十六进制整型常量以 0x（零 x）或 0X 开头，在数值中可以出现数字符号 0～9、A～F（或小写字母 a～f）。

（4）长整型与无符号整型常量。

在一个整型常量后加后缀 L 或 l（小写的 L），表示该常量是长整型的；在一个整型常量后加后缀 U 或 u（小写的 U）表示该常量是无符号型的。

长整型常量如 12L、0234L、–0xABL、12l、0234l、–0xABl；无符号整型常量如 12U、0234U、0xABU、12u、0234u、0xABu。

注意：程序中书写的整型常量（如 12）若不加任何后缀，则其默认的数据类型是 int。

2. 实型常量

实型常量均为十进制数，无数制区分，在内存中以浮点格式存储。在程序中有两种书写形式，分别为：

- 小数形式，必须写出小数点，如 1.65、1.、.123 均是合法的实型常量。
- 指数形式，也称科学表示法形式，如 1.23×10^5 和 1.23×10^{-5} 在程序中可以书写成 1.23e5 和 1.23e–5。小写的 e 也可以写成大写的 E，e 或 E 前必须有数字，e 或 E 后必须是整型量，如 1000 应写为 1e3，而不能写成 e3。

注意：程序中书写的实型常量，如 1.2，其默认的数据类型是 double。若要指定某个常量是 float 型常量，则需要加后缀 f，如常量 1.2f，其数据类型是 float。

3. 字符型常量

用单引号括起来的一个字符称为字符型常量（简称字符常量），如 'a'、'A'、'?' 和 '#'。在内存中对应存储字符的 ASCII 码值，其数据类型为 char。用这种形式只能表示键盘上的可输入字符，而有些控制字符（见附录 A）就不能用这种形式表示，如 ASCII 码值为 10 的字符为控制字符，表示换行，无法用前述形式表示。为此，C 语言提供了另外一种表示字符常量的方法，即转义字符。转义字符是以反斜杠"\"开头的一种特殊的字符常量表示形式。例如，字符常量 'n' 表示字母 n，而 '\n' 表示控制字符换行，即跟随在"\"后的字母 n 的意义发生了转变，所以称为转义字符。注意，程序中的'\n'书写了两个字符，但其仅代表一个控制字符，其 ASCII 码值为 10，内存中仅存储一个 ASCII 码。在表 2-3 中列出了 C 语言中预定义的转义字符及其 ASCII 码。

表 2-3　C 语言中预定义的转义字符及其 ASCII 码

转义字符	名　　称	功能或用途	ASCII 码
\a	响铃	用于输出响铃	00000111
\b	退格（Backspace 键）	输出时回退一个字符位置	00001000

续表

转义字符	名　　称	功能或用途	ASCII 码
\f	换页	用于输出	00001100
\n	换行符	用于输出，移至下一行行首	00001010
\r	回车符	用于输出，回退至本行行首	00001101
\t	水平制表符（Tab 键）	用于输出，跳至下一个制表符起始位置	00001001
\v	纵向制表符	用于制表	00001011
\\	反斜杠字符	用于表示一个反斜杠字符	01011100
\'	单引号	用于表示一个单引号字符	00100111
\"	双引号	用于表示一个双引号字符	00100010
\ddd	ddd 是 ASCII 码的八进制值，最多三位	用于表示该 ASCII 码代表的字符	
\xhh	hh 是 ASCII 码的十六进制值，最多两位	用于表示该 ASCII 码代表的字符	
\0	空字符	ASCII 码值为 0，不代表任何字符	00000000

表 2-3 中倒数第 2、3 行是转义字符的高级形式，它可以表示任一字符。如 '\n' 表示控制字符换行，其 ASCII 码是十进制值 10，10 的八进制和十六进制值分别为 12 和 a，因此'\n'也可以表示成 '\12' 和 '\xa'。又如字母 A 的十进制 ASCII 码值是 65，它的八进制和十六进制值分别是 101 和 41，所以在程序中，字母 A 可以书写成 'A'、'\101'或'\x41'。特别注意表的最后一行，'\0'是'\ddd'的表示形式，其 ASCII 码值是八进制 0（十进制也是 0），它是空字符（即不表示任何字符），是 ASCII 码表中第一个字符，经常被用作字符串结尾标志，详细内容参见后续章节。

4. 字符串常量

字符串常量是用双引号括起来的字符序列，如"CHINA"、"How do you do."、"a"。字符串常量在内存中的存放形式是存放其连续字符的 ASCII 码值，末尾加一个结尾标志 '\0'。'\0' 的意义见 "3. 字符型常量"。如字符串"CHINA"在内存中的存放形式如图 2-2 所示。

注意：字符串常量 "a" 和字符常量 'a' 是不同的。字符常量 'a' 在内存中占用 1 字节，而字符串常量 "a" 在内存中占用 2 字节，如图 2-3 所示。

图 2-2　字符串在内存中的存放　　　图 2-3　字符和字符串在内存中存放形式的比较

2.3.2 符号常量

在程序中可以直接书写常量，但有时会遇到困扰。如进行数学计算时，在程序中需要多次使用π，因此编辑程序时多次输入常量 3.1415926，就可能出现数字输入错误的情况；另外，如果精度上需要变化，如将 3.1415926 改为 3.14，就需要在程序中进行多处修改。

C 语言提供了一种机制以解决上述困扰：用一个标识符代表一个常量，称为符号常量。编程者可以在程序的开头定义一个符号常量，令其代表一个值，在后续程序中可使用该符号常量。

符号常量的定义形式为：

```
#define   PRICE   30
#define   PI      3.1415926
#define   S       "China"
```

此 3 行定义了 3 个符号常量 PRICE、PI 和 S，它们的值分别是 30、3.1415926 和"China"。定义符号常量的好处是，如果在程序中多处使用了同一个常量，当需要修改该常量时，只需要在定义处修改一次即可，而不需要在程序中进行多次修改。注意，符号常量的命名一般用大写字母，并且给符号常量取有意义的名字有利于提高程序的可读性。例 2-1 说明符号常量的使用。

例 2-1 符号常量的使用。

```c
#include<stdio.h>
#define PI 3.14159
int main()
{
  float r, c, a, sa;

  r = 5.0;                  // 圆的半径
  c = 2 * PI * r;           // 计算圆周长
  a = PI * r * r;           // 计算圆面积
  sa = 4 * PI * r * r;      // 计算球表面积
  printf("PI = %f\n", PI);  // A
  printf("c = %f\n", c);
  printf("a = %f\n", a);
  printf("sa = %f\n", sa);
  return 0;
}
```

程序中多处使用了符号常量 PI，运行后输出：

```
PI = 3.141590
c = 31.415899
a = 78.539749
sa = 314.158997
```

数据类型、运算符和表达式

程序中的输出格式控制字符"%f"用于输出实型量，将在 3.2 节介绍。A 行字符串"PI = %f\n"中的 PI 是字符串常量的一部分，不是独立的符号常量。

2.3.3 变量

在程序的运行过程中，其值可变的量称为变量。变量根据其取值范围的不同可分为不同类型的变量，如字符型变量、整型变量、实型变量等。不同类型的变量所占用的存储空间是不同的。一个变量具有三个要素，即变量名、变量的存储空间、在存储空间中存放的该变量的值。变量名必须用标识符来标识。

1. 变量定义

变量定义的一般格式为：

[<存储类别>] <变量类型> <变量名 1>, <变量名 2>, …, <变量名 n>

这里暂时不必关心变量的<存储类别>，在后续有关章节中会做详细介绍。现在举几个变量定义的例子：

```
int a, b;              /* 定义 2 个整型变量 a 和 b */
unsigned u;            /* 定义 1 个无符号整型变量 u */
float f;               /* 定义 1 个单精度实型变量 f */
double d;              /* 定义 1 个双精度实型变量 d */
char c1, c2, c3;       /* 定义 3 个字符型变量 c1、 c2 和 c3 */
```

上述变量 a 和 b 均占用 4 字节空间，以补码方式存放整型值；变量 u 占用 4 字节空间，以原码方式存放整型值；变量 f 占用 4 字节空间，以单精度浮点方式存放实型值；变量 d 占用 8 字节空间，以双精度浮点方式存放实型值；变量 c1、c2 和 c3 均占用 1 字节空间，一般用于存放字符的 ASCII 码，也可存放 1 字节长度的整型量。

变量必须先定义后使用，原因如下。

（1）变量定义后它就具有变量的前两个要素了，即具有了变量名和变量的类型，系统根据类型给变量分配存储空间，并建立变量名和其存储空间的对应关系，于是可以通过变量名给变量的存储空间赋值或读取该存储空间中变量的值（称为变量的存取）。

（2）C 语言中某些运算对参加运算的数据量的类型有限制，变量具有类型后，便于编译器对运算的合法性做检查。

另外，请注意在一个程序单元中（如一个函数中）变量不能重复定义。

2. 变量赋初值

当使用变量时，变量必须有值，给变量赋初值的方法有以下两种。

（1）变量定义后，用赋值语句赋初值。例如：

```
int a, b;
char c1, c2;
a = 12; b = -24;
c1 = 'A'; c2 = 'B';
```

此处"="是赋值运算符，表示将赋值号右边的值放入赋值号左边的变量对应的存储空间中。

（2）在定义变量的同时，直接赋初值（称为变量的初始化）。例如：

```
int a = 12, b= -24;
char c1 = 'A', c2 = 'B';
```

3. 常变量

在 C 语言中还有一种量称为常变量，其定义形式如：

```
const double pi=3.14159;
```

其含义是：pi 具有变量的三个要素，即具有变量名、存储空间和值，其值必须在定义时给定，且在程序的运行过程中始终不允许被改变。

2.4　基本运算符和表达式

2.4.1　C 语言运算符及表达式简介

在 C 语言中，数据处理是通过运算来实现的。为表示一个计算过程，需要使用表达式，表达式是由运算符、运算量构成的一个计算序列。表 2-4 中列出了 C 语言的各种运算符及其优先级和结合性。

表 2-4　C 语言的运算符及其优先级和结合性

优先级	运　算　符	结合性
1	( ) . -> []	左→右
2	*（间接访问）&（取地址）! ~ ++ -- + - sizeof()　（类型）	右→左
3	*（乘）/（除）%（求余）（算术运算符）	左→右
4	+ -（算术运算符）	左→右
5	<< >>（位运算符）	左→右
6	< <= > >=（关系运算符）	左→右
7	== !=　（关系运算符）	左→右
8	&（位运算：与）	左→右
9	^（位运算：异或）	左→右
10	|（位运算：或）	左→右
11	&&（逻辑运算：与）	左→右
12	||（逻辑运算：或）	左→右
13	?:（条件运算，三目运算符）	右→左
14	= += -= *= /= %= <<= >>= &= ^= |=（赋值及复合赋值运算符）	右→左
15	,（逗号运算符）	左→右

若一个运算符只能对一个运算量进行，则称其为一元运算符或单目运算符，如表中第 2 行的 "-"（负号）运算符。若一个运算符要求两个运算量，则称其为二元运算符或双目运算符，如表中第 4 行的 "+"（加号）和 "-"（减号）运算符。若一个运算符要求三个运算量，则称其为三元运算符或三目运算符，如表中第 13 行的 "?:" 条件运算符。

下面介绍各类运算符的意义及使用。

2.4.2　算术运算符和算术表达式

C 语言提供了五个算术运算符：+（加）、–（减）、*（乘）、/（除）、%（求余），它们是二元运算符，其中 +（正号）和 –（负号）又可用作一元运算符。由运算符和运算量构成算术表达式，如表达式 (a+b)/2、a*b 和 –x 等均为合法的算术表达式。

值得注意的是，对于除法运算，当两个运算量均为整型量时为整除，例如 7/2 得到结果 3。当至少有一个运算量为实型量时则结果为实型量，例如 7.0/2 得到结果 3.5。

对于求余运算（或称模运算），要求运算量必须为整型量。例如，8%3 的运算结果为 2，而 8.0%3 为非法运算。

2.4.3　运算符的优先级和结合性

C 语言表达式中可以出现多个运算符和运算量，运算时必须按照一定的次序，运算符的优先级和结合性规定了运算次序。

所谓**优先级**是指不同的运算符具有不同的运算优先次序。若在同一个表达式中出现了不同级别的运算符，首先计算优先级较高的。

例如，表达式 d = a + b * c 中出现了三个运算符，即 =（赋值）、+（加）和 *（乘），这三个运算符的优先级由高到低依次是 *、+ 和 = ，所以先计算乘法，再计算加法，最后执行赋值运算，即将赋值运算符右边的表达式的值赋给变量 d。

括号可以改变运算优先次序，例如表达式 d = (a + b) * c 的运算次序是 +、* 和 =。

所谓**结合性**是指在表达式中若连续出现多个优先级相同的运算符时，如何进行运算。

例如，表达式 a + b – c + d 中出现的三个运算符运算优先级相同，从表 2-4 中查得，加减运算的结合性是自左向右，因此计算该表达式时，自左向右依次计算加、减、加。又如，表达式 a=b=c 中赋值运算符的结合性是自右向左，所以先进行右侧的赋值 b=c，再进行左侧的赋值，赋值运算符的使用详见 2.4.8 节的叙述。

2.4.4　关系运算符和关系表达式

关系运算符实际上就是比较运算符。关系运算符的意义及运算优先级如下：

<	小于	
<=	小于或等于	这四个运算符的优先级相同，且高于下面的两个
>	大于	
>=	大于或等于	
==	恒等于	这两个运算符的优先级相同，且低于上面的四个
!=	不等于	

关系表达式是用关系运算符连接两个表达式构成的，如 a>3.0、a+b>b+c、(a=3)>(b=5) 和 'a'<'b' 等。

关系运算符的优先级比算术运算符的优先级低，但比赋值运算符的优先级高。

参加关系运算的两个运算量可以是任意类型的数据。当比较结果成立时，结果为 1（表示"真"），当比较结果不成立时，结果为 0（表示"假"）。例如，若已知"int a=1, b=2, c=3;"，则表达式 a>b 的值为 0，表达式 b<a+c 的值为 1，表达式 a==b–1 的值为 1；表达式 c>b>a 的值为 0，因为按照运算符的结合性，首先计算 c>b 结果为 1，再计算 1>a，结果为 0（假），但在数学上 c>b>a 为真，所以 C 语言表达式和数学表达式的意义是不一样的。

2.4.5 逻辑运算符和逻辑表达式

C 语言中提供三个逻辑运算符，它们是：

!　　　　逻辑非（一元运算符）
&&　　　逻辑与（二元运算符）
||　　　　逻辑或（二元运算符）

若 a 和 b 是两个运算量，a&&b 的意义是：当 a、b 均为真时，表达式的值为真，否则表达式的值为假。a || b 的意义是：当 a、b 均为假时，表达式的值为假，否则表达式的值为真。!a 的意义是：当 a 为真时，!a 为假；当 a 为假时，!a 为真。逻辑运算的意义可以用如表 2-5 所示的真值表来概括。

表 2-5　逻辑运算真值表

a	b	a&&b	a || b	!a
0	0	0	0	1
0	1	0	1	1
1	0	0	1	0
1	1	1	1	0

逻辑表达式是用逻辑运算符连接表达式构成，如 a>b&&x>y、a==b || x==y 和 !a >b。三个逻辑运算符的优先级由高到低依次是 !、&&、||。取非运算符（!）的优先级比算术、关系运算符高。而与（&&）和或（||）的运算优先级比算术、关系运算符的优先级低，但比赋值运算符的优先级高。因此，上述三个逻辑表达式的意义等价于(a>b)&&(x>y)、(a==b)||(x==y) 和 (!a) >b。

参加逻辑运算的运算量可以是任意类型的。进行逻辑运算时，在判断运算量的真假时，规定：任何非 0 值表示逻辑真，0 值表示逻辑假。例如，若 a = –2, b=2.0，则 a 和 b 均为真，从而表达式 a&&b 的结果为真。

C 语言在给出关系表达式或逻辑表达式运算结果时，结果值只能是 1 或 0，1 代表真，0 代表假。例如，若 a=1, b = –2，则表达式 a>b 的值为 1。

注意：在 C 程序中，欲表示数学关系 $0 \leqslant x \leqslant 10$ 时，其表达式必须写成 0<=x && x<=10，而不能写成 0<=x<=10。因为 C 语言中表达式的运算是按照优先级和结合性进行的，与数学关系的含义不一样。例如，当 x = –1 时，数学关系 $0 \leqslant x \leqslant 10$ 显然是不成立的，而 C 语言表达式 0<=x<=10 的运算结果却为真，与数学关系式矛盾。C 语言中的计算过程是：由于表达式 0<=x<=10 中两个运算符的优先级相同，按照结合性，自左向右运算，先计算 0<=x，结果为 0；再计算 0<=10，结果为真。而对表达式 0<=x && x<=10，先计算 0<=x，结果为 0；再计算 0 && x<=10，结果为 0，与数学关系保持一致。注意，在计算表达式 0 && x<=10 时，涉及逻辑运算优化问题，详见 2.4.11 节的叙述。

2.4.6 位运算符和位运算表达式

位运算是对整型量的运算，而且规定符号位参加运算，主要用于编写系统软件，完成汇编语言能够完成的一些功能，例如对机器字以及机器字中的二进制位进行操作。

位运算符共有六个，它们是：按位与（&）、按位或（|）、按位异或（^）、按位取反（~）、左移（<<）和右移（>>）。下面逐一介绍。

1. 按位与（&）

运算符&将两个运算量的对应二进制位逐一进行逻辑与运算。每个二进制位（包括符号位）均参加运算。

例如：

```
char a=3, b=-2, c;    /* 此时，可将a、b和c看成是1字节长度的整型量 */
c = a & b;
```

	a	0000 0011
&	b	1111 1110
	c	0000 0010

运算结果：变量c的值为2。

2. 按位或（|）

运算符 | 将两个运算量的对应二进制位逐一进行逻辑或运算。每个二进制位（包括符号位）均参加运算。

例如：

```
char a=18, b=3, c;    /* 此时，可将a、b和c看成是1字节长度的整型量 */
c = a | b;
```

	a	0001 0010
|	b	0000 0011
	c	0001 0011

运算结果：变量c的值为19。

3. 按位异或（^）

运算符^将两个运算量的对应二进制位逐一进行异或运算。每个二进制位（包括符号位）均参加运算。异或运算的含义是，若对应位相异，结果为1；若对应位相同，结果为0。

例如：

```
char a=18, b=3, c;    /* 此时，可将a、b和c看成是1字节长度的整型量 */
c = a ^ b;
```

	a	0001 0010
^	b	0000 0011
	c	0001 0001

运算结果：变量c的值为17。

请读者思考：如下程序段执行后，a、b 的值分别是多少？参见本章习题第 12 题。

```
int a=5, b=9;
a = a^b;
b = a^b;
a = a^b;
```

4. 按位取反（~）

运算符~是一元运算符，结果是将运算量的每个二进制位逐一取反。

例如：

```
short int a=18, b;
b = ~a;
```

a   0000 0000 0001 0010

b=~a 1111 1111 1110 1101

运算结果：变量 b 的值为 −19，或记为十六进制数 0xffed。

5. 左移（<<）

设 a 和 n 均为整型量，左移运算的一般格式为：a<<n，其意义是将 a 的二进制位向左移动 n 位，高位移出的 n 个二进制位被舍弃，低位补 n 个 0。

例如，已知"short int a=15, x;"，则 a 的二进制形式是 0000 0000 0000 1111，执行"x = a<< 3;"运算后 x 的值是 0000 0000 0111 1000，其十进制值是 120。一个量左移一个二进制位，相当于乘以 2 操作。左移 n 个二进制位，相当于乘以 2^n 操作。程序运行时，左移 n 位比乘以 2^n 操作速度快。

左移运算存在溢出问题，因为整型量的最高位是符号位，当左移一位时，若符号位不变，则相当于乘以 2 操作，但当符号位变化时，就发生了溢出。例如，已知"char a = 127, x ;"，a 的二进制形式是 0111 1111，对表达式"x = a<<2;"进行运算后，x 的值 1111 1100，其十进制值是− 4，此时即发生了溢出。原因是 8 位二进制补码所能表示的正确的数的范围是 −128～+127，a 的值是 127，若将 a 的值乘以 2^2，逻辑上应得到 508，超出了所能表示的数的范围。溢出后，变量 x 的值是一个运算结果在逻辑上不正确的值−4。

6. 右移（>>）

设 a 和 n 均为整型量，右移运算的一般格式为：a>>n，其意义是将 a 的二进制位向右移动 n 位，低位移出的 n 位被舍弃，高位补 0 还是 1 呢？这取决于 a 是什么类型的整型量。若 a 是有符号的整型量，则高位补符号位；若 a 是无符号的整型量，则高位补 0。

例如：

```
char a = -4, b=4, x, y;
x = a >> 2;
y = b >> 2;
```

a: 1111 1100 → x: 1111 1111

b: 0000 0100 → y: 0000 0001

结果 x 的值是 −1，y 的值是 1。右移一位相当于除以 2 操作。

又如：

```
unsigned char a = -4, x;
x = a >> 2;
```

a: 1111 1100   →   x: 0011 1111

x 的值是 63。此时，右移一位符号位发生了变化，称为溢出，就不能表示除以 2 操作了。

说明：上述例子中对 a 进行左移或右移，a 本身的值并没有发生变化。这类似于

```
int a=1, b;
b = a+2;
```

执行后 a 本身的值并没有变化。

*例 2-2   编写程序，从一个 16 位的二进制数值中取出某几位。

假定变量 value 中存放一个 16 位二进制值，存储位自左向右从 1 开始编号，将 value 中从 n1 位开始到 n2 位结束的各位取出，存入另一变量 result，即要求 result 的值从 n1 位到 n2 位与 value 中的值保持一致，其余各位为 0。例如，若 value 的值为八进制值 101675，n1 为 5，n2 为 8，即 value 的值为：

取出 5~8 位

则 result 的值为：

保留 5~8 位不变，其余各位置 0

程序如下：

```
#include<stdio.h>
int main()         /* value=0101675 -> result=01400 */
{
  unsigned short int value=0101675, result;   // A
  int n1=5, n2=8;                              // B
  result = value<<(n1-1);                      // C
  result = result >>(n1-1+16-n2);
  result = result <<(16-n2);
  printf("%#o\n", result);                     // D
  return 0;
}
```

程序中的 A 行和 B 行直接给变量 value、n1 和 n2 赋值。也可以使用第 3 章将要学到的输入语句输入这三个变量的值，以编写通用程序。从 C 行开始连续进行左移和右移运算，value 的第 n1 位的左侧有 n1–1 个二进制位，value 的第 n2 位的右侧有 16–n2 个二进制位。

具体执行顺序是：①先进行左移，左移 n1–1 位后，结果原第 n1 位被移到第 1 位；②然后右移，右移的总位数是(n1–1+16–n2)，表示将待保留的位移回原位置后继续向右移动 16–n2 位，原第 n2 位被移到了第 16 位，因 result 是无符号型量，右移时最高位补 0；③最后将待保留的位左移回原位，即左移 16–n2 位，左移时最低位补 0。请思考：为什么将变量 value 定义成 unsigned short int 类型？是否可以定义成 short int 型？程序的 D 行将 result 按八进制数值形式输出，并输出表示数制的前导字符 0，输出结果为 01400。输出格式 "%#o" 将在第 3 章中介绍。

2.4.7　自增、自减运算符和表达式

C 语言提供了两个对变量进行增值的运算符，它们是自增（++）和自减（––）运算符，作用是使变量的值加 1 和减 1。这两个运算符均是一元运算符，而且只能对变量做运算。它们可以放在变量之前或之后，如++i、––i 表示先将 i 的值加 1 或减 1，然后再参加其他运算；而 i++、i––表示先用 i 的值参加运算，然后再将变量 i 的值加 1 或减 1。

例如：

```
int i = 3, j;
j = ++i;                    //前缀++运算
```

则运算结束后，i 的值是 4，j 的值也是 4。

又如：

```
int i = 3, j;
j = i++;                    //后缀++运算
```

则运算结束后，i 的值是 4，j 的值是 3。

再如：

```
int i = 3, j = 4, x;
x = (i++)+(j++);
```

则运算结束后，i 和 j 的值分别是 4 和 5，而 x 的值是 7。

注意：自增、自减运算符只能作用于变量，不能作用于表达式，如 3++ 或 ++(x+y) 都是非法的，原因是在这两个例子中，++作用在表达式上。

2.4.8　赋值运算符和赋值表达式

1. 赋值运算符

在 C 语言中，"="是赋值运算符，赋值表达式是由赋值运算符连接一个变量和一个表达式构成，其格式是：

<变量> <赋值运算符> <表达式>

如 a=8 和 a=b+c 均为赋值表达式。

赋值表达式的求解过程是：先计算<表达式>的值，再赋值给<变量>。

赋值表达式的值是<变量>的值。

注意：赋值表达式中<表达式>还可以是另外一个赋值表达式。赋值运算符"="与数学上的"等号"意义不一样，赋值表示一种运算，如 i = i+1 表示先计算赋值号右边的表达式 i+1，再把结果赋值给变量 i。赋值运算符的优先级比到目前为止介绍过的所有运算符的优先级都低，其结合性是从右向左的。如 b=c=d=a+5 是一个合法的赋值表达式，若 a 的初值是 3，则先计算表达式 a+5，结果是 8，将 8 赋给变量 d，此时赋值表达式 d=a+5 的值是 8，再从右向左依次计算 c=8、b=8，结果整个赋值表达式的值是 8。

又如，a=5+c=6 是非法表达式，因为按照运算符的优先级应先计算 5+c，再计算表达式最右边的赋值 "="，即将 6 赋给表达式 5+c，这是一个非法赋值。

再如，表达式 a=b=5 的值是 5，表达式 a=5+(c=6) 的值是 11，表达式 a=(b=4)+(c=6) 的值是 10，请读者自行思考是如何得到这几个表达式的计算结果的。

2．复合赋值运算符

表达式 a = a + 3 可简写成 a += 3；表达式 a = a * b 可简写成 a *= b。在 C 语言中，所有的二元算术运算符和二元位运算符都可以与赋值运算符组合成一个复合的赋值运算符，它们是：

```
+=        -=        *=        /=        %=
<<=       >>=       &=        ^=        |=
```

复合赋值运算符与赋值运算符的优先级和结合性是一样的。如 y *= x + 8，等价于 y *= (x + 8)，也等价于 y = y * (x + 8)。又如表达式：

```
a += a-= a * a
```

如果 a 的初值为 2，则先计算 a*a，值为 4，再计算 a-=4，结果 a 的值变成–2，同时表达式 a-= 4 的值也是–2，再计算 a+= (–2)，结果 a 的值是–4，则整个表达式的值也是–4。

2.4.9 逗号运算符和逗号表达式

逗号运算符：，

逗号表达式的构成是用逗号连接若干表达式，其格式为：

<表达式 1>，<表达式 2>，…，<表达式 n>

逗号表达式的求解过程：依次计算<表达式 1>、<表达式 2>、…、<表达式 n>的值。

逗号表达式的值为<表达式 n>的值。

如逗号表达式 a=3*5，a*4，a+5，依次计算表达式 a=3*5、表达式 a*4、表达式 a+5。运算结束后，变量 a 的值为 15，整个逗号表达式的值为 20。

逗号运算符的优先级在 C 语言的所有运算符中是最低的，它的结合性是自左向右。

例如，请指出下面表达式的类型以及在运算结束后变量 a、x 和整个表达式的值。

a=3*5, a*4 是逗号表达式，运算结束后 a=15，整个表达式的值为 60。

x=(a=3, 6*3)是赋值表达式，运算结束后 a=3，x=18，整个表达式的值为 18。

x=a=3, 6*3 是逗号表达式，运算结束后 a=3，x=3，整个表达式的值为 18。

2.4.10 sizeof()运算符和表达式

sizeof()运算符是一元运算符，它用于计算一个某类型的运算量所占用的存储字节数。其格式为：

```
sizeof(<类型标识>/<变量名>)
```

例如：

```
int i;
double x;
```

sizeof(int)和 sizeof(i)均合法，结果均为 4。sizeof(double)和 sizeof(x)均合法，结果均为 8。

2.4.11 逻辑表达式运算优化的副作用

C 语言在计算逻辑表达式的值时，从左向右扫描表达式，一旦能确定整个表达式的最终值，就不再继续计算。这就是逻辑表达式运算的优化。具体优化规则如下。

对逻辑表达式"<表达式 1>&&<表达式 2>"求值时，从左向右扫描，先计算<表达式 1>，当<表达式 1>为假时，即能确定整个表达式的值为假，则停止计算<表达式 2>；当<表达式 1>为真时，则继续计算<表达式 2>。

对逻辑表达式"<表达式 1>||<表达式 2>"求值时，从左向右扫描，先计算<表达式 1>，当<表达式 1>为真时，即能确定整个表达式的值为真，则停止计算<表达式 2>；当<表达式 1>为假时，则继续计算<表达式 2>。

例如：

```
int x, y, z, w;
x = y = z = 1;
w = ++x || ++y && ++z;   // A
```

计算结束后，变量 x、y、z 和 w 的值分别是 2、1、1 和 1。因为在计算 A 行表达式时，先计算++x，结果是 2，值为真，其后紧跟或（||）运算符，不再继续往右计算了，y 和 z 的值保持不变。赋值号右边逻辑表达式的值为"真"，此时变量 w 被赋值为 1。有的读者认为在计算表达式++x || ++y && ++z 时，由于逻辑运算符&&的优先级较高，应先计算，即表达式等价于++x || (++y && ++z)，对于逻辑或（||）运算，由于第一个表达式++x 的值已经是真，第二个表达式(++y && ++z)就没有必要计算了，即使先计算逻辑与（&&），也是做无用功，所以就没有必要计算，即被优化掉了。

2.5 类 型 转 换

2.5.1 赋值时的自动类型转换

如果赋值运算符两侧运算量的类型不一致，则遵循以下几条原则进行类型转换后赋值。

1．实型量赋给整型量

实型量赋给整型量时，简单舍弃小数部分，将整数部分赋给整型量，不进行四舍五入。例如"int i=3.96;"，则 i 被赋值为 3。

2．整型量赋给实型量

整型量赋给实型量时，数值不变，有效数字位数增加。

例如"float f=23;"，则 f 为 23.0，具有 6～7 位有效数字；"double d=23;"，则 d 为 23.0，具有 15～16 位有效数字。

整型量与实型量之间的相互赋值，表面看起来是数值小数点的取舍，但其本质是数值存储格式的变化。整型量的存储格式是原码或补码，而实型量的存储格式是浮点格式，这种存储格式的转换是系统自动完成的。

3．整型量之间的相互赋值

到目前为止，已经学习过的整型量有 8 种，它们分别是[signed] char、unsigned char、[signed] short、unsigned short、[signed] int、unsigned int、[signed] long、unsigned long。此处将 char 型量看作是 1 字节长度的整型量。各种类型的整型量占用的存储字节数是不同的，其二进制位数有长有短，称为"长的"整型量和"短的"整型量。所谓"长的"整型量是指该整型量的二进制位数较多，所谓"短的"整型量是指该整型量的二进制位数较少。它们之间相互赋值，其实就是它们内存数据之间的赋值，分为以下两种情况。

（1）"长的"整型量赋给"短的"整型量。

将"长的"整型量赋给"短的"整型量时，方法是低位截断，即将"长的"整型量的高位去掉，截取其与"短的"整型量相同位数的低位，然后进行赋值。

例如：

```
char c = 250;
```

注意，在程序中书写的整型常量，其默认的数据类型是 int。因此，上述语句中的 250 是 int 型常量，其在内存中的存储形式是 32 位二进制：0000 0000 0000 0000 0000 0000 <u>1111 1010</u>。变量 c 是 8 位二进制整型量，因此赋值原则是取 250 内存表示形式的低 8 位赋给 c，结果 c 中的值是 <u>1111 1010</u>。由于 c 是有符号的整型量，是以补码方式存放的，因此其十进制值是–6。

又如：

```
short int a = 65536;
```

变量 a 是 short int 型量，用 16 位的二进制补码表示数值，其可表示的数值范围是–32768～32767，而常量 65536（值为 2^{16}）是 int 型量（用 32 位的二进制补码表示数值），其在内存中的二进制值是 0000 0000 0000 0001 <u>0000 0000 0000 0000</u>，赋值时截取它的低 16 位赋值给 a，此时 a 中的 16 位二进制全为 0，则 a 的十进制值是 0，这就是赋值溢出，原因是 a 无法表示超出其范围的值。

（2）"短的"整型量赋给"长的"整型量。

又分成以下两种情况。

① 将"短的"无符号整型量赋给"长的"整型量，方法是在"短"的无符号整型量

前补 0，使其长度达到"长的"整型量的位数。

例如：

```
unsigned char c = -4;
int i;
i = c;                    // c是无符号整型量
```

此例中涉及两个赋值，首先将"长的"int 型量-4 赋给"短的"整型量 c，c 获取的值是-4 的内存表示形式的低 8 位；再将"短的"整型量 c 的值赋给"长的"整型量 i。因为 c 是无符号整型量，占 8 位，而 i 是 32 位的，此时在 c 的内存内容前补 0，使其扩展到 32 位，赋值给变量 i。赋值过程中各变量的内存二进制值如下：

```
-4: 1111 1111 1111 1111 1111 1111 1111 1100
 c:                                1111 1100
 i: 0000 0000 0000 0000 0000 0000 1111 1100
```

结果变量 i 的值是 252。

② 将"短的"有符号整型量赋给"长的"整型量。

此种情况只需做符号位扩展，即在"短的"整型量前补符号位，使其长度达到长的整型量的长度，然后赋值。

例如：

```
char c = -4;
int i;
i = c;                    // c是有符号整型量
```

赋值过程各变量的内存二进制值如下：

```
-4: 1111 1111 1111 1111 1111 1111 1111 1100
 c:                                1111 1100
 i: 1111 1111 1111 1111 1111 1111 1111 1100 (扩展负号)
```

结果变量 i 的值是-4。

又如：

```
char c = 4;
int i;
i = c;                    // c是有符号整型量
```

赋值过程各变量的内存二进制值如下：

```
4: 0000 0000 0000 0000 0000 0000 0000 0100
c:                                0000 0100
i: 0000 0000 0000 0000 0000 0000 0000 0100 (扩展正号)
```

结果变量 i 的值是 4。

2.5.2　各种类型运算量混合运算时的自动类型转换

C 语言中有各种数据类型，它们的常量和变量之间可以混合运算。两个量运算时，在计算机内部首先将它们转换成相同数据类型的量，然后进行运算。虽然这种转换是 C 语言内部自动完成的，但编程者若是了解其转换原则，对掌握及灵活运用 C 语言表达式是有帮助的。混合运算时，运算量类型转换原则如图 2-4 所示。

图 2-4 中横向箭头表示必定转换，箭头方向表示转换方向。如：

```
char  c1, c2;
```

那么在做 c1+c2 运算时，首先将 c1、c2 的值均转换成 int 型，再将两个 int 型量相加。

图 2-4 中纵向箭头表示不同数据类型混合运算时的转换方向，原则是由低类型向高类型转换。所谓低类型是指占用存储字节少、所表示的数据范围小的类型，所谓高类型是指占用存储字节多、所表示的数据范围大的类型。图 2-4 中下方是低类型，上方是高类型。

例如，已知"int i ; float f ; double d ;"，则表达式 10 + 'a' + i * f − d / i 中各运算符的运算顺序和类型转换过程如图 2-5 所示。

先算第①步，结果是 int 型量，再依次计算第②～⑤步，最终整个表达式的结果的类型是 double。此时读者应该能理解 7/2 结果为 3、7.0/2 结果为 3.5 的道理了，参见 2.4.2 节。

　图 2-4　混合运算的类型转换原则　　　图 2-5　运算顺序和类型转换过程示例

2.5.3　强制类型转换

前面介绍了不同类型的量相互赋值以及混合运算时的自动类型转换，但有时为了强调类型的概念或者为了满足运算符对数据类型的要求，可以显式地写出类型转换，称为强制类型转换。

格式是：

(<类型名>) <表达式>

例如：

```
int i, a;
float x, y;
```

```
double z;
i = (int)(x+y); // 表示将(x+y) 的值转换为 int 型量后赋给 i
z = (double)a;  // 表示将 a 的值转换为 double 型量后赋给 z
a = (int)z % i; // 表示先将 z 的值转换为 int 型量, 再将其与 i 做求余运算, 最后赋值给 a
```

注意：强制转换的对象是表达式的值，例如表达式 (double) a 的意义是将 a 的值（即表达式的值）转换成 double 型，而 a 本身仍然为 int 型量，其值未发生变化。

类型转换运算符的优先级较高，如表达式(int)z % i 中先计算(int)z，即先将 z 的值取整，再进行%运算。注意，%运算符要求运算量为 int 型量。

习 题 2

1. 请找出以下合法的常量。

65535	3.5U	66L	1.24e-2
6e1.2	'@'	'abc'	"abc"
"?"	892.	.123	−0xAB

2. 请找出以下合法的用户自定义的标识符。

Max	_301	4_5	M−1
Char	int	my name	M.D.John

3. 若有 int x=12, y=77, z=−116，请用二进制表示这三个量在内存中的存储值。

4. 已知"int a=2, b=3; float x=3.5, y=2.5;"，请写出表达式 (float)(a+b)/2+(int)x%(int)y 的运算结果，并指出表达式运算结果的类型。

5. 已知"float x=2.5, y=4.7; int a=7;"，请写出表达式 x+a%3*(int)(x+y)%2/4 的运算结果，并指出表达式运算结果的类型。

6. 已知"int a=8, n=5;"，请写出下面表达式运算结束后 a、n 的值以及表达式的值。

（1）a+=a   （2）a−=2   （3）a*=2+3   （4）a/=a+a

（5）a%= (n%=2)   （6）a+= a−=a*=a   （7）a=3*5, a*4   （8）n = (a=3, 6*3)

（9）n=a=3, 6*3   （10）a = ++a || ++n

7. 已知"char ch=277;"，请写出 ch 的内存内容的二进制形式。若将 ch 看作是 1 字节长度的整型量，则 ch 的值是多少？

8. 已知"char ch=249; int i=ch;"，请写出 i 的内存内容的二进制形式，并写出 i 的十进制值。

9. 已知"unsigned char ch=249; int i =ch;"，请写出 i 的内存内容的二进制形式，并写出 i 的十进制值。

10. 已知"int a=1, b=2, c=3, x, y;"，请写出下列逻辑表达式的判定结果，用 1 表示"真"，用 0 表示"假"。

（1）a+b>c&&b==c   （2）a||b+c

（3）!(a>b)&&!c||−2   （4）!(x=a)&&(y=b)

（5）'a'+'5'   （6）!(a+b)+c−1&&b+c/2

（7）a+b, a/2   （8）a == (c−b)

数据类型、运算符和表达式

11．已知"int a=5, b=8;"，连续做运算"a=a+b; b=a–b; a=a–b;"后，a 和 b 的值分别是什么？能得出什么结论？如果 a 和 b 的值发生了变化，结论还成立吗？

12．已知 int a=5, b=9;，连续做运算"a=a^b; b=b^a; a=a^b;"后，a 和 b 的值分别是什么？能得出什么结论？如果 a 和 b 的值发生了变化，结论还成立吗？

13．如图 2-6 所示，请写出逻辑表达式，使得如果任意一点的坐标（x, y）落在阴影内（不包括阴影的边界），则表达式为真，否则表达式为假。

图 2-6　第 13 题图

第3章 标准设备的输入输出

3.1 输入输出的基本概念

所谓输入输出是针对计算机内部程序而言的，如图 3-1 所示。计算机程序在计算机内部运行，所需数据通过输入操作从外部设备输入到计算机内部，运算的结果通过输出操作在外部设备上显示或打印。图 3-1 中列出了若干输入输出设备，其中键盘和显示器分别是标准输入设备和标准输出设备。本章介绍如何通过标准设备实现输入输出，在第 11 章中介绍如何实现数据文件的输入输出。

图 3-1　输入输出的过程

C 语言自身没有提供输入输出语句，输入输出是通过标准库函数实现的。下面主要介绍两对输入输出函数：第一对是格式化输入输出函数 scanf()和 printf()；第二对是字符输入输出函数 getchar()和 putchar()。

3.2 格式化输入输出函数的使用

3.2.1 格式化输出函数 printf()

格式化输出函数 printf()用于输出各种类型的数据，其语法格式为：

```
int printf( <格式控制字符串> [, 输出量1] [, 输出量2] … [, 输出量n])
```

其中，printf 是函数名，int 是函数的返回值类型，在第 5 章中将介绍函数返回值的含义。本章的目标是学习并使用 printf()函数。该函数的功能是按照<格式控制字符串>中指定的格式将各输出量的值输出到标准输出设备上。

例如：

```
int i=3, j=4;
printf("i=%d, j=%d\n", i, j);
```

其中 "i=%d, j=%d\n" 是**格式控制字符串**，在格式控制字符串中，以 % 开头后接格式字符的部分是**格式说明**，如 %d 是格式说明，其中 d 是**格式字符**。此处 %d 表示将对应的输出量按照十进制 int 型量输出。格式说明必须与后面的输出量一一对应。本例中的输出量是 i 和 j，对应的输出格式说明都是%d。在格式控制字符串中的其他字符被原样输出。上述输出函数的输出结果是：i=3, j=4。

在输出时，不同的数据类型对应的输出格式字符不同，在表 3-1 中给出了 C 语言中用于输出的格式字符。

表 3-1　printf()函数中使用的格式字符

对应输出量的类型	格式字符	说　　明
整型	d, i	将输出量转换成 int 型量，输出其十进制值
整型	u	将输出量转换成 unsigned int 型量，输出其十进制值
整型	o	将输出量转换成 unsigned int 型量，输出其八进制值
整型	x, X	将输出量转换成 unsigned int 型量，输出其十六进制值，表示十六进制的字母分别以小写的 a~f 和大写的 A~F 形式输出
字符型	c	将输出量转换成 char 型量，输出其对应的字符
字符指针	s	作为字符串输出
实型	e, E	以指数形式输出单精度或双精度实型量。VS2010 集成环境中，输出结果样例：8.128000e+002 和 8.128000E+002，尾数部分小数点前默认有 1 位非 0 值，小数点后保留 6 位；指数部分为 3 位整型数值
实型	f	以小数形式输出单精度或双精度实型数，VS2010 集成环境中，输出结果样例：8.128000，小数点后默认保留 6 位
实型	g	自动以 e 或 f 中较短的一种输出
实型	G	自动以 E 或 f 中较短的一种输出
指针	p	以十六进制形式输出指针值（即地址值）
无	%	输出%自身

例 3-1　输出格式字符的常规使用。

```c
#include<stdio.h>

int main()
{
  int i=3, j=6;
  float x=4.5;
  double y=4.9;
  char c1='A', c2='*';

  printf("%d, %d\n", i, j);
  printf("%f, %f\n", x, y);
  printf("%c, %c\n", c1, c2);
  return 0;
}
```

本例中给出 C 语言基本类型量在输出时最常规的用法。int 型量用 d 格式；float 型和

double 型量用 f 格式；为了强调 double 是双精度实型量，经常用 lf 格式输出 double 型量，见本节稍后的叙述；char 型量用 c 格式。

运行该程序，输出结果如下：

```
3, 6
4.500000, 4.900000
A, *
```

对表 3-1 中 printf() 函数中所使用的格式字符，现给出如下说明。

（1）对应输出量的类型为整型，整型可以是表 2-2 中的任意一种。即若输出格式字符为 u，则对应输出量可以是 8 种整型量的任意一种，C 语言首先将待输出的整型量转换成 unsigned int 型，然后输出该值。

例 3-2 整型量的输出（d、i、u、o、x、X 格式的使用）。

```c
#include<stdio.h>

int main()
{
  char c=-2;
  short int i=65536;
  int y=100;

  printf("c=%d, i=%d, y=%d\n", c, i, y);    // A
  printf("c=%u, i=%u, y=%u\n", c, i, y);    // B
  printf("c=%x, i=%x, y=%x\n", c, i, y);    // C
  return 0;
}
```

运行该程序，输出结果如下：

```
c=-2, i=0, y=100
c=4294967294, i=0, y=100
c=fffffffe, i=0, y=64
```

读者可以参照 2.5.1 节介绍的类型的自动转换规则分析输出结果。即在程序的 A 行，将变量 c、i、y 的值均转换（类似于赋值时的类型转换）成 int 型量，再按 d 格式输出。在程序的 B 行和 C 行，将变量 c、i、y 的值均转换成 unsigned int 型量，再分别按照 u 和 x 格式输出。

例 3-3 整型量的输出（c 格式的使用）。

```c
#include<stdio.h>

int main()
{
  char c1=65, c2='B';
  int m=35, n='$';

  printf("%c%c%c%c\n", c1, c2, m, n);
```

```
    printf("%d, %d, %d, %d\n", c1, c2, m, n);
    return 0;
}
```

运行该程序，输出结果如下：

```
AB#$
65, 66, 35, 36
```

格式字符 c 用于输出字符，若用其输出 int 型量，就是将该 int 量看成 ASCII 码值，输出对应的字符。格式字符 d 用于输出 int 型量，若用其输出 char 型量，则将该 char 型量的 ASCII 码值看成 int 型量，输出其值。

（2）表 3-1 中的"实型"格式，可用于输出单精度实型（float）和双精度实型（double）量。

（3）表 3-1 中的"指针"类型将在第 9 章中介绍。

（4）输出"格式说明"的完整描述为：

在格式说明中的%和格式字符之间可以给出"附加格式说明"，附加格式说明符的意义见表 3-2。

表 3-2　printf()函数中使用的附加格式字符

格式字符	用　途
l（小写字母 L）	对于整型输出量，将其转换成 long int 型量输出，写在 d, i, u, o, x, X 之前，如%ld 按 long int 型量输出。对于实型输出量（float 或 double 型），将其转换成 double 型量输出，写在 f 之前，如%lf 按 double 型量输出
h（小写字母）	对于整型输出量，转换成 short int 型量输出，写在 d, i, u, o, x, X 之前，如%hd 按 short int 型量输出。对于实型输出量（float 或 double 型），将其转换成 float 型量输出，写在 f 之前，如%hf 按 float 型量输出
m（一个正整数）	指定输出的最小宽度。若输出量的实际宽度大于 m，则按实际宽度输出；若实际宽度小于 m，则按左右对齐方式不同分别在输出结果的右侧或左侧填充规定的字符，使输出宽度达到 m
n（一个正整数）	对实型输出量，表示输出 n 位小数；对字符串型输出量，表示截取输出的字符个数
-（连字符）	设置输出结果在输出域中左对齐。注意：默认的对齐方式是右对齐
0（数字零）	当右对齐时，在 m 之前若加 0，表示填充字符是 0。注意：默认的填充字符是空格
#	写在格式字符 o, x, X 之前，输出用于表示数制的前导字符，如八进制的前导 0 或十六进制的前导 0x 或 0X

例 3-4 附加格式字符的使用（l、h、m、- 附加格式的使用）。

```
#include<stdio.h>

int main()
{
  int i=152;
  long j=135790;

  printf("%2d,%6d,%-6d,", i, i, i);
  printf("%ld,%ld\n", i, j);    /* % 和 d 之间是附加格式:小写字母 l */
  return 0;
}
```

运行该程序，输出结果如下：

```
152,␣␣␣152,152␣␣␣, 152,135790
```

␣表示一个空格。%2d 表示输出整数，设定最小输出宽度是 2，但数据 152 的实际宽度是 3，大于最小宽度，则按实际宽度输出。%6d 表示输出宽度是 6，实际输出量 152 的宽度是 3，小于 6，由于输出时默认的对齐方式是右对齐，所以在第二个 152 的前面补 3 个空格。%-6d 中的 "-" 表示输出左对齐，所以在第三个 152 的右边补 3 个空格。程序中第 2 个 printf 语句，将 i 和 j 均转换成 long int 型量输出。注意，%ld 一般用于输出 long 型量。

例 3-5 附加格式字符的使用（e、f 格式字符与 m.n 附加格式的连用）。

```
#include<stdio.h>
int main()
{
  float x=12345678.1234;
  double y=12345678.1234;

  printf("%f, %e\n", x, x);
  printf("%13.2f, %.2f\n", y, y);
  return 0;
}
```

运行该程序，输出结果如下：

```
12345678.000000, 1.234568e+007
␣␣12345678.12, 12345678.12
```

格式说明%f 默认小数点后输出 6 位数，但实际上为什么在输出第一个 x 时，小数点后输出的是 6 位 0 呢？原因是 float 型量的有效数字位数是 7，所以输出结果中只有前 7 位数字是有效的（或者说是正确的），后面的数字都不精确。格式说明%e 默认输出结果的尾数部分的小数点前 1 位是非 0 值，小数点后保留 6 位数，指数部分除了表示正负数的符号 "+" 或 "–" 之外，保留 3 位整数。格式说明%13.2f 表示输出的总宽度是 13 个字符、小数点后有 2 位数，由于实际输出宽度是 11（包括小数点），所以在左边补 2 个空格。格式说明%.2f 没有指定输出总宽度，但指定了小数点后数的位数，那么总宽度按实际宽度输出，小数点后的位数按指定位数输出。

例 3-6 输出字符串（s 格式字符与 m.n 附加格式的连用）。

```
#include<stdio.h>
int main()
{
  printf("%3s,%.2s,%4.2s\n", "Program", "Program", "Program");
  return 0;
}
```

运行该程序，输出结果如下：

```
Program, Pr,␣␣Pr
```

在输出字符串时，格式说明%-m.ns 表示最小输出宽度是 m，从输出量中取前 n 个字符输出，字符"-"表示左对齐，若缺省"-"，表示默认右对齐。本例中三个待输出字符串都是"**Program**"，对应三个不同的输出格式说明，请读者自行分析输出结果。

例 3-7 附加格式字符 0（零）和 # 的使用。

```
#include<stdio.h>

int main()
{
  int i=178;

  printf("%08d,%08o,%08x\n", i, i, i);      /* 输出域宽 8 前面加 0 */
  printf("%#8d,%#8o,%#8x\n", i, i, i);      /* 输出域宽 8 前面加# */
  return 0;
}
```

运行该程序，输出结果如下：

```
00000178,00000262,000000b2
␣␣␣␣␣178,␣␣␣0262,␣␣␣␣0xb2
```

printf 语句的格式控制字符串中的 8 表示最小输出域宽，即若输出的字符长度小于最小域宽，用其他字符填充。在输出域宽 8 前面加 0，表示用 0 填充，否则用空格填充。在域宽 8 前面加#，输出表示数制的前导字符 0（零）或 0x（零 x），前导 0 表示八进制数，前导 0x 表示十六进制数，十进制数前无前导字符。

请注意在例 3-2 中用%x 格式输出的十六进制数据，前面没有表示数制的前导 0x。

例 3-8 转义字符在输出格式中的应用。

```
#include<stdio.h>

int main()
```

```
{
    double m1=100, rate1=0.25, m2=200, rate2=0.18;

    printf("%.2f\t%.0f%%\t%f\n", m1, rate1*100, m1*rate1);/* 输出量可以是表达式 */
    printf("%.2f\t%.0f%%\t%f\n", m2, rate2*100, m2*rate2);
    return 0;
}
```

运行该程序，输出结果如下：

```
100.00␣␣25%␣␣␣␣25.000000
200.00␣␣18%␣␣␣␣␣36.000000
```

在实际应用中，输出数据经常需要列对齐。如本例中有两笔金额 m1 和 m2，对每笔金额收税的税率分别为 rate1 和 rate2，税款为金额乘以税率，要求输出金额、税率和税款。程序中格式字符串中的 \t 表示跳至下一制表起始位置，在 VS2010 中默认的制表宽度为 8 个字符，所以各制表位置的起始点为 1，9，17，…列，不论当前输出点在哪里，如遇 \t，则输出点立刻跳至下一制表起始位置。在格式控制字符串中，%%表示输出一个%。本例还说明输出量可以是表达式。

3.2.2 格式化输入函数 scanf()

scanf()函数的功能是输入数据，即按指定的格式，从标准输入设备上输入数据，并转换成对应数据类型的存储格式存放到变量的内存空间中。scanf()函数的一般格式为：

```
int scanf( 格式控制字符串 [，地址 1] [，地址 2]…[，地址 i]…[，地址 n]);
```

例如，已知"int i, j;   float x, y;"，则输入函数可写成：

```
scanf("%d%d%f%f", &i, &j, &x, &y);
```

"格式控制字符串"的组成与 printf()函数的类似。"地址 i"（i=1,2,…,n）表示变量的地址。在 2.3.3 节已经指出，一个变量有三个要素，即变量名、变量的存储空间、存储空间中存放的该变量的值。变量的地址就是变量存储空间的第一个字节的内存地址，在 C 语言中 &i 表示变量 i 的地址，由于 i 是整型量，则 &i 是整型地址。格式控制字符串中的格式说明（如%d、%f）在类型和个数方面必须与后面的变量地址类型一致，如第一个 %d 对应的地址 &i 是整型地址，又如第一个 %f 对应的地址 &x 是 float 型地址。对上述 scanf 语句，可以输入：

```
3␣5␣8.2␣9.3<Enter>
```

于是，scanf()函数分别将 4 个输入数据转换成 2 个 int 型量和 2 个 float 型量的内存表示形式，分别存入后面 4 个地址参数指定的内存空间中，即存入 4 个变量的存储空间中。输入数据之间用空格分隔。

scanf()函数的返回值类型为 int 型，表示正确输入的数据个数。例如，上述 scanf()函数正确执行后，其返回值为 4。

在 scanf()函数的"格式控制字符串"中，以%开头的"格式说明"的完整描述为：

例 3-9 输入格式字符的常规使用。

```c
#include<stdio.h>

int main()
{
int i;
long j;
 float x;
 double y;

 scanf("%d%ld", &i, &j);
 scanf("%f%lf", &x, &y);
 printf("i=%d,j=%ld\n", i, j);
 printf("x=%f,y=%f,y=%lf\n", x, y, y);
 return 0;
}
```

该程序的运行结果如下（第一行有下画线的部分为输入，紧接着的两行为输出。后文的程序运行结果中，如无特别说明，有下画线部分均表示输入）：

<u>3␣6␣8.2␣9.97<Enter></u>
i=3,j=6
x=8.200000,y=9.970000,y=9.970000

在本例中，int 型量的输入输出格式说明均为%d。long 型量的输入输出格式说明均为%ld。float 型量的输入输出格式说明均为%f。double 型量的输入必须是%lf，而输出格式说明可以是%f 或%lf。

在输入数据时，数值之间的分隔符可以是一个或多个空白字符。C 语言中的空白字符可以是空格、Tab 键或 Enter 键。因此，对于例 3-9 的程序，如果按下述方式输入，结果是一样的：

<u>3<Tab>6<Enter></u>
<u>8.2<Enter></u>
<u>9.97<Enter></u>

值得注意的是，在输入格式控制字符串中，除格式说明外一般不要出现其他字符。若出现其他字符，则在输入字符流中必须输入与之一样的字符加以匹配，如例 3-10 所示。

例 3-10 对输入格式控制字符串中非格式字符的处理。

```
#include<stdio.h>

int main()
{
  int i, j;

  scanf("i=%d,j=%d", &i, &j);
  printf("ii=%d,jj=%d\n", i, j);
  return 0;
}
```

该程序的运行结果如下：

```
i=6,j=8<Enter>
ii=6,jj=8
```

本例的输入格式控制字符串中除了格式说明，还出现了非格式字符，如 i=，因此在输入字符流中必须输入与之对应的字符，才能完成正确的输入。如果输入 6⌴8<Enter>，则无法完成正常输入。如果将输入函数改写为 "scanf("%d,%d", &i, &j);"，则正确的输入必须是：6,8<Enter>。

请读者思考运行下面的程序段会出现什么情况。

```
int i;
scanf("%d\n", &i);
printf("i=%d\n", i);
```

例 3-11 指定输入宽度，使用输入抑制符。

```
#include<stdio.h>

int main()
{
  int i;
  float x;

  scanf("%3d%*4d%2f", &i, &x);
  printf("i=%d,x=%f\n", i, x);
  return 0;
}
```

该程序的运行结果如下：

标准设备的输入输出

```
1234567893<Enter>
i=123,x=89.000000
```

scanf()函数的格式控制字符串中指定了输入域宽。按顺序将前 3 个字符转换成整型量赋给变量 i，然后跳过 4 个字符（因为在格式控制中使用了输入抑制符*），最后将 2 个字符转换成实型量赋给变量 x，在输入行中多余的字符 3 就留在了输入缓冲区中。

需要说明的是，输入实型量时不能指定小数点后的位数，如 "scanf("%6.2f", &x);" 是错误的，因为格式说明"%6.2f"不符合输入格式的一般形式。

例 3-12 输入字符型量。

```
#include<stdio.h>

int main()
{
  char c1, c2, c3;

  scanf("%c%c%c", &c1, &c2, &c3);
  printf("%c%c%c\n", c1, c2, c3);
  return 0;
}
```

在输入字符型量时，字符之间不需要分隔符，空白字符均作为字符被输入。

运行该程序，输入输出情况是：①若输入 abc<Enter>，则输出 abc，因为字母'a', 'b', 'c' 分别被赋给了变量 c1, c2, c3。②若输入 a␣b␣c<Enter>，则输出 a␣b，因为字母'a', '␣', 'b' 分别被赋给了变量 c1, c2, c3，多余的␣c 留在了输入缓冲区中。③若输入 a<Enter>b<Enter>，则输出a<换行>b，即a和b被输出在两行中，因为字母'a', '\n', 'b'分别被赋给了变量c1, c2, c3。

在学习完第 7 章的有关字符数组的输入输出内容后，可以再回来阅读下面的例 3-13。它给出了字符串输入格式的控制方法。

*例 3-13 输入输出字符串。

```
#include<stdio.h>

int main()
{
  char str1[10], str2[10], ch;

  scanf("%4s%3s%c", str1, str2, &ch);
  printf("str1=%s, str2=%s, ch=%c\n",str1, str2, ch);
  return 0;
}
```

该程序的运行结果如下：

```
abcdefghijklmn<Enter>
str1=abcd, str2=efg, ch=h
```

格式%ms 中的 m 规定了输入字符串的宽度。本例中字符数组 str1 和 str2 读取的字符串分别是 "abcd" 和 "efg"，字符 ch 读取的字符是 'h'。

例 3-14 scanf()函数的返回值。

```
#include<stdio.h>

int main()
{
  int i, j, k, num;

  num = scanf("%d%d%d", &i, &j, &k);
  printf("i=%d, j=%d, k=%d\n", i, j, k);
  printf("num=%d\n", num);
  return 0;
}
```

scanf()函数的返回值是正确输入数据的个数，在本例中应输入 3 个正确的整数，但是如果输入流中出现错误的字符，正常的输入无法完成，那么 scanf()函数会自动中断输入。

运行结果 1：

```
1␣2␣3<Enter>
i=1, j=2, k=3
num=3
```

即 3 个数据正常输入，scanf()函数的返回值是 3。

运行结果 2：

```
1␣2␣x<Enter>
i=1, j=2, k=-858993460
num=2
```

在输入第 3 个量时，因输入了一个错误的字符 x，此时 scanf()函数无法将 x 解释成一个正确的整数，所以中断执行，变量 k 无法得到值。scanf()函数的返回值是 2，表示前两个值正确输入，并且被赋值给变量 i 和 j，而第 3 个值未正确输入，所以 k 的值是一个不确定的值。

对于%c 和%d 格式，在采用 scanf()函数输入数据时，要注意如下情况：

```
int i;
char c;
scanf("␣%c␣%d", &c, &i);
```

上述 scanf()函数无法读取空格，即输入的多个起始空格被 scanf()函数忽略了。运行该程序片段时，若输入␣␣␣6 ␣8<Enter>，编程者意欲将第 2 个空格'␣'读入并赋值给字符变量 c，但实际情况是字符 '6' 被读入并赋值到字符变量 c 中，整数 8 被读入并赋值到整型变量 i 中。

3.3　字符输入输出函数的使用

getchar()和 putchar()用于字符型量的输入和输出，它们实际上是 C 语言系统提供的"宏"（"宏"的意义和使用在第 6 章中讲述），其定义在输入输出头文件 stdio.h 中。在本章，读者可将它们看成函数，按规定的形式使用即可。getchar()和 putchar()除了可以输入输出一般的可打印字符外，也可以输入输出控制字符。

putchar()的使用形式是 putchar(c)，其中 c 是一个整型表达式。一般来说 c 是 char 型量，但也可以是 8 种整型量中的任意一种。

例 3-15　putchar()的使用。

```
#include<stdio.h>

int main()
{
  int i=66;
  char c='Y';

  putchar(i);             // 输出字母 B
  putchar('O');           // 输出字母 O
  putchar(c);             // 输出字母 Y
  putchar('\n');          // 输出控制字符：换行
  putchar(i-1);           // 输出字母 A
  putchar(i);             // 输出字母 B
  putchar('\n');          // 输出控制字符：换行
  return 0;
}
```

运行该程序，输出结果为：

```
BOY
AB
```

其中每行的输出见程序中的注释。

getchar()的使用形式是 c = getchar()，其中 c 是一个整型变量。一般来说 c 是 char 型量，但也可以是 8 种整型量中的任意一种。

例 3-16　getchar()的使用。

```
#include<stdio.h>

int main()
{
  char c1, c2;
  int i;
```

```
    c1=getchar();
    c2=getchar();
    i=getchar();
    putchar(c1);
    putchar(c2);
    putchar(i);
    putchar('\n');
    return 0;
}
```

运行该程序时，输入输出情况与例 3-12 一样。即：①若输入 <u>abc<Enter></u>，则输出 abc，因为字母'a', 'b', 'c'分别被赋给了变量 c1, c2, i。②若输入 <u>a␣b␣c<Enter></u>，则输出 a␣b，因为字母'a', '␣', 'b'分别被赋给了变量 c1, c2, i，多余的␣c 留在了输入缓冲区中。③若输入 <u>a<Enter>b<Enter></u>，则输出 a<换行>b，即 a 和 b 被输出在两行中，因为字母'a', '\n', 'b'分别被赋给了变量 c1, c2, i。

3.4 顺序结构程序设计举例

在本章给出的输入输出例子中，所有的语句都是按顺序执行的，即一条语句接着一条语句地执行，每条语句都必须执行，而且只执行一次，这种程序语句执行的控制方式称为顺序结构。C 语言中语句的执行还有选择结构和循环结构两种方式，将在第 4 章中介绍。

下面举两个例子，一是说明语句的顺序执行方式，二是说明输入输出的使用。

例 3-17 输入三角形的三边长，求出并输出三角形面积。设 a、b 和 c 为三角形的三个边长，则三角形的面积为：$area=\sqrt{s\times(s-a)\times(s-b)\times(s-c)}$，其中 $s=(a+b+c)/2$。

```
#include<stdio.h>
#include<math.h>
int main()
{
  float a, b, c, s, area;

  scanf("%f,%f,%f", &a, &b, &c);
  s=(a+b+c)/2;
  area=sqrt(s*(s-a)*(s-b)*(s-c));
  printf("area=%7.2f\n", area);
  return 0;
}
```

本程序的运行结果如下：

```
3,4,5<Enter>
area=␣␣␣6.00
```

注意：在输入时，由于格式控制字符串中除了格式说明之外，还出现了逗号，所以在输入流中必须输入逗号以与格式控制字符串中的逗号匹配。

本程序中使用了数学库函数 sqrt()，用于求参数表达式的平方根，使用该库函数的前提是包含头文件 math.h。C 语言中，常用数学库函数的函数原型在此头文件中给出。

本程序还有一个假定：所输入的三个边长能构成三角形，即输入数据是合理的。好的程序应该在程序中对输入数据的合理性做出判定，以决定下一步的操作（是结束计算还是继续要求输入合理数据），然后再计算，这是第 4 章介绍的选择和循环结构解决的问题。

例 3-18 求一元二次方程 $ax^2+bx+c=0$ 的根。假定输入的 a、b 和 c 的值满足 $b^2-4ac>0$，即方程有两个不相等的实根，它们是：

$$x_1 = \frac{-b+\sqrt{b^2-4ac}}{2a}, \quad x_2 = \frac{-b-\sqrt{b^2-4ac}}{2a}$$

令

$$p = \frac{-b}{2a}, \quad q = \frac{\sqrt{b^2-4ac}}{2a}$$

则

$$x_1 = p+q, \quad x_2 = p-q$$

```c
#include<stdio.h>
#include<math.h>

int main()
{
    float a, b, c, x1, x2, p, q;

    scanf("%f%f%f", &a, &b, &c);
    p = -b/(2*a);
    q = sqrt(b*b-4*a*c)/(2*a);
    x1 = p+q;
    x2 = p-q;
    printf("x1=%5.2f\nx2=%5.2f\n", x1, x2);
    return 0;
}
```

本程序的运行结果如下：

```
1.2␣6␣0.5<Enter>
x1=-0.08
x2=-4.92
```

例 3-19 输入两个大写字母，分别赋值给字符变量 c1 与 c2，将它们均转换成小写字母，然后交换 c1 与 c2 的值，最后输出 c1 与 c2 的新值。

```c
#include<stdio.h>

int main()
{
    char c1, c2, t;
```

```
    c1 = getchar();
    c2 = getchar();
    c1 = c1-'A'+'a';        // A
    c2 = c2-'A'+'a';        // B
    t = c1;                 // 注意从本行开始连续三行是交换两个变量值的算法
    c1 = c2;
    c2 = t;
    putchar(c1);
    putchar(c2);
    putchar('\n');
    return 0;
}
```

本程序的运行结果如下：

<u>MN<Enter></u>
nm

注意程序的 A 行和 B 行中将大写字母转换为对应的小写字母的方法。同理，若 c1 是小写字母，可用语句 "c1 = c1-'a'+'A';" 将其转换为对应的大写字母。

习　题　3

1. 编写一个程序，输出你所使用的 C 语言集成环境中各种基本类型的量占用的存储字节数。提示：（1）使用 sizeof 运算符；（2）基本数据类型参见表 2-1 和表 2-2。

2. 编写一个程序，测试你所用的 C 语言集成环境中用 printf()输出一个带小数部分的实型量时，是截断处理还是四舍五入。如果将一个实型量赋值给一个整型量，结果是截断处理还是四舍五入？例如，对实型量 23.176，若输出时要求保留 2 位小数，测试输出的是23.17 还是 23.18。将数值 2.999 赋值给一个整型变量，则此变量获取的值是多少？

3. 编写一个程序，用 getchar()读入两个字符给 c1 和 c2，然后分别用 putchar()和 printf()函数输出这两个字符。并思考以下问题：（1）在此程序中，变量 c1 和 c2 定义为字符型还是整型（本题中指 int 型）？或者二者皆可？定义为哪种类型较好？为什么？（2）若要求输出 c1 和 c2 的 ASCII 码，应如何处理？用 putchar()还是 printf()函数？（3）整型变量与字符型变量是否在任何情况下都可以互相代替？如 "char c1, c2;" 与 "int c1, c2;" 是否无条件等价？提示：考虑变量的值域。

4. 写出下面程序的输出结果。

```
#include<stdio.h>
int main()
{
printf("ABC\11DE\12\xA");
printf("\nABC\tDE\nFG\b\bH\n");  /* 提示：\b 表示当前输出位置回退一个字符 */
return 0;
}
```

提示：注意转义字符'\11'、'\12'、'\xA'、'\n'、'\t' 和 '\b' 的含义。

5. 写出下面程序的输出结果。

```c
#include<stdio.h>
int main()
{
  int x=2, y=8, z;

  x*=y+3;
  printf("%d\n", x);
  x*=y=z=4;
  printf("%d\n", x);
  x=1;
  z=x++-1;
  printf("%d,%d\n", x, z);
  z+=-x++ + ++y;
  printf("%d,%d,%d\n", x, y, z);
  printf("%d,%d,%d\n", z++, z++, z++);
  return 0;
}
```

6. 写出下面程序的输出结果。

```c
#include<stdio.h>
int main()
{
  int x=20, y=3, z=3;

  x=y==z; printf("%d,%d,%d\n", x, y, z);
  x=x==(y=z); printf("%d,%d,%d\n", x, y, z);
  x=y=5;
  y=x++-1; printf("%d,%d\n", x, y);
  y=++x-1; printf("%d,%d\n", x, y);
  return 0;
}
```

7. 写出下面程序的输出结果。

```c
#include<stdio.h>
int main()
{
  int x, y, z, k;

  x=y=z=0;
  k = ++x||++y&&++z;
  printf("%d,%d,%d,%d\n", x, y, z, k);
```

```
x=y=z=0;
k = ++x&&++y||++z;
printf("%d,%d,%d,%d\n", x, y, z, k);
x=y=z=0;
k = ++x&&++y&&++z;
printf("%d,%d,%d,%d\n", x, y, z, k);
x=y=z=-1;
k = ++x&&++y&&++z;
printf("%d,%d,%d,%d\n", x, y, z, k);
return 0;
}
```

8. 运行以下程序，若输入 abc<Enter>，请写出下面程序的输出结果。

```
#include<stdio.h>
int main()
{
    printf("%c,%c,%c\n", getchar(), getchar(), getchar());
    return 0;
}
```

9. 输入两个整型量 m 和 n，输出 m 除以 n 得到的实数商，要求保留 4 位小数，小数点后第 5 位四舍五入，并输出实数商的小数点后的第 3 位数字。例如，若 m=188 639，n=100 000，则 m/n 得到的实数商为 1.886 39，其小数点后的第 3 位是 6。要求程序的运行结果形式如下：

```
Please input m & n: 188639␣100000<Enter>
quotient=1.8864, b3=6
```

提示：可使用类型的强制转换机制将 m 或 n 的值转换为实型量后再相除。

10. 输入公里数（kilometer），转换成等值的英里（mile）和码（yard），然后输出英里和码值。公里、英里和码的换算公式是：1 英里=1760 码=1.6093 公里（千米）。例如，如果输入 10 公里，10/1.6093 英里≈6.2139 英里，而 0.2139 英里=0.2139×1760 码≈376.464 码≈376 码（要求四舍五入），最后的结论是 10 公里=6 英里 376 码。要求：（1）将公里数设计成 double 型量，英里和码设计成整型量。（2）将常数 1.6093 和 1760 设计成符号常量。要求程序的运行结果形式如下：

```
Please input kilometers: 10<Enter>
miles=6, yards=376
```

11. 输入两个复数（复数格式如 2+3i），输出该两个复数相加后的结果。假定复数的实部和虚部都是正整数，要求按复数的格式输入输出且程序的运行结果形式如下：

```
Please input complex 1: 3+5i<Enter>
Please input complex 2: 8+9i<Enter>
The Sum is = 11+14i
```

12. 以 hh:mm:ss 格式输入时间，赋给表示时间的时、分、秒的三个变量 hour、minute、second，再以同样的格式输出。以 yyyy-mm-dd 格式输入日期，赋给表示日期的年、月、日的三个变量 year、month、day 中，再以同样的格式输出。要求输出格式为：时、分、秒各占 2 位，年占 4 位，月、日各占 2 位，不足位数前面以 0 填充。要求程序的运行结果形式如下：

```
Please input time(hh:mm:ss): 10:5:8<Enter>
Time = 10:05:08
Please input date(yyyy-mm-dd): 2017-6-20<Enter>
Date = 2017-06-20
```

13. 输入总秒数，将它转换成"时、分、秒"，并输出结果。例如，输入总秒数 3753，则输出 1 小时 2 分 33 秒，实际输出格式为：1 hours, 2 minutes, 33 seconds。要求程序的运行结果形式如下：

```
Please input total seconds: 3753<Enter>
1 hours, 2 minutes, 33 seconds
```

14. 以十六进制方式输入一个整数（由 4 个十六进制位构成），分别输出它的十六进制的低 2 位和高 2 位。例如，若输入的十六进制值是 A8BD，则要求输出：BD,A8。要求程序的运行结果形式如下：

```
Please input a hex number: A8BD <Enter>
BD, A8
```

提示：使用位运算获取指定数位上的值。

第4章 | C 语言的流程控制

计算机程序可以实现各种复杂的运算，这不是仅仅靠前面介绍的输入输出以及基本的数据操作就可以完成的。在程序中真正实现各种实际运算功能的是算法，学习计算机编程最重要的也是学习算法的设计方法。只有掌握了算法的设计原则，能够使用算法设计工具来熟练地设计出算法，才能设计出优秀的程序。

本章首先介绍程序的算法及其效率、算法的设计原则、算法的表示工具；然后给出了结构化程序设计的三种基本控制结构，介绍了 C 语言中实现这三种结构的流程控制语句；最后结合具体问题，给出了若干使用流程控制语句解决实际应用的程序实例。

4.1 算法概述

4.1.1 算法及其效率

所谓程序的算法，就是使用程序解决问题的计算步骤。人们在日常生活中无论做任何事情都是有步骤的。例如，出外旅游首先要到旅行社报名，签订旅游合同，付款，按时到指定地点出发，到各个风景点游玩，最后回家。这期间所完成的步骤不能颠倒和出现差错，否则就会耽误事情。

使用计算机去解决问题时，与做一件日常生活中的事情没有什么两样，也需要按照特定的步骤来完成。由于计算机主要是以数学计算的方式来解决问题的，因此本书中以解数学题的例子来介绍程序算法。想象一下如何去解决一道数学题：首先阅读题目，理解题意；然后利用大脑中已有的知识去组合列出解题的公式；最后将数据代入公式，求得数值解。其中在公式中规定了解题的步骤，先做什么，后做什么，这些次序是不可以颠倒的，否则就得不到正确的结果。

程序的设计过程与解决数学问题的过程一样，其中程序的算法设计对应的就是上述列出解题公式的操作。解题公式规定了数学计算的步骤，保证取得正确的计算结果；程序算法规定了计算机程序的运行步骤，也保证了程序的运行可以取得正确的结果。解题公式可以简单或者复杂，程序算法也可以简单或者复杂。

从数学题的解法中可以看到，列出公式与具体数值的计算是分离的。同样道理，在计算机程序中算法与数据也是分离的。一般认为，一个计算机程序包括两个部分：程序和数据。所谓程序就是对操作步骤的描述，也就是用特定的计算机语言描述算法。所谓数据就是在程序的运行过程中被用来参与计算的数值，这些数值在计算机中是按照一定的数据结构来存放的。

前面提到计算机算法可以等同于日常生活中人们处理事情的行动步骤，这就可以推演出一个算法效率的问题。不同的人在解决同一个问题时会根据自己的生活经验合理地安排行动步骤。有的人安排的行动步骤非常合理，就说他的办事效率比较高；有的人安排的行动步骤不太合理，就说他办事没有效率。在计算机程序设计中，这种问题也同样存在。对于同一个问题，可以有不同的解题方法和步骤。采用优秀的解题方法，合理安排计算步骤，以最少的计算步骤完成计算任务的方法称为高效率算法。同理，使用了比较笨拙的解题方法，通过较多的运算步骤来实现同样的计算任务的计算方法称为低效率算法。

例如，求 $s = 1 + 2 + 3 + \cdots + 99 + 100$。可以直接计算，即先计算 1+2，然后将计算结果再加上 3，以此类推，一直加到 100。也可以使用一些技巧性的算法，例如 $s = (100+1)+(99+2)+(98+3)+\cdots+(51+50)= 101 \times 50 = 5050$。此外还可以有其他多种计算方法。

从上面的例子可以看出，同样正确地解决一道计算题，在第二种算法中在归纳计算规律的基础上只进行了 1 次乘法计算，而在第一种方法中，总共进行了 99 次加法，明显第二种计算方法的效率要优于第一种计算方法。因此称第二种计算方法是高效率算法，而第一种计算方法是低效率算法。

一般来说，在程序设计中希望采用简单的、运算步骤少的算法。为了有效地进行解题，不仅需要保证算法正确，还要考虑算法的质量，选择合适的算法。衡量一个程序员是否具有良好的软件开发能力，也往往考察其是否能够在解决实际问题时设计和使用合适的算法。

4.1.2 算法的设计原则

算法控制程序运行的步骤，以便获得需要的运算结果。但不是任何一种随意书写的算法都能够获得运算结果，算法的设计必须遵循以下几个原则。

1．符合数学计算规则

由于计算机是按照数学规则来进行计算的机器，只有符合数学规则的计算步骤才可以被计算机正确执行。如果在算法中书写了违反数学规则的命令，那么重则程序出现错误，终止运行，轻则出现一些莫名其妙的计算结果。例如，有两个变量 a=3，b=0，如果书写公式 a/b，则计算结果是无穷大，而计算机无法表示无穷大，这时程序出错，终止运行。再例如，有变量 c=-5，如果调用函数 sqrt(c)求变量 c 的平方根，由于负数的平方根非实数，计算获得无效的答案。

2．保证结果确定

一个正确的算法中的每一个计算步骤获得的计算结果都应当是确定的，只有这样才能最终获得确定有效的计算结果。如果一个算法对同一组数据进行多次计算，竟然获得多个不同的结果，这种算法是不确定的、无效的。保证算法的确定性，最重要的方面是排除程序中随机数的产生。在 C 语言中，很多变量在没有初始化时，其中存放的值是不确定的。如果将这些内部值不确定的变量拿来直接使用或作为逻辑条件来判断，将使计算的结果不确定或造成程序逻辑混乱。因此，程序编写的过程中一定要注意变量的初始化问题，使得算法的执行过程唯一。

3．程序能够正常结束

一个合理的算法应该包含有限的操作步骤，而不能是无限运算的。在后面的章节中会介绍一种程序设计的重要结构——循环结构，使用循环结构可以使得程序按照一定的数学规律，利用迭代算法对一组数据进行计算。但是在设计循环结构算法时，如果不能正确地处理循环判断条件，则循环将永远不会停止。这种算法对应的程序永远也不会得到结果，因此是无效的。

还有一种情况，由于对循环结构的控制不合理，虽然程序最终可以运行结束并且获得结果，但是可能需要 10 年、20 年，甚至于 100 年、1000 年。这样的算法效率太低，没有实际的使用价值，也是无效的。

一个程序能够在有限的时间内计算获得正确的结果，才算是一个能够正常结束的有效程序。

4．合理的输入

输入输出也是算法设计中需要考虑的一个重要因素。一个实际有效的程序中应该含有零个或者多个输入。如果程序预先将所有需要处理的数据都嵌入到程序中，则在程序的运行过程中不再需要用户输入数据，这时程序的算法中可以不加入输入操作。在大多数情况下，为了保证程序的灵活性，一般都会在程序的算法中加入一个或者多个输入。

5．合理的输出

实际程序的运算目的都是希望求得运算结果并且输出给用户，如果计算的结果只有计算机自己知道是没有意义的。所以，一个有效的程序在设计算法时必须保证程序至少要有一个输出。根据不同程序的要求，算法中也可以实现多个输出。

4.1.3　算法的表示工具

算法是程序的计算步骤，就像在解数学题目时要用数学公式来表示计算的步骤一样，在设计程序算法的时候也需要一种表示方式，用来描述算法的实施步骤。

在实际应用中有四种常用的表示方法来描述一个算法：自然语言、流程图、N-S 图和伪代码。其中伪代码使用的频率不高，这里不做介绍。

自然语言就是人们日常生活中使用的语言。用自然语言表示算法通俗易懂，但由于自然语言自身结构不够严谨，同一句话按照语气的不同可以表示不同的含义，容易造成误解，往往需要根据上下文来判断句子的真正含义。同时，由于程序员在使用自然语言描述算法时往往喜欢使用母语，这也不利于国际间软件开发的协同合作。

流程图是目前全球软件开发领域使用最广泛的算法表示工具，它通过一些严格定义的图形的组合来表示算法的步骤以及数据变化的走向。用图形表示算法，直观形象，易于理解。目前全球广泛使用的流程图标准是由美国国家标准化协会 ANSI（American National Standard Institute）规定的标准。流程图中的常用符号如图 4-1 所示。

图 4-1　流程图中的常用符号

图 4-1 中起止框是一个圆角矩形，它的作用很简单，说明程序的起始点和终止点。

输入输出框是一个平行四边形，算法中所有与输入输出相关联的步骤都要写在这种框中。

判断框用菱形代表，它的作用是对一个给定的逻辑条件进行判断，根据判断的结果是真或者假来决定如何执行后面的操作。它有一个入口，两个出口，具体操作见后续章节示例。

处理框是一个方角矩形，算法中的大部分内容都会写在这种框中，主要是各种数学运算和逻辑运算。

　　上述四种图形都需要用流程线连接在一起。流程线是带有方向的箭头，箭头所指表示了算法执行的方向，程序员可以轻易地通过观察流程线的方向来了解算法的执行步骤。

　　连接点（小圆圈）用于在设计复杂流程图时，将多条流程分支组合在一起。用连接点，可以避免流程线的交叉或者过长，使复杂的流程图变得清晰可读。由于本书只是介绍 C 语言的基本语法和基本算法，不会牵涉比较复杂的计算流程，因此连接点的应用就不再具体举例介绍。相关内容，读者可以参考其他介绍算法描述的书籍。

　　注释框只是为了对流程图中某些框图的操作做必要的说明，不是流程图中必须书写的部分。如果不是非常复杂的流程图，一般不用。

　　流程图虽然可以很清晰地表达程序员的思想，但是绘制起来比较复杂，其中大部分时间花费在绘制流程线上。1973 年，美国学者 I. Nassi 和 B. Shneiderman 提出了一种无流程线的流程图，称为 N-S 图，它省略了流程线，提高了算法描述的效率。

　　例如，求解多项式 $1 \times \dfrac{1}{2} \times \dfrac{1}{3} \times \cdots \times \dfrac{1}{100}$ 的值。

　　算法描述如下：定义累乘积变量 M 和分母变量 N。

　　算法步骤：

① M←1，N←1；

② M←M×$\dfrac{1}{N}$；

③ N←N+1；

④ 如果 N≤100，转②，否则 转⑤；

⑤ 输出 M 的值；

⑥ 结束。

　　上述算法的描述是采用自然语言加伪代码的方式给出的。用流程图对算法进行同样的描述，如图 4-2 所示。

图 4-2　流程图和 N-S 图

注意对循环结束条件的描述，图 4-2(a)的流程图中是在循环末尾处进行判断：当条件"N≤100"为 True（真）时继续循环；当条件"N≤100"为 False（假）即"N>100"时，结束循环。图 4-2(b)的 N-S 图中的循环是"直到型"循环（将在 4.1.4 节中描述），循环结束处条件的意义是直到"N>100"为真时，结束循环。这与图 4-2(a)流程图中表达的意义一致，但条件表达式的写法相反，一个是"N≤100"，另一个是"N>100"。

4.1.4　结构化程序设计中基本结构的表示

在结构化程序设计方法中，人们将所有的计算结构归纳成三种基本结构：顺序结构、选择结构和循环结构。

在顺序结构中，先执行 A 操作再执行 B 操作，两者的次序不能颠倒。其中 A 和 B 可以是一条语句，也可以是三种基本结构中的任何一个基本结构。具体如图 4-3 所示。

(a) 流程图　　(b) N-S图

图 4-3　顺序结构的流程图和 N-S 图

在选择结构中，C 代表一个逻辑条件，A 和 B 是两个不同的操作。当条件 C 为真时，执行 A 操作；当条件 C 为假时，执行 B 操作。在程序的一次运行中，只能执行 A 或者 B 中的一个操作，具体如图 4-4 所示。

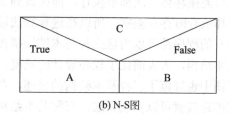

(a) 流程图　　　　　　　(b) N-S图

图 4-4　选择结构的流程图和 N-S 图

基本循环结构又分为两类：当（while）型循环和直到（until）型循环。这两个名字是根据它们的运算法则来取的。在当型循环中，首先判断逻辑条件 C。当条件 C 为真时，执行 A 操作，并且在执行完 A 操作后继续进行下一次的条件 C 判断；当条件 C 为假时，退出循环。由于在循环中执行循环体 A 操作的条件是"当"C 的条件为真的时候，所以称为当型循环。当型循环用流程图和 N-S 图描述如图 4-5 所示。

(a) 流程图　　　　　　　(b) N-S图

图 4-5　当型循环结构的流程图和 N-S 图

直到型循环与当型循环的执行顺序不同。在直到型循环中，首先执行操作 A，然后再判断条件 C 的值是否为真。如果 C 的条件判断为假，则再次执行 A 操作，直到 C 的条件判断为真时为止。当 C 的条件判断为真的时候，退出循环。由于在循环中是"直到" C 的条件判断为真时退出循环，所以称为直到型循环。直到型循环用流程图和 N-S 图描述如图 4-6 所示。

(a) 流程图   (b) N-S图

图 4-6　直到型循环结构的流程图和 N-S 图

当型循环是先判断条件，再按照判断的结果决定是否执行循环体操作。直到型循环是先执行循环体操作，再进行条件判断，以决定是否继续执行循环体操作。所以在当型循环中，有可能循环体一次都不执行，而在直到型循环中，循环体至少要被执行一次。两类循环在具体执行时存在差别，所以在进行算法设计时，应该选择合适的循环结构。

所有的程序都可以由这三种基本结构拼接组装而成，所有的算法设计中也都只使用这三种基本结构，大大简化了程序设计的难度，这种算法称为结构化程序设计算法。同时，在流程图中也规范了三种基本结构的描述，在以后的流程图中只需要将标准的基本结构进行合理的连接就可以实现算法。三种基本结构的流程图表示如图 4-7 所示。

(a) 顺序结构   (b) 选择结构   (c) 当型循环结构   (d) 直到型循环结构

图 4-7　程序设计的三种基本结构

三种基本结构的特点为：

（1）单入口、单出口。在图 4-7 中，虚线框内部是基本结构的运行逻辑，每一个虚线框都只有一个进入和退出的端口。基本结构所具有的这个特点保证了将多个基本结构组装在一起的时候，程序的运行不会产生歧义性。程序可以沿着一个方向运行，直到结束。

（2）结构中的每一部分都可能被执行到。通过前面对三种基本结构运行逻辑的介绍可以看到，无论是选择结构中每次执行的 A 或者 B 部分可能不同，还是循环结构中循环体 A 可能不被执行，但是，这次不被执行的部分下次还是有可能被执行到的。结构中不会有永远不被执行的无用部分。

（3）没有死循环。在循环结构中，都设定了退出循环的条件，只要满足了这个条件，循环就可以退出，使得程序正常终止。

（4）A、B 可能是一个更基本的结构。在三种基本结构中，A 和 B 部分不但可以代表基本语句，还可以是基本结构。例如，在一个选择结构中，当条件判断为 True、执行 A 部分时，A 部分可能是一个顺序结构，又包含了几个顺序执行的语句部分；当条件判断为 False、执行 B 部分时，B 部分可能是一个当型循环结构，循环若干次来实现某个计算。

在总结出三种基本结构，开始用基本结构来构造结构化的算法后，还需要能够实现三种基本结构的编程工具。于是在 20 世纪 70 年代中期诞生了一批如 C 语言、Pascal 语言等能够实现三种基本结构的高级编程语言。这些能够实现三种基本结构的编程语言称为结构化编程语言。

4.2 C 程序的结构和语句概述

C 语言是一种程序编写语言，可以编写出功能各异的程序来。从某种角度来说，可以认为程序编写语言与自然语言功能是一样的，都是用来描述事物的工具。在学习自然语言的时候，需要学习单词、语法等要素，学习编程语言也一样。在第 2 章和第 3 章中，已经学习了构成程序的基本语法要素，如常量、变量、表达式和输入输出函数等，但要实现算法，还需要学习程序设计语言的语句。语句是计算机程序的基本组成单位，它可以使用上述语法要素实现简单的运算，也可以实现程序流程的控制。语句最终被翻译成机器指令，从而控制计算机运行，产生计算结果。

图 4-8 显示了 C 语言程序的组成结构，以及语句在 C 语言程序中的地位。

图 4-8 C 语言程序的组成结构

C 语言的流程控制

一个 C 语言程序可以由一个或者多个源程序文件构成。一个复杂的应用系统，在一个程序中往往会用到几十个甚至上百个源程序文件。每个源程序文件中都包含了一些程序段，这些程序段由若干个函数和预处理命令构成。函数也是结构化程序设计中的一个重要概念，它将一组语句构造成一个整体，可以在程序中反复使用，提高了程序的开发和维护的效率。关于函数和预处理命令的具体使用，在后面的章节中会有详细的介绍。函数的结构在第 1 章的例子中已经进行了简单的介绍，下面重点说明函数体功能实现的基本组成部分——语句。

在 C 语言中，语句可以分为以下五大类。

1．控制语句

能够完成一定的控制功能、改变程序执行方向的语句称为控制语句。C 语言中的主要控制语句有如下九种。

（1）if()…else…	条件语句
（2）switch()	多分支选择语句
（3）while()…	当型循环语句
（4）do…while()	直到型循环语句
（5）for()…	当型循环语句
（6）continue	结束本次循环语句
（7）break	终止执行 switch 或循环的语句
（8）go to	转向语句
（9）return	从函数中返回语句

在 C 语言中，就是通过控制语句来实现前面介绍的结构化程序设计的三种基本结构。在本章下面的小节中将对控制语句的使用方法做详细的介绍。

2．函数调用语句

在函数调用的后面加上一个分号构成的一条语句，实现函数定义中规定的功能。例如：

```
scanf("%d", &i);
```

3．表达式语句

在一个表达式的后面加上一个分号构成的一条语句，实现表达式的计算功能。在前面的章节中已经对表达式的概念做了介绍，两者的差别如下所示：

```
a = b + c          /* 赋值表达式 */
a = b + c;         /* 赋值表达式语句，简称赋值语句 */
```

4．空语句

仅有一个分号的语句称为空语句，如下所示：

```
;    /* 空语句 */
```

空语句一般用在循环语句中，用于构造空转循环体。

5．复合语句

我们已经知道，一个表达式后面加上一个分号就构成了一条语句。那么如下写法就构造了三条语句：

```
a = 1;  b = 2;  c = 3;
```

复合语句就是用一对花括号"{}"将若干条语句括在一起，系统会将这一组语句在语法上视为一条语句。将上面的三条语句修改如下：

```
{  a = 1;  b = 2;  c = 3;  }
```

这时，原先分开的三条语句因为"{}"的作用被视为一条语句。

在 C 语言的某些特定的场合，例如 4.3 节和 4.4 节将要介绍的选择结构语句和循环结构语句中的"语句"或"语句 n"，语法上要求必须为一条语句，但解决实际问题时需要用多条语句完成复杂操作，此时只能将多条语句组合成一个复合语句，以满足语法要求。

4.3　选择结构语句

在结构化程序设计的三种结构中，顺序结构就是依次编写语句，系统按照语句书写的先后次序，依次执行它们，以实现预先设计的功能。顺序结构不需要特别的语句来控制，在 3.4 节已给出了几个顺序结构的程序实例，所以本章对于顺序结构就不再进行特别说明。

选择结构是三种基本结构中的第二种结构，它的主要功能是判断给定的条件，根据判断的结果从给定的多组操作中选择一组执行。在 C 语言中，if 语句和 switch 语句用于实现选择结构。

4.3.1　if 语句

if 语句的标准语法格式为：

```
if(<表达式>)
      语句 1
[ else
      语句 2 ]
```

其中，方括号中的内容是可选的。if 语句的语法要求是，"语句 1"和"语句 2"必须是一条语句。"一条语句"的意义是它可以是 C 语言中五大类语句中的任意一种，可以是一个简单语句（如赋值语句），可以是一个复合语句，还可以是 C 语言九种控制语句中的任何一条语句（包括 if 语句自身）。

在实际编程时，为了适应对多种情况的处理，一般来说，if 语句有以下三种使用形式。

1. 不平衡的 if 语句

语法格式为：

```
if(<表达式>) 语句
```

实际上就是将 if 语句标准语法格式中的方括号部分省略，流程图如图 4-9 所示。其意义是：当"表达式"为真（True）时执行"语句"；当"表达式"为假（False）时，跳过"语句"执行 if 语句后面的语句。

例 4-1　演示不平衡 if 语句的使用方法。程序的功能是由用户输入三个数字，编程求出其中的最大值并输出。

```
#include<stdio.h>

int main()
{
    float a, b, c, t;

    printf("Please input three numbers:");
    scanf("%f%f%f", &a ,&b, &c);
    t=a;
    if(t < b)  t=b;
    if(t < c)  t=c;
    printf("The Maximum number is: %.2f\n", t );
    return 0;
}
```

不平衡 if 语句主要用于简单的条件判断，决定某条语句或者某个复合语句是否执行。

2. 平衡的 if 语句

语法格式为：

```
if(<表达式>) 语句 1
else         语句 2
```

其操作流程如图 4-10 所示，其意义是：当"表达式"的值为真时，执行"语句 1"；否则，执行"语句 2"。即在一次执行过程中，程序根据条件在"语句 1"和"语句 2"中自动选择一个执行。

图 4-9　不平衡的 if 语句　　　　　　　　　　图 4-10　平衡的 if 语句

例 4-2　演示平衡的 if 语句的使用方法，程序的功能与例 4-1 相同。

```
#include<stdio.h>

int main()
{
```

```
    float a, b, c, t;

    printf("Please input three numbers: ");
    scanf("%f%f%f", &a ,&b, &c);
    if(a < b)   t=b;
    else        t=a;
    if(t < c)   printf("The Maximum number is: %.2f \n", c);
    else        printf("The Maximum number is: %.2f \n", t);
    return 0;
}
```

程序中使用了两个平衡的 if 语句。

3. 组合的 if 语句

上面介绍的两种 if 语句的使用形式只能够通过判断一个表达式进行分支语句的选择。但是，在实际的程序编写过程中，有很多复杂的条件判断不是仅仅通过一次判断就可以实现的，这就需要有功能强大的语句来完成复杂的判断。组合的 if 语句就是这样一种选择语句。

书写格式如下：

```
if( <表达式 1> )        语句 1
else if( <表达式 2> )   语句 2
else if( <表达式 3> )   语句 3
…
else if( <表达式 n> )   语句 n
else                    语句 n+1
```

流程图表示如图 4-11 所示。

图 4-11　组合的 if 语句

C 语言的流程控制

从图 4-11 可知，当表达式 1 判断为真的时候执行语句 1，然后结束整个语句。当表达式 1 判断为假的时候继续判断表达式 2，若表达式 2 判断为真，则执行语句 2 然后结束整个语句。其他分支以此类推，最后一个分支不需要写 if 条件，当前面所有的条件判断为假的时候，执行最后的分支。不管组合的 if 语句有多少分支，在一次执行过程中只能执行其中的一个分支，各个分支之间是互斥的关系。

组合的 if 语句的应用实例如下面两例所示。

例 4-3 演示组合的 if 语句的使用方法，程序的功能与例 4-1 相同。

```c
#include<stdio.h>

int main()
{
    float a, b, c;

    printf("Please input three numbers: ");
    scanf("%f%f%f", &a ,&b, &c);
    if(a>=b && a>=c)  printf("The Maximum number is: %.2f \n", a);
    else  if(b>=a && b>=c)  printf("The Maximum number is: %.2f \n", b);
    else  printf("The Maximum number is: %.2f \n", c);
    return 0;
}
```

例 4-4 演示组合的 if 语句的使用方法，程序的功能为用户输入百分制成绩，编程将其转换为五分制成绩输出。转换规则是：若变量 score 为 90～100 分则输出 A；80～89 分则输出 B；70～79 分则输出 C；60～69 分则输出 D；60 分以下则输出 E。

```c
#include<stdio.h>

int main()
{
    float score;

    printf("Please input the score:");
    scanf("%f", &score);
    if(score>=90)  printf("The grade is: A \n");
    else  if(score>=80)  printf("The grade is: B \n ");
    else  if(score>=70)  printf("The grade is: C \n ");
    else  if(score>=60)  printf("The grade is: D \n ");
    else  printf("The grade is: E \n ");
    return 0;
}
```

从上面两例可以看出，组合的 if 语句书写较为复杂，一条语句占据多行，包含多个分支。除最后一行 else 语句以外，每个 if 分支中都包含了对逻辑条件的判断，当前一个条件不成立时，才会判断后一个条件。建议在编写每一个后续的 if 分支条件时，充分利用前面

else 所隐含的条件，这样可以大大简化后续 if 分支条件的书写复杂度。例如，例 4-4 中第二个 if 分支条件"score>=80"，其实包含的条件是"80<=score && score<90"，其中"score<90"的条件隐含在前面的 else 语句中。

注意：无论 if 分支还是 else 分支后面都只能书写一条语句，如果书写的是简单语句，则语句后面都要加上分号结尾。如果实现复杂计算，分支后面写的是复合语句，则无须再加分号结尾。

4.3.2 if 语句的嵌套使用

在 if 语句的标准语法格式介绍中，我们已经说明，"语句 1"和"语句 2"可以是 C 语言五大类语句中的任何一种语句。如果"语句 1"和"语句 2"本身又是一个 if 语句，称这种使用方式为 if 语句的嵌套。

一种嵌套使用形式如下：

```
if()
    if() 语句 1          } /* 内嵌平衡 if 语句 */
    else 语句 2
else
    if() 语句 3          } /* 内嵌平衡 if 语句 */
    else 语句 4
```

注意 if 与 else 的配对关系。根据 C 语言的语法规定，else 总是与写在它前面的、最靠近的、尚未与其他 else 配对过的 if 配对。内嵌平衡的 if 语句，else 与 if 的匹配一般不会有问题。但是，如果内嵌不平衡 if 语句，就可能出问题。考虑如下程序段：

```
if()
    if() 语句 1      /* 内嵌不平衡 if 语句 */
else
    if() 语句 2      } /* 内嵌平衡 if 语句 */
    else 语句 3
```

编程者把第一个 else 写在与第一个 if（外层 if）同样突出的位置上，本意是希望这个 else 能够与第一个 if 对应。但根据上面所说的语法规定，由于第二个 if（内层 if）没有与 else 配过对，又最靠近第一个 else，因此实际上是第一个 else 与第二个 if 配对。这样，上述 if 语句的实际执行流程是：

```
if()
    if() 语句 1
    else
        if()    语句 2
        else    语句 3
```

该流程没有达到预期目的，第一个 if 后面没有与之配对的 else。为了达到预期目的，应该使用括号"{}"将内嵌的不平衡 if 语句构造成一条复合语句。将上例改为如下：

C 语言的流程控制

60

```
if()
{ if()    语句 1 } /* 在复合语句内嵌入不平衡 if 语句 */
else
    if()    语句 2
    else    语句 3  } /* 内嵌平衡 if 语句 */
```

这样，第一个 else 不能和复合语句中的 if 配对，避免了由于配对错误造成的逻辑错误。

在 4.3.1 节中介绍了 if 语句的三种使用形式。前两种与 if 语句的标准语法格式对照，比较好理解。if 语句的第三种使用形式，其本质也是 if 语句的嵌套使用形式，即标准格式中的"语句 2"本身是一个平衡 if 语句，而该平衡 if 中的"语句 2"又是一个更底层的平衡 if 语句，如图 4-12 所示。

图 4-12　组合 if 语句的嵌套关系

注意，图中每一个方框都是一个平衡 if 语句，方框中的 if 语句作为外层 if 语句的 else 部分。程序段中每一个内嵌 if 语句都是采用缩进的方式书写。但是由于这种内嵌方式比较"单纯"，而且 C 语言的程序书写比较"自由"，所以可以改成下述方式：

```
if(条件 1 )语句 1
else if(条件 2) 语句 2
else if(条件 3) 语句 3
else 语句 4
```

它就是 4.3.1 节中所介绍的组合 if 语句。从本质上讲 if 语句只有一种格式即标准格式。

下面再编程实现一个实际的数学计算题来加深理解 if 语句的嵌套使用。有数学函数如下：

$$y = \begin{cases} -10 & x < 10 \\ 5 & x = 10 \\ 20 & x > 10 \end{cases}$$

例 4-5　演示用嵌套的 if 语句解决上述数学问题。

```
#include<stdio.h>

int main()
```

```
{
    float x, y;

    printf("Please input x: ");
    scanf("%f", &x);
    if(x < 10)  y = -10;            /* A */
    else  if(x == 10)  y = 5;       /* B: 内嵌 if 语句 */
          else  y = 20;             /* C */
    printf("y= %.2f \n", y );
    return 0;
}
```

该程序的 A、B、C 三行可以改写成如下形式，请注意两个版本程序中内嵌 if 语句的位置。

```
if(x <= 10)
    if(x<10)  y = -10;   /* 内嵌 if 语句 */
    else      y = 5;
else  y = 20;
```

4.3.3 条件运算符

在 C 语言中，针对简单的平衡 if 语句，还可以采用条件运算符表示。条件表达式的形式如下：

<表达式 1> ？ <表达式 2> ： <表达式 3>

条件运算符是一种三元运算符，即在表达式中需要书写三个操作数。条件运算的计算过程是：首先计算<表达式 1>（一般为逻辑表达式），如果<表达式 1>的值为真（值为非 0）则执行<表达式 2>并将其计算结果作为整个表达式的值；如果<表达式 1>的值为假（值为 0）则执行<表达式 3>并将其计算结果作为整个表达式的值。

条件表达式的执行流程如图 4-13 所示。

图 4-13　条件表达式的执行流程

根据图 4-13 所描述的流程图可以看出，条件运算符的使用方法与平衡的 if 语句完全相同。它完全等价于如下 if 语句：

```
if(<表达式 1>)
```

```
        <表达式 2>;
else
        <表达式 3>;
```

例如，求两个数中的较大数，可以使用条件运算符如下：

```
max = (a>b) ? a : b;
```

也可以使用如下 if 语句：

```
if(a>b)  max = a;
else    max = b;
```

当然，由于在 if 语句中可以使用复合语句来实现复杂的功能，所以条件运算符的功能只能相当于简单的平衡 if 语句，而不能认为两者完全等价。

条件运算符的计算优先级比较低，仅仅高于赋值运算符和逗号运算符。因此在条件运算表达式中，一般是将所有的逻辑运算和数值运算都计算完毕以后，使用条件运算符选择合适的分支取得计算结果，最终再将计算结果赋值给其他变量。

条件运算符按照"自右向左"的计算规则进行计算。例如有如下条件运算符表达式：

```
x = a>b ? a : c<b ? c : b;
```

它等价于：

```
x = a>b ? a : (c<b ? c : b);
```

正确的计算顺序是，先计算 a>b，若成立，则 a 是赋值号右边表达式的值；否则，再计算(c<b ? c : b)作为赋值号右边表达式的值。若 a=1，b=3，c=5，则 x 的值为 3。

例如，求解三个数中的最大数，使用条件运算符书写如下：

```
max = (a>b ? a: b)<c ? c : a>b ? a:b;
```

从上面的例子可以看出，虽然可以利用"自右向左"的规则来实现正确的计算，但是这样的书写方法不利于程序的阅读和维护。所以，在嵌套使用条件运算符的时候，应该尽量使用括号将条件运算符及相关数据括起来，防止出现执行和理解的错误。所以上面求解最大数的例子应该写为：

```
max = (a>b ? a : b)<c ? c : (a>b ? a : b);
```

4.3.4 switch 语句

尽管采用组合 if 语句可以实现复杂的逻辑判断，但是组合的 if 语句书写工作量大，使用不太方便。C 语言提供了一个与组合的 if 语句功能类似而使用简单的语句：switch 语句，即开关语句。

开关语句也称多分支选择语句，功能与组合的 if 语句类似，可以用来模拟组合的 if 语句的功能（注意，两者的功能并非完全等价）。开关语句通常用于各种分类统计和计算。该语句的语法格式如下：

```
switch( <表达式> )
{
  case <常量表达式 1>: 语句序列 1;
                    [< break; >]
  case <常量表达式 2>: 语句序列 2;
                    [< break; >]
       ...
  case <常量表达式 n>: 语句序列 n;
                    [< break; >]
  [ default:  语句序列 n+1; [< break; >] ]
}
```

其中<表达式>和<常量表达式 i >（i=1, 2, …, n）的类型必须是整型（包括字符类型、枚举类型等），而不能为其他类型数据（如 float 型或 double 型）。每个 case 后的"语句序列"表示此处可以是多条语句。

　　switch 语句的执行规则是，首先计算<表达式>的值，然后将该值从上到下依次与<常量表达式 i >（i=1, 2,…, n）比较，若<表达式>的值与某个<常量表达式 i >的值相等，则从第 i 个 case 后面的语句序列开始执行。如果<表达式>的值与所有的<常量表达式 i>都不相等，则执行 default 后面的语句序列。注意 default 分支是可选的，即如果需要执行 default 分支而又没有编写 default 分支，则整个 switch 语句不做任何操作。switch 语句中的 break 语句用于结束 switch 语句，即结束对某个状况（case）的处理，流程跳出 switch 语句，转至 switch 后面的语句继续执行。若一个 case 语句序列后没有 break 语句，则继续执行下一个 case 后的语句序列。

　　若在 switch 语句每个分支语句序列的后面加上 break 语句后，操作流程图如图 4-14 所示。

　　例如实现一个程序，用户输入英文五分制成绩（A、B、C、D 或 E），输出对各个成绩的英文描述。程序主要分支处理语句如下：

图 4-14　开关语句操作流程

```
char grade;
grade = getchar();  /* 输入五分制成绩, A、B、C、D 或 E */
switch(grade)
```

```
{
    case 'A': printf("Excellent \n" ); break;    /* 优 */
    case 'B': printf("Good \n" ); break;         /* 良 */
    case 'C': printf("Medium \n" ); break;       /* 中 */
    case 'D': printf("Pass \n" ); break;         /* 及格 */
    case 'E': printf("Fail \n" ); break;         /* 不及格 */
    default:  printf("Error \n" );               /* 输入错误 */
}
```

在 switch 语句中，为什么要规定若一个 case 语句序列后没有 break 语句，继续执行下一个 case 后的语句序列？原因如下。

在 switch 语句中每个<常量表达式 i>后面的语句序列类似于 if 语句的分支，但是执行各分支的条件判断方法不同。考虑如下情况：

```
int x;
...
if(x>=-2 && x<0)    printf("Negative \n");    /* 负数 */
else if(x==0)          printf("Zero \n");       /* 零 */
else if(x>0 && x<=2) printf("Positive \n");    /* 正数 */
```

上述 if 语句的条件中使用了数值范围判断，若某一条件为真，则执行其后的语句分支。而 switch 语句中，执行某一语句序列（相当于一个分支）的条件判断，使用的是完全匹配规则，即将<表达式>与<常量表达式 i>做恒等于比较（==）操作。相当于 if(<表达式>==<常量表达式 i>)条件为真时，执行<常量表达式 i>后面的语句序列分支，这样功能较弱。所以为了使 switch 语句也能像 if 语句一样，当一个范围的数据条件成立时，执行一个分支，在 C 语言中做了上述规定。

该规定的详细描述为：当找到一个符合条件的 case 分支并且执行了后面的语句序列后，并不像 if 语句那样结束 switch 语句的执行，而是继续执行下一个 case 分支后面的语句序列，直到执行完全部的语句序列或者遇到 break 语句时终止。这样就可以使多个常量表达式分支共享一组语句序列，即在一定程度上实现了数值范围判断。可以将上面由 if 语句实现的程序段改写成如下程序段：

```
int x;
...
switch(x)
{ case -2:
  case -1: printf("Negative \n");
           break;
  case  0: printf("Zero \n");
           break;
  case  1:
  case  2: printf("Positive \n");
}
```

在程序段中，如果 x 的值为-2，则与第一个 case 分支匹配。由于第一个 case 分支后面没有执行语句序列，也没有 break 语句，根据规则，程序会继续执行第二个 case 分支后面的语句序列。数值–1 和–2 共享了输出"Negative"字符串的语句序列，而且第二个 case 分支后面写有 break 语句，程序在执行了输出语句后退出 switch 语句，这样实现的功能与上述 if 语句程序段完全相同。

有了上述规定，如下程序片断的功能是：用户输入英文五分制成绩，程序给出是否通过考试的信息。

```
switch(grade)
{
    case 'A':
    case 'B':
    case 'C':
    case 'D': printf("Pass \n" ); break;        /* 及格 */
    case 'E': printf("Fail \n" ); break;        /* 不及格 */
    default:  printf("Error \n" );              /* 输入错误 */
}
```

而对于如下程序段：

```
grade= 'B';
switch(grade)
{
    case 'A': printf("Excellent \n" );       /* 优 */
    case 'B': printf("Good \n" );            /* 良 */
    case 'C': printf("Medium \n" );          /* 中 */
    case 'D': printf("Pass \n" );            /* 及格 */
    case 'E': printf("Fail \n" );            /* 不及格 */
    default:  printf("Error \n" );           /* 输入错误 */
}
```

程序的输出为：

```
Good
Medium
Pass
Fail
Error
```

注意：

（1）在 switch 语句中，default 分支可以放在任何位置，C 语言的编译系统会自动将 default 分支调整到最后处理。但是为了程序书写和阅读方便，一般将 default 分支写在 switch 语句的最后一行。

（2）每个常量表达式的值都必须互不相同，否则当表达式的值与多个常量表达式的值都匹配时，计算机将无法决定到底应该执行哪一个常量表达式后面的语句序列。

（3）常量表达式必须是一个确定的字符类型或者整数类型的常量数值，而不能是浮点数或者变量表达式。

65

第 4 章

66

（4）switch 语句虽然可以模拟组合的 if 语句，但是并不是与组合的 if 语句完全等价。switch 语句只能处理字符类型和整数类型的条件判断，而组合的 if 语句不但可以处理字符类型和整数类型的条件判断，还可以对浮点数等其他的条件进行判断。由此看来，组合的 if 语句的功能要远远大于 switch 语句。

下面举例说明 switch 语句在实际生活中的应用。

在单位的工资发放中都要缴纳住房公积金，住房公积金是根据收入的多少按不同比例缴纳的，假设比例设置如下：

收入<1000	5%比例
1000≤收入<2000	6%比例
2000≤收入<5000	7%比例
5000≤收入<10 000	8%比例
10 000≤收入	10%比例

例 4-6　用 switch 语句解决公积金问题。程序是根据输入的收入金额求出并且输出应该缴纳的公积金。

```c
#include<stdio.h>

int main()
{
    int in, temp, r;
    float fee;

    printf("Please input your income: ");
    scanf("%d", &in);
    temp = in/1000;      /* 按照 1000 为单位进行区间划分 */
    switch(temp)
    {
      case 0: r=5; break;
      case 1: r=6; break;
      case 2:
      case 3:
      case 4: r=7; break;
      case 5:
      case 6:
      case 7:
      case 8:
      case 9: r=8; break;
      default: r=10;
    }
    fee = in * r / 100.0;
    printf("The accumulation fund is: %.2f\n", fee);
    return 0;
}
```

程序使用了多个分支共享语句序列，使得 switch 语句能够处理一个范围内的数据。在 switch 语句的最后使用了 default 语句，用来处理收入大于或等于 10 000 后的所有情况。

4.4　循环结构语句

现代计算机是一个高速运算的机器，每秒钟可以进行几亿次或者更高速的计算，如果是一个顺序执行的程序，可以在瞬间执行完毕。而我们却经常能够看到一些大型的科学计算需要计算机不停地计算几天、几个星期，甚至几个月。这种长时间自动运行程序的功能不是靠程序员编写很多代码来实现的，而主要是靠循环结构使得程序反复迭代计算实现的。

只要计算的数据之间存在着规律性的变化，就可以使用循环结构来对其进行迭代计算。例如，使用循环结构可以实现如下的多项式累乘积与累加和的求解：

$$n! = 1 \times 2 \times 3 \times 4 \times \cdots \times n$$

$$\pi = 4 \times \left(1 - \frac{1}{3} + \frac{1}{5} - \frac{1}{7} + \cdots + (-1)^{n+1} \frac{1}{2n-1} + \cdots \right)$$

循环结构的分类和运行原理在 4.1.4 节中已经做过了简单的介绍，其在 C 语言中的实现形式主要有以下四种：

- 用 goto 语句和标号构成循环；
- 用 while 语句构成循环；
- 用 for 语句构成循环；
- 用 do-while 语句构成循环。

下面分小节来分别进行介绍。

4.4.1　goto 语句及标号的使用

goto 语句最早出现在顺序结构的程序设计语言中，负责程序模块之间的跳转工作。它的书写形式为：

```
goto <语句标号>;
```

<语句标号>是一个标识符，用来标记程序跳转的位置。下面使用 goto 语句编写程序求解 $s = 1 + 2 + 3 + \cdots + 99 + 100$。

例 4-7　演示用 goto 语句求解 1～100 的累加和 s。

```
#include<stdio.h>

int main()
{
    int  i=1, m=0;

    loop: if(i <= 100)
         {
             m += i;
             i++;
```

```
            goto loop;      /* 跳转到标号 loop */
        }
    printf("The sum from 1 to 100 is: %d\n", m);
    return 0;
}
```

由于在程序中大量使用 goto 跳转命令会破坏结构化程序设计的原则，而且虽然 goto 语句和 if 语句联用可以实现循环结构，但是在 C 语言中有能够实现相同功能的结构更加简单的语句，如下面将要介绍的 while、do-while、for 循环语句，所以在程序设计中一般不宜采用 goto 语句。

4.4.2　while 语句

while 语句与其字面上的含义一致，是一种典型的"当型"循环结构。其语法格式如下：

```
while(<表达式>)   <语句>
```

执行的顺序为：首先判断<表达式>的计算结果，如果计算结果为真（非 0 值）则执行 while 语句后面跟随的<语句>，直到表达式的计算结果为假（0 值），结束循环语句的执行。我们将 while 语句后面跟随的<语句>称为循环体。对应的流程图如图 4-15 所示。

下面使用 while 语句编写程序例 4-8，求解 $s = 1 + 2 + 3 + \cdots + 99 + 100$。

例 4-8　演示用 while 语句求解 1～100 的累加和 s。

图 4-15　while 语句流程

```c
#include<stdio.h>

int main()
{
    int  i=1, sum=0;

    while(i <= 100)    /* 循环体是一个复合语句 */
    {
        sum += i;
        i++;
    }
    printf("The sum from 1 to 100 is: %d \n", sum);
    return 0;
}
```

需要注意 while 语句的以下几个用法：

（1）与 if 语句相同，while 语句后面只能跟随一条语句。当用户想要在循环体内实现较为复杂的功能时，必须要将多条语句用"{}"符号括起来，构成一条复合语句。这样才能正确地实现程序的功能。后面介绍的 for 语句和 do-while 语句与 while 语句相同，其后都只能跟随一条语句，都只能使用复合语句来实现复杂的功能。

（2）在循环体内必须包含对循环变量修改的语句。在程序例4-8中，结束循环的条件是变量i的值大于100。由于变量i的值决定了是否结束循环，是对循环起到至关重要作用的变量，因此将其称为循环变量。变量i初始的值为1，如果在循环体内没有语句i++对其值进行修改，则变量i的值永远为1，循环永远无法结束，我们称其为死循环。死循环会导致程序死锁或者计算机死机。因此在循环体内必须包含修改循环变量的语句，使循环变量趋向于循环终止条件变化，以使程序正常结束。

（3）对常见的两类循环操作：累加计算和累乘计算。针对不同的循环操作需要设置不同的初始化值。累加计算中的累加和变量一般初始化为0，累乘计算中的累乘积变量一般初始化为1。

4.4.3 for 语句

for 语句与 while 语句功能相同，也是一种典型的"当型"循环。其语法格式如下：

```
for([<初始化表达式>]; [<条件表达式>]; [<修正表达式>])
    <语句>
```

执行的顺序为：首先执行<初始化表达式>完成变量的初始化，然后进行<条件表达式>的计算。如果条件表达式的计算结果为真（非0值），则执行 for 语句后面跟随的<语句>，然后执行<修正表达式>，修改相关的循环变量，转到<条件表达式>，继续下一次循环；如果<条件表达式>的计算结果为假（0值），则结束循环语句的执行。

for 语句中<语句>称为循环体，其语法要求与 while 语句中的<语句>一样。其对应的流程图如图4-16所示。

从流程图的结构可以看出，while 语句与 for 语句都属于"当型"循环，for 语句在语义上等价于如下 while 语句：

图4-16 for 语句流程

```
<初始化表达式>;
while(<条件表达式>)
{
    <语句>;
    <修正表达式>;
}
```

下面使用 for 语句编写程序求解 $s = 1 + 2 + 3 + \cdots + 99 + 100$。

例4-9 演示用 for 语句求解累加和 s。

```
#include<stdio.h>

int main()
{
    int  sum=0, i;
```

```
    for(i=1; i<=100; i++)
        sum += i;
    printf("The sum from 1 to 100 is: %d \n", sum);
    return 0;
}
```

由例 4-9 可以看出，用 for 语句实现与 while 语句同样的循环功能时，程序可以书写得更加简单。

与 while 语句比较，在 for 语句中一般将对循环变量的修改操作从循环体中分离出来，放在修正表达式中。这样，在 for 语句的第一行，可以很清楚地看到循环变量的初值、终值和步长，提高了程序的阅读性。步长是每次循环结束后，循环变量的变化值。例 4-9 中，循环变量 i 的初值、终值和步长分别是 1、100 和 1。本例循环结束后，变量 i 的值为 101。

for 语句功能十分强大，除了标准的用法外，还有一些特殊的用法和注意事项，如下所示。

（1）for 语句的三个表达式并非都要书写。在实际使用时，可以针对不同情况，省略一个或多个。

如果将初始化语句放到 for 语句的前面，可以在 for 语句中省略初始化表达式。例如：

```
i=0;
for(; i<100; i++);
```

在 for 语句中也可以省略条件表达式，这时候的 for 语句的功能相当于 while 语句的一种特殊写法，如下所示：

```
for(i=0; ; i++)      ⇔      while(1)
```

这种循环称为永真循环，即永远循环或者死循环。这种循环配合在 4.4.5 节中介绍的 break 和 continue 语句，可以实现一些具有特殊作用的循环。

当将循环变量的修改语句写入循环体中时，for 语句中的修正表达式也可以省略。例如：

```
for(i=0; i<100;)
{
    printf("%d", i);
    i++;
}
```

有时也可以将三个表达式都省略，这时 for 语句同样等价于永真循环，如下：

```
for( ; ; )      ⇔      while(1)
```

（2）for 语句和 while 语句都是"当型"循环，它们的执行方法是先执行条件语句，再根据条件语句的计算结果判断是否执行循环体中的语句。由于是先判断后执行，因此循环体可能一次都不会被执行。

4.4.4　do-while 语句

do-while 语句虽然字面上与 while 语句都含有一个 while 单词，但在执行过程中"<语句>的执行"和"对<表达式>条件的判断"顺序正好相反。do-while 语句先执行循环体，然后再判断是否要继续执行循环，属于典型的"直到型"循环。其一般语法格式如下：

```
do
  <语句>   /* 循环体 */
while(<表达式>);
```

执行的顺序为：首先执行<语句>（即循环体），然后再判断<表达式>的计算结果。如果计算结果为真（非 0 值）则进行下一次的循环体运算，直到表达式的计算结果为假（0 值），结束循环。对应的流程图如图 4-17 所示。注意 do-while 语句的执行流程与直到型循环流程图（见图 4-6）的区别，对结束条件的判断正好相反，do-while 语句中当"表达式"为真继续循环，而图 4-6 流程图中当条件"C"为假继续循环。但是 do-while 还是一个"直到型"循环，可以理解为：循环继续执行，直到<表达式>为假，则结束循环。

图 4-17　do-while 语句流程

下面使用 do-while 语句编写程序求解 s=1+2+3+…+99+100。

例 4-10　演示用 do-while 语句求解 1～100 的累加和 s。

```c
#include<stdio.h>

int main()
{
    int  i=1, sum=0;

    do {
        sum += i;
        i++;
    }while(i <= 100);
    printf("The sum from 1 to 100 is:  %d \n", sum);
    return 0;
}
```

由于 do-while 循环是"直到型"循环，先执行循环体后判断，循环体至少会被执行一次。而"当型"循环的循环体有可能一次都不被执行。这种差别会导致同样书写的代码由于采用的循环语句不同而计算的结果不同。

下面使用 while 语句和 do-while 语句来实现相同的计算数值累加和的算法，以比较两种循环的不同点。

```
int main()
{
  int i, sum=0;

  scanf("%d", &i);
  while(i <= 5)
  {
    sum += i;
    i++;
  }
  printf("%d", sum);
  return 0;
}
```

```
int main()
{
  int i, sum=0;

  scanf("%d", &i);
  do
  {  sum += i;
     i++;
  }
  while(i <= 5);
  printf("%d", sum);
  return 0;
}
```

在上述的程序中，如果用户输入的数据小于或等于 5，则两个程序的功能等效，都是求解从输入的数据到 5 的累加和。如果输入的数据大于 5，则两个程序的功能不等效。其中使用 while 语句的程序由于先判断再计算，导致了由于首次判断条件为假而不做计算的结果，输出的结果始终为 0。而使用 do-while 语句的程序由于先执行后判断，会对用户输入的数据至少计算一次。例如，用户输入 6，则使用 do-while 语句的程序输出 6，而使用 while 语句的程序输出 0。

4.4.5　break 语句和 continue 语句

在循环语句的执行过程中，主要是按照条件表达式的计算结果来决定何时结束循环语句。如果在程序的循环中，要对某些特殊情况进行处理，例如强行中断循环、跳过某些特定的执行过程等，就需要加入新的控制语句。break 语句和 continue 语句正是专门设计的用来改变循环执行流程的语句。

在前面 switch 语句的使用中已经说明：break 语句可以中断 switch 语句向下执行的流程。此外，它更重要的作用是用来中断循环语句的执行。

break 语句的书写格式为：

```
break;
```

其功能是中断循环语句或者 switch 语句的执行流程。下面用例子说明：

```
int i;
for( i=1;  ; i++)
{
    printf("%d ", i);
    if(i >= 10) break;
}
```

上述程序段的作用是在屏幕上显示 1～10 的十个数。在 for 语句的书写上由于省略了条件表达式的书写，所以是一种永真循环的写法，程序本来应该永远不停地循环下去。但是由于循环体内使用了 break 语句，当变量 i 的值等于 10 时，if 语句中的 break 语句被执行，程序的执行流程跳出循环语句，结束循环。

　　break 语句可以用来打断循环语句的执行，跳出循环语句去执行紧跟在循环语句后面的下一条语句。但是必须注意，一条 break 语句只能跳出它所在的最内层循环，如果将 break 语句写在一个多重循环语句中（见 4.4.6 节），想要跳出循环语句往往需要多次调用 break 语句。

　　continue 语句也是一种改变循环执行流程的语句，但是它的作用与 break 语句不同。它并不使程序的执行流程跳出循环，而是跳过循环体中下面尚未执行的语句，结束本次循环。

　　continue 语句的书写格式为：

```
continue;
```

　　continue 语句一定要配合 if 语句写在循环体的中间，将需要跳过的计算过程写在 continue 语句的后面，这样才能达到预期的效果。break 语句和 continue 语句的对比实例如下：

```
for(i=1; i<=4; i++)              for(i=1; i<=4; i++)
{                               {
   x = i * i;                      x = i * i;
   if(x == 9) break;               if(x == 9) continue;
   printf("%d \n", x);             printf("%d \n", x);
}                               }
printf("i= %d \n", i);          printf("i= %d \n", i);
```

　　上面的两个程序段中除了 break 语句和 continue 语句不同之外，其他都完全相同，但是它们的执行结果却完全不同，分别是：

```
1                               1
4                               4
i=3                             16
                                i=5
```

　　当循环变量 i 的值为 3 时，如果执行 break 语句，则退出循环，这时后续循环内部的 printf 语句不再执行；如果执行 continue 语句，则跳过后续显示 9 的 printf 语句，继续执行下一次循环，直到将循环执行完毕。

　　下面举例说明 break 语句的使用。

　　例 4-11　使用循环语句，按照定义求任意两个数的最大公约数和最小公倍数。

```
#include<stdio.h>

int main()
{
   int  x, y, i, k;

   printf("Please input two integers: ");
```

```
        scanf("%d%d", &x, &y);
        k=x<y?x:y;                          /* 取两数中的小数 */
        for(i=k; i>=1; i--)                 /* A: 求最大公约数 */
            if(x%i==0 && y%i==0)
                break;
        printf("Greatest Common Divisor : %d \n", i);
        k=x>y?x:y;                          /* 取两数中的大数 */
        for(i=k; i<=x*y; i++)               /* B: 求最小公倍数 */
            if(i%x==0 && i%y==0)
                break;
        printf("Lowest Common Multiple : %d\n", i);
        return 0;
}
```

这里使用探测法。求最大公约数时，探测范围为两数中的较小数 k 至 1（在此范围内必定能找到最大公约数）。在 A 行的 for 循环中，循环变量 i 的值从 k 开始依次递减，在循环体中作判断，第 1 个能够同时把 x 和 y 除尽的 i 就是最大公约数，此时用 break 跳出循环，输出最大公约数。求最小公倍数时，探测范围为两数中的较大数 k 至 x*y（在此范围内必定能找到最小公倍数），在 B 行的 for 循环中，循环变量 i 的值从 k 开始依次递增，在循环体中判断 i 是否能同时被 x 和 y 除尽，满足此条件的第 1 个 i 就是最小公倍数，此时用 break 跳出循环，输出最小公倍数。

4.4.6 循环的嵌套

在某些复杂计算中，使用一个循环语句无法实现计算的目标，这时往往需要在一个循环语句中再使用循环语句。这种在一个循环语句中又包含其他的循环语句的循环结构称为循环的嵌套。在前面介绍的三种主要的循环语句（while 语句、for 语句和 do-while 语句）中，它们彼此之间都可以互相嵌套。

循环嵌套调用的包含关系称为层次关系，一个循环语句包含另外一个循环语句称为两层循环。在 C 语言中，对循环嵌套调用的层次一般没有限制，在复杂的问题求解中甚至会用到 4 层或 5 层循环。当然，循环的嵌套调用中也不仅仅存在层次关系，还存在并列关系。

图 4-18 以图示说明几种常见的循环嵌套结构，其中每一个闭环矩形代表一个循环语句。

(a) 三重循环   (b) 两重循环   (c) 两重与三重并存的循环

图 4-18 循环嵌套类型

下面使用循环嵌套编写例 4-12 的程序输出九九乘法表。

例 4-12 演示用循环嵌套语句输出九九乘法表。

```c
#include<stdio.h>

int main()
{
    int i, j;

    printf("Multiplication table: \n");
    for(i=1; i<=9; i++)          /* 外循环控制输出的行数 */
    {
        for(j=1; j<=i; j++)      /* 内循环 */
            printf("%d*%d=%d\t", i , j , i*j );
        printf("\n");
    }
    return 0;
}
```

程序的运行结果如下：

```
Multiplication table:
1*1=1
2*1=2    2*2=4
3*1=3    3*2=6    3*3=9
4*1=4    4*2=8    4*3=12   4*4=16
5*1=5    5*2=10   5*3=15   5*4=20   5*5=25
6*1=6    6*2=12   6*3=18   6*4=24   6*5=30   6*6=36
7*1=7    7*2=14   7*3=21   7*4=28   7*5=35   7*6=42   7*7=49
8*1=8    8*2=16   8*3=24   8*4=32   8*5=40   8*6=48   8*7=56   8*8=64
9*1=9    9*2=18   9*3=27   9*4=36   9*5=45   9*6=54   9*7=63   9*8=72   9*9=81
```

4.5 控制语句应用举例

例 4-13 求解一元二次方程 $ax^2+bx+c=0$ 的根。

在求解的过程中有以下几种情况需要考虑：

（1）a=0，则表达式不是一元二次方程，解为 $-\dfrac{c}{b}$。

（2）$b^2-4ac=0$，有两个相等的实数根。

（3）$b^2-4ac>0$，有两个不相等的实数根。

（4）$b^2-4ac<0$，有两个共轭的复数根。

根据以上分析，对各种情况使用 if 语句来分别处理，编写程序如下：

```c
#include<stdio.h>
#include<math.h>
```

```
int main()
{
    float a, b, c, disc, x1, x2, real, image;

    printf("Please input three real numbers: ");
    scanf("%f%f%f", &a, &b, &c);
    printf("The equation");
    if(fabs(a)<=1e-7)        // A: 判断 a==0，注意写法。处理第 1 种情况
      printf(" is not quadratic, solution is %.2f\n", -c/b);
    else
    {                              // 处理 2、3、4 三种情况
        disc=b*b-4*a*c;
        if(fabs(disc)<=1e-7)      // B: disc==0
          printf(" has two equal real roots: %.2f\n", -b/(2*a));
        else if (disc>1e-7)       // C
        {
            x1=(-b+sqrt(disc))/(2*a);
            x2=(-b-sqrt(disc))/(2*a);
            printf(" has distinct real roots: %.2f and %.2f \n", x1 , x2);
        }
        else
        {
            real=-b/(2*a);
            image=sqrt(-disc)/(2*a);
            printf(" has complex roots:\n");
            printf("%.2f + %.2f i \n", real, image);
            printf("%.2f - %.2f i \n", real, image);
        }
    }
    return 0;
}
```

在例 4-13 中，为了使得程序具有通用型，设定方程系数变量 a、b 和 c 都是 float 类型。在 C 语言中，整数采用补码方式存储，可以精确地表示数值。但是，浮点数采用了一种类似于科学计数法的存储方式，不可以精确地表示数值。所以判定整型变量 a 是否为 0 可以直接书写条件表达式 a==0，而判定浮点型变量 a 是否为 0 就不能直接比较数值 0 了。在 C 语言中判断两个浮点数是否相等一般取两数相减的绝对值，当绝对值小于一个很小的数时，我们认为两个浮点数相等。取浮点数的绝对值可以使用 math.h 函数库文件中的系统函数 fabs()，所以判定浮点型变量 a 是否为 0 一般写成条件表达式 fabs(a)<=1e-7，如例 4-13 中注释 A 所示。其中，1e-7 只是代表一个很小的小数，如果程序有特别精确的要求，可以把这个数改成更小的数据，例如 1e-9 或者 1e-10。

由于 b^2-4ac 的值是程序中必须计算的，这里用一个中间变量 disc 来存放这个值，以避免重复计算。同样由于 disc 为实数变量，不能精确比较数值，所以注释 B 行和 C 行也使用

了浮点数相等判断的处理方法。运行程序四次，结果分别如下：

（1）Please input three real numbers: <u>0 2 -3<Enter></u>

　　　The equation is not quadratic, solution is 1.50

（2）Please input three real numbers: <u>1 4 4<Enter></u>

　　　The equation has two equal real roots: -2.00

（3）Please input three real numbers: <u>2 4 1<Enter></u>

　　　The equation has distinct real roots: -0.29 and -1.71

（4）Please input three real numbers: <u>2 2 1<Enter></u>

　　　The equation has complex roots:

　　　-0.50 + 0.50 i

　　　-0.50 -0.50 i

在 4.4 节中举例说明了循环语句能够实现有规律的科学计算。我们可以将其分为两类：有穷计算和无穷计算。

对于有穷计算，由于已经知道了计算的步数，只要使用循环语句判断计数器变量是否到达预知的终止值即可，如在例 4-9 中计算 $s = 1 + 2 + 3 + \cdots + 99 + 100$，循环计算的次数是可知的。对于无穷计算，当然不可能无止境地计算下去，一般通过在条件表达式中对计算公式通项的判断来决定何时结束循环。能够求得结果的多项展开式，其通项都是收敛的（越变越小），所以我们认为当通项足够小的时候（例如小于 10^{-7}），就可以对以后的计算忽略不计，以后的计算也不会对最终解产生较大的影响。因此，对于无穷计算，往往通过判断通项的大小来决定循环是否继续。

for 语句可以方便地处理预知次数的循环操作，也可以通过对条件表达式的判断来处理未知循环次数的无穷计算。因此，for 语句的使用频率要高于 while 语句和 do-while 语句。

下面通过实际程序的编写来说明循环语句的使用方法。

例 4-14 编写程序，输入一个 int 型整数 num，逆向输出其各位数字，同时求出其位数以及各位数字之和。

```c
#include<stdio.h>

int main()
{
    int num, sum=0, k, i=0;

    printf("Please input an integer number:");
    scanf("%d", &num);
    while(num>0)
    {
        k = num%10;
        printf("%d   ", k);
        sum += k;
        i++;
        num = num/10;
```

```
        }
        printf("\nsum = %d\n", sum );        /* 输出各位数字之和 */
        printf("digit number = %d\n", i);    /* 输出 num 的位数 */
        return 0;
}
```

如果输入的数据是 8953，则程序的运行结果是：

```
Please input an integer number: 8953<Enter>
3  5  9  8
sum = 25
digit number = 4
```

例 4-15 使用循环语句，对 cos(x)多项式求和。

cos(x)的多项式求和公式为：

$$\cos(x) = 1 - \frac{x^2}{2!} + \frac{x^4}{4!} - \cdots + (-1)^{n+1}\frac{x^{2n-2}}{(2n-2)!} + \cdots$$

程序如下：

```
#include<stdio.h>
#include<math.h>

int main()
{
    int i;
    double x, t, value;

    printf("Please input radian: ");
    scanf("%lf", &x);                        // 输入弧度值
    value=1; t=1; i=1;
    while((fabs(t))>=1e-10)                   // 判断通项是否足够小
    {
        t=t*(-1)*x*x/((2*i)*(2*i-1));         // 通过相邻两项的差值，计算通项的值
        value = value + t;
        i++;
    }
    printf("cos(x)= %lf \n", value);
    return 0;
}
```

由于 cos(x)多项式的项数是无穷的，所以通过判断通项值的大小来结束循环。当通项的绝对值小于 10^{-9} 时，其值对计算结果影响不大，可以忽略不计，于是结束循环。

程序中使用变量 i 来记录循环的次数，通过循环的次数与分母变化之间的关系求出分母的值，变量 t 记录通项的值。经过若干次累加，最后在变量 value 中获得计算结果。

例 4-16 使用循环语句求解 $\sum_{n=1}^{20} n!$ 多项式的和（即求解 $1!+2!+\cdots+20!$）。

```
#include<stdio.h>

int main()
{
    double sum, t;
    int i;

    sum=0;    t=1;
    for(i=1; i<=20; i++)
    {
        t=t*i;                    /* 计算每一个阶乘 */
        sum=sum+t;
    }
    printf("sum=%lf \n", sum);
    return 0;
}
```

程序中变量 sum 用来存放累加和，初始化为 0；变量 t 用来存放累乘积，初始化为 1。由于要一直计算到 20!，会得到一个很大的数，超出了整数类型的数据表示范围，所以在程序中把阶乘值变量与累加和变量都设定为浮点数类型，这样有足够的空间来储存和表示计算结果。程序员在设计程序的时候要注意计算结果的数据范围，选择合适的变量数据类型，否则在算法正确的情况下也会由于超过变量的数据表示范围而得到错误的结果。

例 4-17　使用循环语句求解 Fibonacci 数列的前 40 项。

该数列的推导公式如下：

$$F_n = \begin{cases} 1 & n=1 \\ 1 & n=2 \\ F_{n-1}+F_{n-2} & n>2 \end{cases}$$

```
#include<stdio.h>

int main()
{
    long f1, f2;
    int i;

    f1=1;    f2=1;
    for(i=1; i<=20; i++)
    {
        printf("%12ld%12ld", f1, f2);
        if(i%2==0) printf("\n");        /* A */
        f1=f1+f2;
        f2=f2+f1;
    }
    return 0;
}
```

程序中的 A 行用于控制每行输出 4 个数。注意，由于该数列的前 40 项的值超过了编译系统 Turbo C 2.0 的整型数值范围，为了程序的兼容性更好，程序中的 f1 和 f2 采用了长整型。

1	1	2	3
5	8	13	21
34	55	89	144
233	377	610	987
1597	2584	4181	6765
10 946	17 711	28 657	46 368
75 025	121 393	196 418	317 811
514 229	832 040	1 346 269	2 178 309
3 524 578	5 702 887	9 227 465	14 930 352
24 157 817	39 088 169	63 245 986	102 334 155

例 4-18 输入一个整数 x，判断其是否为素数。

素数即质数，是只能被 1 和其自身整除的数，因此可以使用试探法来寻找素数。要判断整数 x 是否为素数，就可以试探用 [2, x–1] 之内的所有整数去除 x，如果没有一个数可以将 x 除尽，则 x 就是素数。如果区间内有一个数可将 x 除尽，则 x 不是素数。寻找素数其实是寻找一种倍数关系，所以没有必要试探[2, x–1] 之内的所有整数，只要试探 $2 \sim \sqrt{x}$ 的整数就可以了。下面给予简单的证明。

设 x 不是一个素数，那么 x 就应当有一个不小于 2 的因子 m，即 x 可以分解为：$x=(\sqrt{x})^2 = mn$，其中 m 和 n 为 x 的两个约数，显然 m 和 n 都是大于或等于 2 的整数。假设 m 是 m 与 n 两个数中比较小的一个整数，可以推出：$(\sqrt{x})^2 = mn \geqslant m^2 \geqslant 2^2$，由前提条件"x 是一个正整数"可得：$\sqrt{x} \geqslant m \geqslant 2$。故可以得到一个结论：若正整数 x 不是一个素数，那么在 $2 \sim \sqrt{x}$ 必有一个约数。

```c
#include<stdio.h>
#include<math.h>

int main()
{
    int x, b, i;

    printf("Please input a integer number: ");
    scanf("%d", &x);
    b = (int)sqrt((float)x);
    for(i=2; i<=b; i++)        /* 循环变量 i 的变化范围是: 2~sqrt(x) */
        if(x%i==0) break;   /* A */
    if(i>=b+1)             /* B */
        printf("%d is a prime number.\n", x);
    else
        printf("%d is not a prime number.\n", x);
```

```
    return 0;
}
```

程序中 A 行的 break 语句跳出它所在的 for 语句，然后执行 B 行的 if 语句。for 循环结束后，可根据循环变量 i 的值判定 x 是否为素数，如果 i<=b，表示在 A 行，在范围 2～sqrt(x) 之内有一个 i 能把 x 除尽，break 语句跳出循环，此时 x 不是素数。如果在范围 2～sqrt(x) 之内的所有的 i 都不能把 x 除尽，则 for 循环结束后，i 的值是 b+1，即条件 i>=b+1 成立，表示 x 是素数。

例 4-19 使用循环语句求解 300～500 内的所有素数。

注意： 在本例中参考了例 4-18 中求素数的算法。

```
#include<stdio.h>
#include<math.h>

int main()
{
    int  m, k, i, n=0;                  /* n 是计数器 */

    for (m=301; m<=500; m=m+2)          /* 2 以外的偶数不会是素数 */
    {
        k=(int)sqrt((float)m);
        for (i=2; i<=k; i++)            /* A */
          if (m%i==0) break;
        if (i>=k+1)                     /* A 行的 for 循环正常结束，m 是素数 */
        {
            printf("%5d", m);
            n=n+1;
            if (n%10==0)                /* 控制每行输出 10 个素数 */
                printf("\n");
        }
    }
    printf("\n");
    return 0;
}
```

本例中使用了双重嵌套循环。因为大于 2 的偶数不是素数，外层循环变量 m 扫描 300～500 的所有奇数，内层循环判定当前奇数 m 是否为素数。如果内层循环发现一个可以将 m 除尽的数，则执行 break 语句，终止内层循环。在内层循环之后，采用 if 语句判断内层循环是否正常终止。如果是正常终止，则变量 i 的值等于 k+1，当前的 m 是素数，这时就将 m 输出，同时统计素数个数；否则，变量 i 的值会小于 k+1，说明 i 是 m 的约数，故 m 不是素数。

例 4-20 求出并输出满足如下条件的三位数：该数是 11 的倍数，并且个位、十位、百位数字各不相同。

```
#include<stdio.h>

int main()
{
    int  i, x, y, z;

    for(i=100; i<1000; i++)
       if(i%11==0)                        /* 11 的倍数 */
       {
          x=i/100;                        /* 取得百位的数值 */
          y=i%100/10;                     /* 取得十位的数值 */
          z=i%10;                         /* 取得个位的数值 */
          if(x!=y && y!=z && z!=x)
             printf("%d \n", i);
       }
    return 0;
}
```

程序利用整数的整除和取模运算将一个整数分解，分别取得它的个位、十位和百位。

例 4-21 用牛顿迭代法求方程 $x^3+2x^2+3x+4=0$ 在 1 附近的实数根。

牛顿迭代法是利用曲线的导数方程即切线方程这一数学原理，通过不断迭代求得切线方程与 X 坐标轴的交点，来逼近精确解，最终求得曲线方程的近似解。其推导后的迭代公式如下：

$$x_{n+1} = x_n - \frac{f(x_n)}{f'(x_n)}$$

对于上述方程有：$f'(x) = 3x^2 + 4x + 3$。

```
#include<stdio.h>
#include<math.h>

int main()
{
    double  x, x1, f, f1;

    x=x1=1;                               /* 初始化迭代因子 */
    do
    {
       x=x1;
       f=x*x*x+2*x*x+3*x+4;               /* 原方程 */
       f1=3*x*x+2*2*x+3;                  /* 导数方程 */
       x1=x-f/f1;                         /* 迭代公式 */
    }while(fabs(x1-x)>=1e-9);
    printf("Root is: %lf \n", x1);
    return 0;
}
```

在上述程序中当前后两次计算结果之间的差值小于 10^{-9} 时，就认为已经接近精确解，这时就终止循环，输出 x1 的值。

例 4-22 编写程序完成一个简单计算器。通过键盘循环输入合法的四则运算表达式，然后输出表达式及其计算结果。为了简单，本例中只考虑整数运算，如除法为整除，而且规定不把 0 作为分母。

```c
#include<stdio.h>

int main()
{
    char  op;
    int  num1, num2, result, parnum;

    printf("Please input a mathematical expression: ");
    parnum = scanf("%d%c%d", &num1, &op, &num2);          /* A */
    while(parnum==3)
    {
        switch (op)
        {
            case '+' : result =num1+num2; break;
            case '-' : result =num1-num2; break;
            case '*' : result =num1*num2; break;
            case '/' : result =num1/num2; break;
            default: printf("Operator is illegal.\n");
        }
        printf("%d%c%d=%d\n", num1, op, num2, result);
        parnum = scanf("%d%c%d", &num1, &op, &num2);       /* B */
    }
    return 0;
}
```

程序中 A 行和 B 行使用了输入函数 scanf()，它的返回值是被正确读入的数据的个数。当运行时输入 1+2<Enter>时，整数 1 和 2 被正确读入并赋给整型变量 num1 和 num2，字符'+' 被正确读入并赋值给字符变量 op，三个字符被合法读入，scanf()返回值为 3。当输入非法数据时，如输入 Q<Enter>时，scanf()无法正确读入数据，返回值不是 3，于是循环结束。具体如下所示：

```
1+2<Enter>
1+2=3
7/2<Enter>
7/2=3
4?5<Enter>
Operator is illegal.
4?5=3
8-10<Enter>
8-10=-2
```

```
Q<Enter>    /* 非法输入，结束循环 */
```

习 题 4

1. 编写程序，从键盘输入 3 个数，输出其中最大的数。

2. 编写程序，判断用户输入的年份（如 2000 年）是否是闰年。闰年判断条件为：如果某年份能被 4 整除而不能被 100 整除，或者能被 400 整除，该年份就是闰年。

3. 画出求解 1+2+3+…+1000 的流程图。

4. 编程求解 1000 以内可以同时被 9 和 11 整除的所有整数。要求一行输出 5 个数据。

5. 编写程序，将从键盘输入的百分制成绩转换为五分制成绩并显示在屏幕上。成绩转换规则如下：A 对应 90～100 分，B 对应 80～89 分，C 对应 70～79 分，D 对应 60～69 分，E 对应 60 分以下。请使用 if-else 语句和 switch 语句两种方法求解。

6. 每个公民在生活中都需要依法纳税，个人所得税的税率是根据收入按不同比例缴纳的，收入少于 3500 元的部分不计税，收入大于 3500 元的部分为超出部分，超出部分分段计税，分段税率设置如下：

（1）超出部分≤1500，即超出部分中小于或等于 1500 元的部分，税率为 3%；

（2）1500<超出部分≤4500，即超出部分中 1501～4500 元的部分，税率为 10%；

（3）4500<超出部分≤9000，即超出部分中 4501～9000 元的部分，税率为 20%；

（4）9000<超出部分≤35 000，即超出部分中 9001～35 000 元的部分，税率为 25%；

（5）35 000<超出部分≤55 000，即超出部分中 35 001～55 000 元的部分，税率为 30%；

（6）55 000<超出部分≤80 000，即超出部分中 55 001～80 000 元的部分，税率为 35%；

（7）80 000<超出部分，即超出部分中超过 80 000 元的部分，税率为 45%。

请用 if 语句编程实现根据输入的收入金额计算出应缴的所得税总额，并且显示在屏幕上。例如，一个人的收入为 8500 元，则 5000（8500−3500＝5000）元为超出部分，应缴税。超出部分又分为三段计算，即超出的小于 1500 元部分（共 1500 元）按 3%缴税（税额为 45 元），1500～4500 元部分（共 3000 元）按 10%缴税（税额为 300 元），4500～9000 元部分（共 500 元）按 20%缴税（税额为 100 元），最后将各段应缴税额求和，得到应缴税总额为 445 元。

7. 求符合以下条件的所有四位数：该数各位数字的四次方之和等于该数本身。例如 1634 就是这样的一个数。

8. 编写程序，求出并输出 1000 以内的所有素数。

9. 编写程序，用循环语句输出如下图形：

```
*******
 *****
  ***
   *
  ***
 *****
*******
```

10. 使用穷举法（三重循环）求解例 4-20。

11. 编写程序，求解下列分数序列的前 30 项之和：

$$\frac{2}{1}, \frac{3}{2}, \frac{5}{3}, \frac{8}{5}, \frac{13}{8}, \frac{21}{13}, \cdots$$

12. 假设某种货币由 1 元、2 元和 5 元组成，编写程序，输入一个正整数 N(1≤N≤1000)，计算出 N 元人民币兑换成 1 元、2 元和 5 元纸币的所有组合，要求组合中 1 元、2 元和 5 元都必须存在。输出每一种组合的情况以及总的组合数。

13. 编写程序，求 1～50 是 3 的倍数的所有数的积。

14. 从键盘上输入任意一串字符，以按 Enter 键结束，统计其中字母 c 出现的个数。

15. 求 sum = a + aa + aaa + aaaa + ⋯ + aa⋯a（n 个 a）的值，其中 a 是一位数字。例如，当 a=3，n=6 时，sum = 3 + 33 + 333 + 3333 + 33 333 + 333 333。a 和 n 的值由键盘输入。

16. 输入一行字符，以<Enter>结束输入，分别统计其中出现的大写英文字母、小写英文字母、数字字符、空格和其他字符等 5 类字符出现的次数。例如，若输入 I am 20 years old!<Enter>，则统计的 5 类字符的次数分别是 1, 10, 2, 4, 1。

17. 用迭代法求 a 的平方根 x=$\sqrt{a}$。迭代公式为：

$$x_{n+1} = \frac{1}{2}\left(x_n + \frac{a}{x_n}\right)$$

要求前后两次求出的 x 的差的绝对值小于 10^{-6}。

C 语言的流程控制

第5章　函　数

5.1　函　数　概　述

对于一个较大的程序，为便于实现一般应将其分为若干个程序模块，每一个模块实现一个特定的功能。在 C 语言中，由函数实现模块的功能。函数是 C 程序的构成基础。一个 C 程序可由一个主函数 main()和若干个子函数构成。像 printf()、scanf()这样的函数是由系统提供的，其他函数则由用户编写。函数的实现，将有利于信息隐藏及数据共享，节省开发时间，增强程序的可靠性。本章将介绍函数的定义、声明以及调用等内容。此外还将介绍有关作用域和存储类别的概念，使读者能够了解变量、函数的作用域及生存期，进而提高对变量和函数的灵活运用能力。

先举一个简单的函数调用的例子。

例 5-1　简单函数调用。

```c
#include<stdio.h>

void printstar()
{
  printf("*****************\n");
}

void print_message()
{
  printf("  Welcome to C\n");
}

int main()
{
  printstar();
  print_message();
  printstar();
  return 0;
}
```

运行结果为：

```
*****************
  Welcome to C
*****************
```

函数可以是系统预定义的,也可以是用户定义的。前者称为系统函数或标准库函数,后者称为用户自定义函数。printstar()和 printf_message()是用户自定义的函数,分别用来输出一行"∗"号和一行信息。

任何一个 C 程序都是从主函数即 main()的开花括号开始执行,一直到 main()的闭花括号为止。在执行过程中,如果遇到一个函数调用语句,则暂时中断 main()函数的执行,将流程转到被调函数,执行完被调函数再返回到主函数中断处继续执行,直到 main()函数执行完为止。

5.2 函数的定义与调用

5.2.1 函数的定义

一个函数必须定义后才能使用。所谓定义函数,就是编写完成函数功能的程序块。一个 C 函数由函数头与函数体两部分组成,其一般形式如下:

```
[<数据类型>] <函数名> ([形式参数列表])        /* 函数头 */
{
    语句                                    /* 函数体 */
}
```

方括号内的<数据类型>说明等可以省略,以下同。

下面的例子说明函数的结构。

例 5-2 求两个数中的较小值。

```c
#include<stdio.h>

int min(int x, int y)        /* 函数定义:求两个数中的较小值 */
{
  return( x < y ? x : y );
}


int main()
{
  int a, b, c;

  printf("Please input two integers:\n");
  scanf("%d%d", &a, &b);
  c=min(a, b);            /*函数调用*/
  printf("the min is:%d\n", c);
  return 0;
}
```

运行情况如下：

```
Please input two integers:
4 6<Enter>
the min is:4
```

1. 函数头

函数头的组成形式如下：

[<数据类型>] <函数名> ([形式参数列表])

<数据类型>规定函数返回值的类型。如 int min(int x, int y)，表示函数 min 将返回一个 int 类型的值。若<数据类型>缺省，有的编译系统表示函数返回值为 int 型，但有的编译系统不支持默认 int。无返回值的类型是 void 类型，如例 5-1 中的 printstar()函数就定义为 void 类型，代表无返回值。

函数名是函数的标识，它应是一个有效的 C 标识符。C 标准不允许在同一个程序中出现同名的自定义函数名，但允许自定义函数名与系统库函数名相同，但不提倡；此外，不允许自定义函数名与同一程序中的全局变量名（在所有函数外定义及声明的变量称为全局变量，见 5.6.1 节）相同，但允许与局部变量名（在某个函数体内声明的变量称为局部变量，见 5.6.1 节）相同，也允许与函数的形式参数名相同，但也不提倡。

形式参数简称形参。形参列表是包含在圆括号中的 0 个或多个以逗号分隔的变量定义。它规定了函数将从调用函数中接收几个数据及它们的类型。之所以称为形参，是因为在定义函数时系统并不为这些参数分配存储空间，只有被调用，向它传递了实际参数（简称实参）时才为形参分配存储空间。如例 5-2，变量 a、b 是实参，而变量 x、y 是形参。

2. 函数体

一个函数体是用花括号括起来的语句序列。它描述了函数实现一个功能的过程，并要在最后执行一个函数返回。返回的作用是：

- 将流程从当前函数返回其上级（调用函数）；
- 撤销函数调用时为各参数及变量分配的内存空间；
- 向调用函数返回最多一个值。

一般来说，函数返回由返回语句来实现。如例 5-2 中的"return(x < y ? x : y);"就可以执行上述三个功能。

return 语句的一般形式为：

return 表达式；

或

return (表达式)；

或

return；

包含表达式的返回语句实现过程如下。

（1）先计算出表达式的值。

（2）如果表达式的类型与函数的返回值类型不相同，则将表达式的类型自动转换为函数的类型，这种转换是强制性的。

（3）将计算出的表达式的值返回到调用处作为调用函数的值。

（4）将程序执行的控制由被调函数转向调用函数，执行调用函数后面的语句。

关于return语句的使用说明如下。

（1）有返回值的return语句，用它可以返回一个表达式的值，从而实现函数之间的信息传递。

（2）无返回值的函数返回值类型部分需使用关键字void。该函数中可以有return语句，也可以无return语句。当被调函数中无return语句时，程序执行完函数体的最后一条语句后返回调用函数，相当于函数体的右括号有返回功能。

（3）一个函数体中可以有多个return语句，但每次只能通过一个return语句执行返回操作。

例5-3　返回一个整数的绝对值。

```
int abs(int x)
{
    if(x>=0)
        return x;
    else
        return -x;
}
```

一个函数体中有多个return语句时，如例5-3中有两个return语句，每个return语句的返回值类型都应与函数定义一致，否则将自动转换。

函数可以只执行一个功能而不向调用函数返回任何值，如例5-1中的printstar()函数就是这样。如果有return语句，这时return语句后的表达式是空的，它只执行将流程返回以及撤销函数中定义的动态变量（包含参数变量）。空的return语句位于函数末尾时可以缺省，由函数体后的花括号执行返回功能。

C语法规定在一个函数定义的内部不允许出现另一个函数定义，即不允许嵌套定义。

5.2.2　函数的调用

调用函数是实现函数功能的手段。在程序中，一个函数调用另一个函数即将程序执行流程转移到被调函数。要正确实现函数间的相互调用必须满足以下条件。

（1）被调函数必须已定义且允许调用。

（2）给出满足函数运行时要求的参数。

（3）如果调用函数在前，定义函数在后，必须对被调函数进行原型声明（见5.3节相关内容）。

函数的调用形式如下：

<函数名> (实参列表)

其中，实参列表是由 0 个、1 个或多个实参构成，多个参数之间用逗号分隔，每个参数是一个表达式。即使实参列表中没有参数，括号也不能省略。实参是用来在调用函数时给形参初始化的，一般要求在函数调用时，实参的个数和类型必须与形参的个数和类型一致，即个数相等，类型相同。实参对形参的初始化是按其位置对应进行，即第一个实参的值赋给第一个形参，第二个实参的值赋给第二个形参，以此类推。例 5-2 中的值传递如图 5-1 所示，相当于在函数参数传递时有 "int x=a; int y=b;"。

图 5-1   值传递

C 语言中的函数调用是传值调用。使用这种方式调用，实参可以是常量、变量和表达式。系统先计算实参表达式的值，再将实参的值按位置对应地赋给形参，即对形参进行初始化。因此，传值调用的实现是系统将实参复制一个副本给形参，形参和实参分别占用不同的存储单元。在被调函数中可以改变形参，但这只影响形参的值，而不影响调用函数中实参的值，也就是说是单向值传递。所以传值调用的特点是形参值的改变不影响实参。

下面举一个函数调用的例子。

例 5-4   理解函数调用。

```c
#include<stdio.h>

void swap(int x, int y)
{
    int t;

    t=x;
    x=y;
    y=t;
    printf("x=%d, y=%d\n", x, y);
}

int main()
{
    int a=4, b=5;

    swap(a, b);
    printf("a=%d, b=%d\n", a, b);
    return 0;
}
```

运行结果为：

```
x=5, y=4
a=4, b=5
```

从该程序的结果看，在 swap() 函数中，形参 x 和 y 的值交换了，而在 main() 函数中，实参 a 和 b 的值并没有发生变化，可见 swap() 函数中形参值的改变并没有影响实参 a 和 b 的值。

5.2.3 函数的参数

当一个函数带有多个参数时，标准 C 语言没有规定在函数调用时实参的求值顺序，而由编译器根据对代码进行优化的需要自行规定对实参的求值顺序。有的编译器规定自左至右，有的编译器规定自右至左，这种对求值顺序的不同规定对一般参数来讲没有影响。但是，如果实参表达式中存在带有副作用的运算符时，就有可能产生由于求值顺序不同而造成的二义性。下面是一个由于使用求值顺序不同的编译器造成二义性的例子。

例 5-5 使用求值顺序不同的编译器造成二义性。

```c
#include<stdio.h>

int fun(int a, int b)
{
  return b;
}

int main()
{
  int x=5, y=6;
  int z=fun(--x, x+y);

  printf("z=%d\n", z);
  return 0;
}
```

该程序中，调用如下：

```c
z=fun(--x, x+y);
```

其中，实参是两个表达式--x 和 x+y。如果编译器对实参求值顺序是自左至右的，x+y 的值为 10，结果 z 的值也为 10。如果编译器对实参求值顺序是自右至左的，x+y 的值为 11，z 的值也为 11。z 的值由于实参值的不同，调用 fun() 函数后返回值也不同，于是造成了在不同编译器下输出不同的结果。克服这种二义性的方法是改变 fun() 函数的两个实参的写法，尽量避免二义性的出现。如 main() 函数可改写如下：

```c
int main()
{
  int x=5, y=6;
  int w=--x;
  int z=fun(w, x+y);
```

函　数

```
    printf("z=%d\n", z);
    return 0;
}
```

可见，修改后对函数 fun() 的两个实参表达式，无论求值顺序怎样结果都是一样的。这样就避免了二义性的出现。在 VS2010 中函数参数的求值顺序是自左至右的。

5.3　函数的原型声明

在 C 语言中，当函数定义在前、调用在后时，调用前可以不必声明；如果一个函数的定义在后，调用在前，此时在调用前必须声明函数的原型。

按照上述原则，凡是被调函数都在调用函数之前定义，可以对函数不加声明。但是，这样做在安排函数顺序时要花费很多精力，在复杂的调用中，一定要考虑好谁先谁后，否则将发生错误。为了避免这个问题，并且使程序逻辑结构清晰，常常将主函数放在程序开头，这样就需要在函数调用之前对被调函数进行原型声明。函数原型声明的一种方法是将函数原型声明放在函数调用之前，另一种方法是将函数原型声明放在所有函数之前。

函数原型声明的一般格式如下：

[<数据类型>] <函数名> ([形式参数列表或形式参数类型列表]);

这种声明类似于定义函数时的函数头。这里，类型是该函数返回值的类型，函数原型声明中可以仅给出每个参数的类型，也可以指明每个参数名及其类型。声明函数原型的目的是告诉编译程序该函数的返回值类型、参数个数和各个参数的类型，以便其后调用该函数时，编译程序对该函数调用时的参数类型、个数、顺序及函数的返回值进行有效性检查。下面是一个使用原型声明的例子。

例 5-6　使用原型声明。

```
#include<stdio.h>

int main()
{
    int min(int, int);        /* 函数原型声明 */
    int a, b, c;

    printf("Please input two integers:\n");
    scanf("%d%d", &a, &b);
    c=min(a, b);              /* 函数调用 */
    printf("the min is:%d\n", c);
    return 0;
}

int min(int x, int y)        /* 函数定义: 求两个数中的较小值 */
{
    int z;
```

```
    z = x < y ? x : y;
    return(z);
}
```

上例中的原型声明也可以写成：

```
int min(int x, int y);        /* 变量名不用 x,y 而用其他变量名也可以 */
```

注意：在 C 语言中函数的原型声明是一个语句，其后的分号不可缺少；函数的原型声明可以放在主函数中，也可以放在所有函数前，且对一个函数的原型声明次数没有限制。函数原型中可以只依次声明参数类型而不给出参数名的原因将在 5.6.1 节中说明。下面再举一个例子进一步说明函数的使用。

例 5-7 验证哥德巴赫猜想：一个大偶数可以分解为两个素数之和。试编写程序，将 96～100 的全部偶数分解成两个素数之和。

```c
#include<stdio.h>
#include<math.h>

int prime(int a)
{
  int i, k;

  k=(int)sqrt(a);
  for (i=2; i<=k; i++)
       if (a%i==0) return 0;
  return 1;
}

int main()
{
  int a, b, m;

  for (m=96; m<=100; m=m+2)
       for (a=2; a<=m/2; a++)
          if (prime(a))
          {
              b=m-a;
              if (prime(b))
              {
                  printf("%d=%d+%d\n", m, a, b);
                  break;       /* 如果没有 break,则找出所有组合 */
              }
          }
  return 0;
}
```

运行结果为：

```
96=7+89
98=19+79
100=3+97
```

5.4 函数的嵌套调用和递归调用

5.4.1 函数的嵌套调用

C 语言的函数定义都是互相平行的、独立的。C 语言规定不能嵌套定义函数，但可以嵌套调用函数。所谓嵌套调用是在调用一个函数的过程中又调用另一个函数，如图 5-2 所示。

图 5-2 嵌套调用图示

图 5-2 表示的是两层嵌套（包含 main()函数共三层），其执行过程如下：

① 执行 main()函数的开头部分；

② 遇调用函数 fun1()的语句，流程转去执行 fun1()函数；

③ 执行 fun1()函数的开头部分；

④ 遇调用函数 fun2()的语句，流程转去执行 fun2()函数；

⑤ 执行 fun2()的函数体；

⑥ 返回调用 fun2()函数处，即返回 fun1()函数；

⑦ 继续执行 fun1()函数尚未执行的部分，直到 fun1()函数结束；

⑧ 返回 main()函数中调用 fun1()函数处；

⑨ 继续执行 main()函数的剩余部分直到结束。

嵌套调用是经常使用的，下面举例说明。

例 5-8 编写程序，求两个数 a、b 的最大公约数和最小公倍数。利用辗转相除法（又称欧几里得算法）如下：

① 求 a 除以 b 的余数 r；

② 如余数 r 为 0，则 b 是最大公约数，算法结束，否则执行下一步；

③ 将除数作为新的被除数，余数作为新的除数，即令 a=b，b=r，转①。

```
#include<stdio.h>

int gcd(int x, int y)
{
  int r;

  while ((r=x%y)!=0)
  { x=y; y=r;    }
  return(y);
}

int lcm(int x, int y)
{
  int bs, ys;

  ys=gcd(x, y);            /* 调用求最大公约数的函数 */
  bs=x*y/ys;
  return bs;
}

int main()
{
  int x, y, g, bs;

  printf("Please input two integers:\n");
  scanf("%d%d", &x, &y);
  g=gcd(x, y);
  bs=lcm(x, y);
  printf("the greatest common divisor:%d\nthe lease common multiple:%d\n",
  g, bs);
  return 0;
}
```

运行结果如下：

```
Please input two integers:
21 35<Enter>
the greatest common divisor:7
the lease common multiple:105
```

程序中的 gcd()和 lcm()函数均是定义在调用之前，故没有进行单独的函数原型声明。

例5-9 编写程序，输入 k 和 n，求出多项式 $\sum\limits_{i=1}^{n} i^k$ 的值。

```
#include<stdio.h>

long int sum_of_power(int k, int n),power(int m, int n);/* 声明函数的原型 */
```

```
int main()
{
  int k, n;

  printf("Please input k and n:");
  scanf("%d%d",&k, &n);
  printf("sum of %d power of integers from 1 to %d =", k, n);
  printf("%d\n", sum_of_power(k,n));
  return 0;
}

long int sum_of_power(int k, int n)
{
  int i;
  long int sum=0;

  for (i=1; i<=n; i++)
       sum+=power(i,k);
  return sum;
}

long int power(int m, int n)
{
  int i;
  long int product=1;

  for(i=1; i<=n; i++)
       product*=m;
  return product;
}
```

运行情况如下：

```
Please input k and n:5 10<Enter>
sum of 5 power of integers from 1 to 10 =220825
```

由于 i^k 可能是一个比较大的数，故将 power()函数中的 product 变量声明为 long int 类型。

例 5-10 用弦截法求方程 $x^4+4x^3-3x^2+5x+6=0$ 的根。

方法如下：

① 确定求值区间。输入两个不同点 x_1、x_2，直到 $f(x_1)$ 和 $f(x_2)$ 异号为止。注意，x_1、x_2 的值不应相差太大，以保证（x_1, x_2）区间内只有一个根。

② 连接 $f(x_1)$ 和 $f(x_2)$ 两点，此线（称为弦）交 X 轴于点 x，如图 5-3 所示。

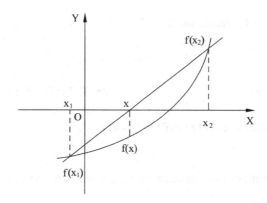

图 5-3 弦截法示意图

x 点坐标可用下式求出：

$$x = \frac{x_1 \cdot f(x_2) - x_2 \cdot f(x_1)}{f(x_2) - f(x_1)}$$

再求出 $f(x)$。

③ 若 $f(x)$ 与 $f(x_1)$ 同号，则根必在（x，x_2）区间内，此时将 x 作为新的 x_1。如果 $f(x)$ 与 $f(x_2)$ 同号，则表示根在（x_1，x）区间内，将 x 作为新的 x_2。

④ 重复步骤②和③，直到$|f(x)|<\varepsilon$为止（ε为一个很小的数，例如 10^{-6}）。此时认为 $f(x)\approx0$。

分别用以下几个函数来实现各部分的功能。

（1）用 $f(x)$ 来求 x 的函数：$x^4+4x^3-3x^2+5x+6=0$。

（2）用函数 xpoint(x1, x2)求 $f(x_1)$和 $f(x_2)$的连线与 X 轴的交点 x 的坐标。

（3）用函数 root(x1, x2)求(x_1, x_2)区间的实根。显然执行 root()函数过程中要用到函数 xpoint()，而执行 xpoint()函数过程中要用到 f()函数。

```c
#include<stdio.h>
#include<math.h>

double f(double x);                        /* 声明函数的原型 */
double xpoint(double x1, double x2);       /* 声明函数的原型 */
double root(double x1, double x2);         /* 声明函数的原型 */

int main()                                 /* 主函数 */
{
  double x1, x2, x, f1, f2;

  do
  { printf("input x1, x2:\n");
    scanf("%lf%lf", &x1, &x2);
    f1=f(x1);
    f2=f(x2);
  }while( (f1*f2)>=0 );
  x=root(x1, x2);
```

```
        printf("A root of equation is %lf \n", x);
        return 0;
    }

    double f(double x)                  /* 定义函数,求 f(x)=x⁴+4x³-3x²+5x+6 */
    {
        return(((((x+4.0)*x-3.0)*x+5.0)*x+6.0);
    }

    double xpoint(double x1, double x2)   /* 定义 xpoint()函数,求出弦与 X 轴交点 */
    {
        return((x1*f(x2)-x2*f(x1))/(f(x2)-f(x1)));
    }

    double root(double x1, double x2)      /* 定义 root()函数,求近似根 */
    {
        double x, y, y1;
        y1=f(x1);
        do
        { x=xpoint(x1, x2);
          y=f(x);
          if ( y*y1>0 )
          {   y1=y;
              x1=x;
          }
          else
              x2=x;
        }while( fabs(y)>=1e-6);
        return(x);
    }
```

运行结果如下：
```
input x1, x2:
10 -2<Enter>
A root of equation is -0.692532
```

从例 5-10 中可以看到：

（1）在定义函数时，函数名为 f、xpoint、root 的三个函数是相互独立的，并不相互从属。这三个函数均定义为双精度实型。

（2）在 main()函数外对上述三个函数进行了原型声明。

（3）程序从 main()函数开始执行。先执行一个 do-while 循环，作用是：输入 x1 和 x2，判别 f(x1)和 f(x2)是否异号，如果不是异号则重新输入 x1 和 x2，直到满足 f(x1)与 f(x2)异号为止。然后调用 root(x1, x2)求根 x。调用 root()函数的过程中，要调用 xpoint()函数求 f(x1)与 f(x2)连线的交点 x；在调用 xpoint()函数过程中要用到求函数 f 在 x1 和 x2 时的相应的函数值 f(x1)和 f(x2)。这就是函数的嵌套调用，如图 5-4 所示。

图 5-4　求方程的根的嵌套调用图示

（4）在 root()函数中要用到求绝对值的函数 fabs()，它是对实型数求绝对值的标准数学库函数，因此在文件开头有#include<math.h>，即把数学库函数的函数原型声明等信息包含进来。

5.4.2　函数的递归调用

在一个函数的执行过程中直接或间接地调用该函数本身，称为函数的递归调用。C 语言中允许函数的递归调用。

在调用函数 f()的过程中，又要调用 f()函数，这是直接调用本函数，称为直接递归调用，如图 5-5 所示。在调用函数 f1()的过程中要调用函数 f2()，而在函数 f2()的执行过程中又要调用函数 f1()，这是间接调用函数 f1()，称为间接递归调用，如图 5-6 所示。

图 5-5　函数的直接递归调用　　　　　图 5-6　函数的间接递归调用

程序中不应该出现无终止的递归调用，而只应出现有限次的、有终止的递归调用。这可以用 if 语句来控制，只有在某一条件成立时才继续执行递归调用，否则就不再继续。下面举例说明递归调用的过程。

例 5-11　递归计算 n!。其中 n!可以递归地描述为：

$$n!=\begin{cases} \text{非法} & n<0 \\ 1 & n=0 \text{ 或 } n=1 \\ n*(n-1)! & n>1 \end{cases}$$

```
#include<stdio.h>

float fac(int);

int main()
{
  int n;
  float y;
```

```
    printf("Please input an integer number:\n");
    scanf("%d", &n);
    y=fac(n);
    if(n>=0) printf("%d!=%f\n", n, y);
    return 0;
}

float fac(int n)          /* 该函数求n! */
{
    float f;

    if (n<0)
    {
        printf("n<0,data error!\n");
        return(-1);
    }
    else if (n==0|| n==1) f=1;
    else f=fac(n-1)*n;
    return(f);
}
```

运行结果如下：

```
Please input an integer number:
4<Enter>
4!=24.000000
```

递归调用的具体过程如图 5-7 所示。

图 5-7 求 n!的递归调用图示

例 5-12 用递归实现求两个数的最大公约数。用前面介绍的辗转相除法求两个数的最大公约数的过程可以递归地描述为：

$$gcd(a,b)=\begin{cases} b & a\%b=0 \\ gcd(b, a\%b) & a\%b\neq0 \end{cases}$$

```
#include<stdio.h>

int gcd(int,int);                    /* 在所有函数外进行函数原型声明 */

int main()
```

```
{
  int a, b, g;

  printf("Please input two integers :a, b\n");
  scanf("%d%d", &a, &b);
  g=gcd(a, b);
  printf("the greatest common divisor of %d and %d is %d\n", a, b, g);
  return 0;
}

int gcd(int a, int b)
{
  if(a%b==0)
      return b;
  else
      return gcd(b, a%b);
}
```

运行结果如下：

```
Please input two integers :a, b
21 35<Enter>
the greatest common divisor of 21 and 35 is 7
```

例 5-13 汉诺塔（Tower of Hanoi）问题。问题是：古代有一个梵塔，塔内有 3 根钻石做的柱子，其中一根柱子上有 64 个金子做的盘子。64 个盘子从下到上按照由大到小的顺序叠放。僧侣的工作是将这 64 个盘子从柱子 1 上移动到柱子 3 上。移动的规则如下。

（1）每次只能移动一个盘子。

（2）移动的盘子必须放在其中一根柱子上。

（3）大盘子在移动过程中不能放在小盘子上。

本例的目标是编写一个程序，该程序可以输出将盘子从柱子 1 上转移到柱子 3 上的过程中每一步移动的顺序。下面用递归来思考。

（1）考虑柱子 1 上只有 1 个盘子的情况，这样盘子可以从柱子 1 上直接移动到柱子 3 上。

（2）考虑柱子 1 上有 2 个盘子的情况，方法如下。

① 将第 1 个盘子从柱子 1 上移动到柱子 2 上。

② 第 2 个盘子从柱子 1 上移动到柱子 3 上。

③ 将第 1 个盘子从柱子 2 上移动到柱子 3 上。

（3）考虑柱子 1 上包含 3 个盘子的情况，这样可以一直推广到 64 个盘子的情况（实际上，可以推广到任意数目的盘子）。

假设柱子 1 上有 3 个盘子，方法如下。

① 为了将盘子 3 移动到柱子 3 上，前两个盘子必须先移动到柱子 2 上，然后将盘子 3 从柱子 1 上移动到柱子 3 上。

② 为了将前两个盘子从柱子 2 上移动到柱子 3 上，使用如上相同的策略。这一次要

将柱子 1 作为中间柱子。

将这个问题推广到 64 个盘子的情形，方法如下。

① 将上面的 63 个盘子从柱子 1 上移动到柱子 2 上。

② 再将盘子 64 从柱子 1 上移动到柱子 3 上。

③ 现在，前面的 63 个盘子都在柱子 2 上。为了将盘子 63 从柱子 2 上移动到柱子 3 上，首先要将前 62 个盘子从柱子 2 上移动到柱子 1 上，接着再将盘子 63 从柱子 2 上移动到柱子 3 上。按照相似的过程移动剩下的 62 个盘子。

经过上面的讨论，得到该递归算法如下。

假设柱子 1 上有 n 个盘子，并且 n≥1。

① 以柱子 3 作为中间柱子，将前 n−1 个盘子从柱子 1 上移动到柱子 2 上。

② 将盘子 n 从柱子 1 上移动到柱子 3 上。

③ 以柱子 1 作为中间柱子，将前 n−1 个盘子从柱子 2 上移动到柱子 3 上。

```c
#include<stdio.h>

void hanoi(int, char, char, char);
void move(char, char);

int main()
{
  int m;

  printf("input the number of diskes:\n");
  scanf("%d", &m);
  printf("The step to moving %d diskes:\n", m);
  hanoi(m, 'A', 'B', 'C');
  return 0;
}

void hanoi( int n, char one, char two, char three)
{
  if (n==1)
    move(one, three);
  else
  {
    hanoi(n-1, one, three, two);
    move(one, three);
    hanoi(n-1, two, one, three);
  }
}

void move(char getone, char putone)
{
```

```
    printf("%c-->%c\n", getone, putone);
}
```

运行结果如下：

```
input the number of diskes:
3<Enter>
The step to moving 3 diskes:
A-->C
A-->B
C-->B
A-->C
B-->A
B-->C
A-->C
```

若将 n 个盘子从柱子 1 上移到柱子 3 上，那么要移动 2^n-1 次。例如 n=64，要移动 18 446 744 073 709 551 615 次。如果一个人一秒钟能正确地移动一个盘子，那么要用 584 942 417 355 年才能移完所有的盘子。下面采用数学归纳法证明要移动 2^n-1 次。

（1）当 n=1 时，即柱子 1 上只有一个盘子时，只要移动一次即可，满足 $2^1-1=1$，公式成立。

（2）假设 n=k 时公式成立，即柱子 1 上有 k 个盘子时，要移动 2^k-1 次。

（3）当 n=k+1 时，即柱子 1 上有 k+1 个盘子时，首先将柱子 1 上面的 k 个盘子移到柱子 2 上，这需要移动 2^k-1 次；然后将柱子 1 上剩下的一个盘子直接移动到柱子 3 上，需要移动 1 次；最后将柱子 2 上的 k 个盘子移到柱子 3 上需要 2^k-1 次，所以总的移动次数为 $2^k-1+1+2^k-1=2^{k+1}-1$，显然公式成立。

请读者自己分析例 5-12 和例 5-13 中递归调用的执行过程。

何时应采用递归解决问题呢？要满足如下两个条件。

（1）能把问题规模变小。可将要解决的问题转化为一个新的问题，而新的问题的解法仍与原来的解法相同，只是所处理的问题规模有规律地递减，如 n!=n*(n-1)!。这时可应用这个转化过程使问题得到解决。

（2）能确定终结条件。必须有一个明确的结束递归的条件，如 n==0||n==1 时，n!的值为 1。

需要说明的是，对于同一个问题既可采用循环解决又可采用递归解决时，采用循环的效率要高于递归，因为递归需要大量的额外开销。

5.5 使用 C 系统函数

C 的编译系统提供了很多函数供编程者调用。本节将介绍使用系统函数的方法。

C 将系统函数的原型声明分类放在不同的.h 文件（又称头文件）中。例如，有关数学的常用函数，如求绝对值函数、求平方根函数和三角函数等，函数原型声明放在 math.h 文件中；判断字母、数字、大写字母、小写字母等函数原型声明放在 ctype.h 文件中；有关字符串处理的函数原型声明放在 string.h 文件中；等等。因此，编程者在使用 C 系统函数时应注意以下几点。

（1）了解 C 提供了哪些系统库函数。不同的 C 编译系统提供的系统函数不同；同一种 C 编译系统的不同版本所提供的系统函数的多少也不一定相同。只有了解系统所提供的系统函数后，才能根据需要选用。

阅读 C 编译系统的使用手册可以了解该系统所提供的系统函数，手册中会给出各种系统函数的功能、函数的参数、返回值以及函数的使用方法。另外，也可以通过联机帮助了解一些系统函数的简单情况。

（2）必须知道某个系统函数的声明在哪个头文件中。因为要调用某个系统函数，必须将该系统函数的声明所在的头文件包含在调用的程序中，否则将出现连接错误。例如，当使用 sqrt()函数求某个数的平方根时，就需要在程序中包含 math.h 头文件。

（3）调用一个函数时，一定要将该函数的功能、函数的返回值及各参数的含义弄清楚，否则难以正确调用该函数。

例 5-14 将输入的三个字母转换成大写字母后输出。

```c
#include<stdio.h>
#include<ctype.h>                              /* A */

#define N 3

int main()
{
    int i;
    char c;

    printf("Please input %d characters:\n", N);
    for(i=0; i<N; i++)
    {
        scanf("%c", &c);
        if(islower(c))                          /* B */
            c-=32;
        printf("%c\t", c);
    }
    printf("\n");
    return 0;
}
```

如果缺少 A 行，在有些编译器中会报错，而在 VS2010 则出现一个警告信息："warning C4013: 'islower'未定义"。因为这里使用了 islower()函数（B 行），所以要包含 ctype.h 头文件。islower()函数用于判断参数字符 c 是否是小写字母，若是则返回非 0 整数，否则返回 0。

在解决一些商业和科学问题时，要求采用取样技术。例如，汽车加油站的汽车流量模型要求有统计模型。另外，类似计算机游戏等应用也只能由统计学描述。所有这些统计学模型都要求产生随机数——次序不能被预知的一系列数。在大多数情况下只能产生伪随机数，这对要完成的任务是充分随机的。所有的 C 语言编译器为产生随机数提供了两个函数：rand()和 srand()，它们的函数原型声明在 stdlib.h 头文件中。rand()函数生成一系列随机数，srand()函数为 rand()函数设定一个开始的"种子"值。如果不采用 srand()函数或者其他等效的技术，则每次运行程序，rand()函数将总是产生相同的随机数序列。

例 5-15 产生 10 个随机数并输出。

```c
#include<stdio.h>
#include<stdlib.h>
#include<time.h>

#define N 10

int main()
{
  int i;
  double randnumber;

  srand(time(NULL));   /* A: time()生成一个时间值,用作"种子" */
  for(i=0; i<N; i++)
  {
      randnumber=rand();
      printf("%8.0lf\n", randnumber);
  }
  return 0;
}
```

注意 A 行，time(NULL)返回从 1970 年 1 月 1 日 00:00:00 开始到目前为止的秒数（具体请参考有关库函数手册），然后 srand()函数使用这个值初始化 rand()函数。下面是例 5-15 程序的一次运行结果：

```
 7208
 8134
30542
 8833
16564
10019
 3950
10165
16281
 6447
```

每次执行该程序，都将产生不同的 10 个随机数，请读者思考其原因。

5.6 作用域和存储类别

作用域即作用范围，它是指所定义的标识符在哪一个区间内有效，即在哪一个区间内可以使用。在程序中出现的各种标识符，它们的作用域是不同的。C 语言的作用域分为四种：块作用域、文件作用域、函数原型作用域和函数作用域。

存储类别决定了何时为变量分配存储空间及该存储空间所具有的特征。在定义变量时，应指定变量的存储类别。

5.6.1 作用域

标识符只能在声明它或定义它的范围内进行存取，而在该范围之外不可以进行存取。下面逐一介绍这四种作用域。

1. 块作用域

C 语言中把用花括号括起来的一部分程序称为块。在一个块中声明的标识符，其作用域从声明点开始到该块结束为止。例如：

```
float f(int a)              /* 函数 f */
{
  int b, c;          ⎫
  ⋮                  ⎬ a、b、c有效
}                    ⎭


int main()                  /* 主函数 */
{
  int m, n;          ⎫
  f(m);              ⎬ m、n有效
  ⋮                  ⎭

}
```

在一个函数内部定义的变量或在一个块中定义的变量称为局部变量。如上例中的所有变量均为局部变量。在一个函数内定义的局部变量，在退出函数时，局部变量就不存在了；在块内定义的变量，在退出该块时，块作用域内的局部变量也就不存在了。

例 5-16 分析下列程序的输出结果。

```
#include<stdio.h>

void swap(int a, int b)
{
  printf("(2)%d\t%d\n", a,b);
  if(a<b)
  {
```

```
        int t;   /* t是局部变量,具有块作用域,退出该复合语句后 t 不能使用 */

        t=a;  a=b;  b=t;
    }
    printf("(3)%d\t%d\n", a, b);
}

int main()
{
    int a, b;

    printf("Please input two integers:\n");
    scanf("%d%d", &a, &b);
    printf("(1)%d\t%d\n", a, b);
    swap(a, b);
    printf("(4)%d\t%d\n", a, b);
    return 0;
}
```

运行结果如下:

```
Please input two integers:
12 34<Enter>
(1)12    34
(2)12    34
(3)34    12
(4)12    34
```

说明:

（1）形参是局部变量。例如 swap() 函数中的形参 a、b，只是在 swap() 函数内有效，其他函数不能调用。

（2）主函数 main() 中定义的局部变量 a、b 只在主函数中有效，swap() 函数中定义的 a、b 只在 swap() 函数中有效。尽管它们的名字相同，但代表不同的对象，在内存中占不同的存储单元，互不干扰。

（3）具有块作用域的标识符在其作用域内，将屏蔽在本块有效的同名标识符，即局部定义优先。下面的例子说明了局部变量同名时局部定义优先。

例 5-17 理解局部定义优先。

```
#include<stdio.h>

int main()
```

```
{
  int a=1, b=2;                /* 块 A 开始 */

  ++a;
  ++b;
  {
        int b=4, c;

        c=a+b;         /*c 只能在该复合语句内使用 */
        printf("a=%d,b=%d,c=%d\n", a, b, c);
  }
  printf("a=%d,b=%d\n", a, b);
  return 0;
}
```

块 B

块 A

根据以上规则，块 B 中定义的变量 b 屏蔽了块 A 内的变量 b。因此，在块 B 内使用的变量 b 是本块内定义的变量 b，而不是块 A 内定义的变量 b。一旦退出块 B，块 B 内定义的变量 b、c 就不存在了。程序运行结果如下：

```
a=2, b=4, c=6
a=2, b=3
```

2．文件作用域

文件是 C 语言的编译单位。文件作用域是在所有函数外声明的，其作用域从声明点开始，一直延伸到本文件结束。

通常把超出一个函数的作用域称为全局作用域，其他几种不超出一个函数的作用域称为局部作用域。

在函数外定义的变量称为全局变量。全局变量的默认作用域是：从定义全局变量的位置开始到该源程序文件结束，即符合标识符先定义后使用的原则。当全局变量出现先引用后定义时，要用 extern 对全局变量做外部声明，其方法在后面介绍（见例 5-20）。当在**块作用域**内的变量与全局变量同名时，局部变量优先。

3．函数原型作用域

在函数原型的参数列表中声明的参数名，其作用域只在该函数原型内，称为函数原型作用域。因此，在函数原型中声明的标识符可以与函数定义中声明的标识符不同。由于所声明的标识符与该函数的定义及调用无关，因此可以在函数原型声明中只做参数的类型声明，而省略参数名。例如：

```
float max(float a, float b);          /* 函数 max()的原型声明 */
…
float max(float x, float y)           /* 函数 max()的定义 */
{
        …
}
```

由于可以省略函数原型声明中的参数名，因此函数 max() 的原型声明也可以写成：

```
float max(float, float);
```

4. 函数作用域

作为 goto 语句转移目标的标志，标号具有函数作用域。在本函数内所给出的标号，无论它在什么地方，都可以用 goto 语句引用它。但是不能用 goto 语句把流程转到其他函数体内。语句标号是唯一具有函数作用域的标识符。例如：

```
void f1()
{
  { label1: …}
  …
  if(…) goto label1;
  if(…) goto label2;          /* A */
}
void f2()
{
    label2: …
}
int main()
{
          …
}
```

编译上述程序时，会指出 A 行的标号 label2 没有定义。

5.6.2 存储类别

前面已经介绍了，从变量的作用域角度来分，可以分为全局变量和局部变量。从变量值存在的时间角度来分，可以分为静态存储变量和动态存储变量。存储类别规定了变量在整个程序运行期间的存在时间（即生存期）。

一个 C 源程序经编译和连接后，产生可执行程序。要执行该程序，系统必须为程序分配内存空间，并将程序装入所分配的内存空间内。一个程序在内存中占用的存储空间可以分为三个部分：程序区、静态存储区和动态存储区，如图 5-8 所示。

程序区用来存放可执行程序的代码。变量一般存储在静态存储区和动态存储区中。分配在静态存储区中的变量为静态变量，分配在动态存储区中的变量为动态变量。将变量存放在哪个区中是由变量的存储类别所决定的，而存储类别是由程序设计者根据程序设计的需要指定的。下面分别介绍局部变量和全局变量的存储类别。

程序区
静态存储区
动态存储区

图 5-8　程序在内存中占用的存储空间

1. 局部变量的存储类别

在 C 语言中，局部变量的存储类别有以下三种：

• 自动变量（auto）。

- 静态变量（static）。
- 寄存器变量（register）。

在声明或定义时，存储类别声明符应放在数据类型声明符之前。格式如下：

[<存储类别>] <数据类型> <标识符>[=<初始化表达式>];

1）自动变量

自动变量被分配在动态存储区中。在程序执行期间，当执行到变量作用域开始处时，系统动态地为变量分配存储空间，而当执行到作用域结束处，系统收回这种变量所占用的存储空间。自动变量用关键字 auto 进行存储类别声明，例如：

```
int f(int a)
{
  auto int b, c=2;          /* 定义b、c为自动变量 */
  ...
}
```

关键字 auto 可以省略，即局部变量的默认存储类别是 auto。在本节之前介绍的函数以及函数形式参数中定义的变量都没有存储类别声明，默认指定为自动变量。在本例的函数体中，"auto int b, c=2;"与"int b, c=2;"等价。

注意：对于自动变量，若没有明确地赋初值，则其初值是不确定的。如上例中的 b 没有确定的初值。

2）静态变量

局部静态变量被分配在静态存储区中。有时希望函数中的局部变量的值在函数调用结束后不消失而保留原值，即占用的存储单元不释放，则在下一次调用该函数时，该变量已有值，就是上一次函数调用结束时的值。这时就应该指定该局部变量为静态存储类别，用关键字 static 进行声明。下面通过例子说明它的特点。

例 5-18 考察局部静态变量的值。

```
#include<stdio.h>

int fun (int x)
{
  static int a=3;          /* 定义局部静态变量 */

  a+=x;
  return(a);
}

int main()
{
  int k=2, m=1, n;

  n=fun(k);
```

```
    printf("first: n=%d\n", n);
    n=fun(m);
    printf("second: n=%d\n", n);
    return 0;
}
```

程序运行结果为：

```
first: n=5
second: n=6
```

在第一次调用 fun()函数时 a 的初值为 3，第一次调用结束时，a 的值为 5。由于 a 是局部静态变量，在函数调用结束后，系统并不释放变量的空间，仍保留 a 的值为 5，则在第二次调用 fun()函数时，a 的初值为 5（上次调用结束时的值）。

对局部静态变量的几点说明如下。

① 局部静态变量属于静态存储类别，在静态存储区内分配存储单元。在程序整个运行期间始终存在。

② 局部静态变量的初始化仅在程序开始执行时处理一次，在程序运行时它的值始终存在。以后每次调用函数时不再重新分配空间和赋初值，而保留上次函数调用结束时的值。而自动变量赋初值是在函数调用时进行的，每调用一次函数会重新分配空间并赋一次初值。

③ 局部静态变量的默认初值为 0（对数值型变量）或空字符'\0'（对字符变量）。

④ 虽然局部静态变量在函数调用结束后仍然存在，但其他函数不能引用它。

若要保留函数上一次调用结束时的值，则需要用局部静态变量。例如，用例 5-19 的方法求 n!。

例 5-19 打印 1~5 的阶乘值。

```
#include<stdio.h>

int fac(int n);

int main()
{
    int i;

    for (i=1; i<=5; i++)
        printf("%d!=%d\n", i, fac(i));
    return 0;
}

int fac(int n)
{
    static int f=1;
```

```
    f=f*n;
    return(f);
}
```

程序运行结果为：

```
1!=1
2!=2
3!=6
4!=24
5!=120
```

每次调用 fac(i)，打印出一个 i!，同时保留这个 i!的值以便下次再乘以（i+1）得到(i+1)的阶乘。

如果将上述程序中的 static 去掉，则程序运行结果变为：

```
1!=1
2!=2
3!=3
4!=4
5!=5
```

显然结果是不正确的。原因是将变量 f 声明成自动变量后，每调用一次 fac()函数，变量 f 都重新分配空间并赋值为 1。

由于多次调用后无法控制局部静态变量的值，因此建议编程时不用。

3）寄存器变量

一般情况下，变量的值存放在内存中。当程序中用到一个变量的值时，由控制器发出指令将内存中该变量的值送到运算器的寄存器中进行运算，如果需要保存数据，再将寄存器中的数据送到内存中。

如果有一些变量使用频繁，则为了节省时间，可以将这些变量存放在 CPU 的寄存器中。例如：

```
int fac(register int n)
{
    register int f=1, i;
    for(i=1; i<=n; i++)
        f*=i;
    return f;
}
```

由于寄存器的存取速度远远快于内存的存取速度，显然将变量放在寄存器中可以提高执行效率。这种变量称为寄存器变量，用关键字 register 声明。

由于 register 与 auto 声明的变量仅存储位置不同，如果编译器不支持寄存器变量或者声明的寄存器变量超出计算机的寄存器的个数，那么声明为 register 存储类的变量被自动地切换到 auto 存储类。由于现代的 C 编译器能决定哪些变量应存放在寄存器中，因此 register 声明符已很少使用。

2. 全局变量的存储类别

全局变量（即外部变量）是在函数的外部定义的，它的作用域为从变量的定义处开始，到本程序文件的末尾结束。在此作用域内，全局变量可以为程序中各个函数所引用。全局变量均为静态存储，即编译时将全局变量分配在静态存储区，在程序执行期间，对应的存储空间不会释放。如果在定义一个全局变量时赋初值，则系统在给它分配空间时赋初值。如果在定义一个全局变量时没有赋初值，那么系统在给它分配空间时，将它初始化为 0。

5.6.3 全局变量的作用域的扩展和限制

全局变量的作用域是从定义处到源文件结束处。但是，可以使用修饰词 extern 和 static 对其作用域进行扩展和限制。extern 用于扩展全局变量的作用域，static 用于限制全局变量的作用域。

1. 全局变量作用域的扩展

extern 有以下两种使用方式。

1）将全局变量的作用域扩展到其定义之前

如果全局变量不在文件的开头定义，其作用范围只限于从定义处到文件尾部。如果在定义点之前的函数想引用该变量，则应该在引用之前用关键字 extern 对该变量进行引用声明，以扩展全局变量的作用域，表示该变量是一个已经定义的全局变量。有了此声明，就可以从声明处起，合法地使用该全局变量。

例 5-20 用 extern 声明全局变量，扩展全局变量的作用域。

```c
#include<stdio.h>

int min(int a, int b)              /* 定义 min() 函数 */
{
  int c ;

  c=a<b?a:b ;
  return(c);
}

int main()
{
  extern int a, b;                 /* A: 声明全局变量 */

  printf("%d\n", min(a, b));
  return 0;
}
int a=3, b=5;                      /* B: 定义全局变量 */
```

在本程序文件的 B 行定义了全局变量 a、b，并且位置在 main()函数之后。在 main() 函数的 A 行用 extern 对 a、b 进行引用声明，表示 a、b 是已经定义的全局变量，这样在 main()函数中就可以合法地使用全局变量 a、b。如果不用 extern 声明，编译时会出错，因 为系统认为 a、b 未定义。一般做法是将全局变量的定义放在引用它的所有函数之前，这样 可以避免在函数中再加一个 extern 声明。

用 extern 声明全局变量时，可以不写类型名，VS2010 中可以这样使用，但有些编译 器并不支持该使用方法。

2）将源文件中全局变量的作用域扩展到其他源文件中

一个 C 程序可以由多个源程序文件组成。在一个文件中想引用另一个文件中已定义的 全局变量，可以用下面的方法解决。

如果一个程序中包含两个文件，在两个文件中都要用到同一个全局变量 num，这时不 能分别在两个文件中各自定义全局变量 num，否则在进行程序的连接时会出现"重复定义" 错误。正确的做法是：在一个文件中定义变量 num，而在另一个文件中用 extern 对 num 进 行全局变量声明，即：

```
extern int num;
```

这样，在编译和连接时，系统会知道 num 是一个已在其他地方定义的全局变量，并将在另 一文件中定义的全局变量的作用域扩展到本文件，在本文件中可以合法地引用它。

如图 5-9 所示，有两个程序 f1.c 和 f2.c，C 行定义变量、分配存储空间，A 行声明变 量、不分配存储空间，这两行中的变量是同样的变量，即将文件 f2.c 中的全局变量 x 和 y 的作用域扩展到了文件 f1.c 中。

```
              f1.c                          f2.c

    extern int x, y; /*A*/        int x,y;  /*C*/
    int main( )                   f2( )
    {…}                           {…}
    static int a, b;  /*B*/       static int a, b;  /*D*/
    f1( )                         f3( )
    {…}                           {…}
```

图 5-9　全局变量作用域的扩展和限制

下面举例说明。

例 5-21　用 extern 将全局变量的作用域扩展到其他文件。

本程序的作用是输入 x 和 y，求 x^y 的值。本程序由两个程序文件 Li0521_1.c 和 Li0521_2.c 构成。

Li0521_1.c 中的内容为：

```
#include<stdio.h>
```

```
int x;                              /* 定义全局变量 */

int main()
{
  int my_pow(int);                  /* 对调用函数进行声明 */
  int  z, y;

  printf("enter the number x and its power y:\n");
  scanf("%d%d", &x, &y);
  z=my_pow(y);
  printf("%d ** %d=%d\n", x, y, z);
  return 0;
}
```

Li0521_2.c 文件中的内容为：

```
extern  int x;                      /* 声明 x 是一个已定义的全局变量 */

int my_pow(int y)
{
    int i, z=1;

    for(i=1; i<=y; i++)
        z=z*x;
    return (z);
}
```

可以看到，Li0521_2.c 文件中的开头有一个 extern 声明，说明在本文件中出现的变量 x 是一个已经在其他文件中定义过的全局变量，本文件不必再次为它分配内存，可以直接使用该变量。假如程序有四个源程序文件，在一个文件中定义外部整型变量 x，其他三个文件都可以引用 x，但必须在其他三个文件中都加上一个"extern int x;"声明。在各文件经过编译后，再将各目标文件连接成一个可执行文件。

但是，使用这样的全局变量应十分谨慎，因为在执行一个文件中的函数时，可能会改变全局变量的值，从而影响其在另一文件中的应用。

如上所述，extern 既可以用来在本文件中将全局变量的作用域扩展到定义它之前，又可以将全局变量的作用域从一个文件扩展到其他文件，那么系统是如何处理的呢？在编译时遇到 extern，系统先在本文件中寻找全局变量的定义，如果找到，就在本文件中扩展作用域；如果找不到，就在连接时从其他文件寻找全局变量的定义，如果找到，就将作用域扩展到本文件，如果找不到，按出错处理。

2. 全局变量作用域的限制

有时在程序设计中希望某些全局变量只限于被本文件引用，而不能被其他文件引用。这时可以在定义全局变量时加一个 static 声明。

例如在图 5-9 中，f1.c 文件中的 B 行定义的变量 a、b 只能在 f1.c 中使用；f2.c 文件中的 D 行定义的变量 a、b 也只能在 f2.c 文件中使用。虽然两个文件中的 a 和 b 同名，但它们各自拥有不同的存储空间，是不同的变量。

需要指出的是，对全局变量加 static 声明并不意味着这时才是静态存储（存放在静态存储区中），而不加 static 的是动态存储（存放在动态存储区中）。这两种形式的全局变量都是静态存储方式，只是作用范围不同，都是在编译时分配存储空间的。

5.7　程序的多文件组织

在编写大型程序时，为了方便程序的设计与调试，往往将一个程序分成若干模块，把实现相关功能的程序和数据放在一个文件中。当一个完整的程序的若干函数被存放在两个及两个以上文件中时，称为程序的多文件组织。这种多文件组织的程序如何进行编译和连接？一个文件中的函数如何调用另一个文件中的函数？这是本节要介绍的内容。

5.7.1　内部函数和外部函数

一个 C 程序可由多个源程序文件组成，根据函数能否被其他源文件中的函数调用，将函数分为内部函数和外部函数。

1. 内部函数

如果一个函数只能被本文件中的其他函数调用，称它为内部函数。在定义内部函数时，在函数类型的前面加上 static 即可。形式如下：

```
static <类型标识符> <函数名> (<形参列表>)
```

如：

```
static int fun(int x, int y)
```

使用内部函数，可以使函数只局限于所在文件，如果在不同的文件中有同名的内部函数，将互不干扰。这样不同的人可以编写不同的函数，而不必担心所用函数是否会与其他文件中的函数同名。通常把只能由同一文件使用的函数和外部变量放在一个文件中，在它们前面都加上 static 使之局部化，其他文件不能引用。

2. 外部函数

一个源程序文件中定义的函数不仅可以在本文件中使用，而且可以在其他文件中使用，这种函数称为外部函数。C 语言规定，在默认情况下，所有函数都是外部函数。但是，有时为了强调本源文件中调用的函数是在其他源文件中定义的（或者本文件中定义的函数可以被其他源文件中的函数调用），在进行函数原型声明（或函数定义）时，应在函数类型前加 extern 修饰。形式如下：

```
extern int fun(int x, int y)
```

如图 5-10 所示，在程序文件 z1.c 中定义了函数 fun()，在程序文件 z2.c 中要调用文件

z1.c 中已定义了的函数 fun()，则在调用前增加函数原型声明。

```
        z1.c                        z2.c

   int fun(int x, int y)       extern int fun(int, int);
   {…}                         …

                               k=fun(x, y);
```

图 5-10　外部函数调用

例 5-22　用如下公式计算排列函数。

$$p(n,k) = \frac{n!}{(n-k)!}$$

在 Li0522_1.c 文件中定义求阶乘的函数，在 Li0522_2.c 文件中调用求阶乘函数。
Li0522_1.c 文件内容如下：

```
int fac(int n)              /* 返回 n!=n*(n-1)*(n-2)*…*2*1 */
{
   int f;

   if(n<0) return 0;
   f=1;
   while(n>1)
          f*=n--;
   return f;
}
```

Li0522_2.c 文件内容如下：

```
#include<stdio.h>

extern int fac(int); /* 调用在 Li0522_1.c 中定义的函数,要加原型声明 */

int main()
{
   int n, k, p;

   printf("Please input n and k(n>=k):\n");
   scanf("%d%d", &n, &k);
   p=fac(n)/fac(n-k);
   printf("p(%d, %d)=%d\n", n, k, p);
   return 0;
}
```

运行文件，结果如下：

```
Please input n and k(n>=k):
5  2<Enter>
p(5,2)=20
```

5.7.2 多文件组织的编译和连接

当一个完整的程序由多个源程序文件组成时，如何将这些文件进行编译并连接成一个可执行的程序文件呢？不同的计算机系统处理方法可能是不同的。通常有以下几种处理方法。

1. 用包含文件的方式

在定义 main()函数的文件中，将组成同一程序的其他文件包含进来（关于文件包含的含义请参看第 6 章），由编译程序对这些源程序文件一起编译，并连接成一个可执行文件。这种方法适用于编写较小型的程序，不适用于编写大型程序，因为对任何一个文件进行微小修改，均要重新编译所有的文件，然后才能连接。

2. 使用工程文件的方法

将组成一个程序的所有文件都加到工程文件中，由编译器自动完成多文件组织的编译和连接。如在 VS2010 中，可以建立项目文件。方法如下。

（1）先编辑相关文件，例如 Li0522_1.c、Li0522_2.c，存储在磁盘上。

（2）使用"文件"菜单中的"新建"命令建立一个项目，再使用"项目"菜单中的"添加现有项"命令将 Li0522_1.c、Li0522_2.c 两个文件添加到项目中。

（3）使用"生成"菜单中的"生成解决方案"命令对程序进行编译。

（4）使用"调试"菜单中的"开始执行（不调试）"命令执行该程序。

有关 VS2010 的详细使用方法请查阅相关资料。

设计大型程序时，建议使用这种方法。当修改某一个源程序文件后，编译器只需要对已修改的源程序文件重新编译，而没有必要对其他源程序文件重新编译，因此可以大大提高编译和连接的效率。

习　题　5

1. 编写被调函数，求四个数的平均值，在主函数中调用该函数求四个数的平均值。

2. 编写被调函数，统计输入的整数序列中的奇数个数和偶数个数，在主函数中调用该函数求输入的整数序列中的奇数个数和偶数个数。

3. 编写被调函数，判断一个数是不是回文数，在主函数中调用该函数判断一个数是否为回文数并输出相关信息。所谓回文数即正读和反读是相同的数，如 12321 是一个回文数。

4. 下列公式用来计算笛卡儿平面上的两点(x_1, y_1)和(x_2, y_2)间的距离。

$$d = \sqrt{(x_2 - x_1)^2 + (y_2 - y_1)^2}$$

给定圆心和圆上一点的坐标，利用上述公式计算圆的半径。编写程序，输入圆心和圆上一点的坐标，然后输出圆的半径、直径、周长和面积，要求用函数实现求两点间的距离。

5．组合函数 C(n, k)在给定的 n 个元素的集合中，求不同的 k 个元素的子集的个数。该函数可以用以下公式计算。要求编写求阶乘及组合的函数，在主函数中调用求组合的函数。

$$C(n,k) = \frac{n!}{k!(n-k)!}$$

6．编写一个被调函数，用下面的公式求 e^x 的近似值。在主函数中输入 x 及精度 10^{-6}（要求最后一项小于 10^{-6}），求 e^x。

$$e^x = 1 + \frac{x}{1!} + \frac{x^2}{2!} + \frac{x^3}{3!} + \ldots + \frac{x^n}{n!}$$

7．编写被调函数，求出 1000 以内的素数。在主函数中调用该函数输出 1000 以内的素数，要求每行输出 5 个素数。

8．一个数如果恰好等于它的因子之和，就称这个数为完数。例如，6 的因子为 1、2、3，而 6=1+2+3，因此 6 是完数。编写程序找出 1000 之内的所有完数，并按下面格式输出其因子：

```
6 its factors are: 1 2 3
```

9．编写两个函数，分别求两个整数的最大公约数和最小公倍数，用主函数调用这两个函数。要求不用递归算法实现。

10．编写一个递归函数，将一个整数的每个位上的数字按相反的顺序输出。例如，输入 1234，输出 4321。

11．用递归函数实现求 Fibonacci 数列的前 n 项，n 为函数的参数。Fibonacci 数列的公式为：

$$fib(n) = \begin{cases} 1 & n = 1 \\ 1 & n = 2 \\ fib(n-1) + fib(n-2) & n > 2 \end{cases}$$

12．用递归函数实现求 n 阶勒让德多项式的值，递归公式为：

$$p_n(x) = \begin{cases} 1 & n = 0 \\ x & n = 1 \\ ((2n-1)xp_{n-1}(x) - (n-1)p_{n-2}(x)) / n & n > 1 \end{cases}$$

13．编写一个程序，输入一个十进制数，输出相应的二进制数。设计一个递归函数来实现数制转换。

14. 编写两个函数，分别输出以下两个图形。

```
*                    *
**                  ***
***                *****
****              *******
*****            *********
```

15. 用矩形法求函数 $\int_a^b (1+x)x\,dx$ 在区间[a, b]内的定积分。矩形法求定积分的示意图如图 5-11 所示。矩形法的几何意义是将区间[a, b]分成若干等份，求全部小区间的矩形面积之和。

图 5-11   矩形法求定积分的示意图

第6章 编译预处理

C语言允许在程序中用预处理命令写一些命令行。这些预处理命令不是C语言本身的组成部分，不能直接对它们进行编译，必须在程序进行编译之前，先对这些特殊的命令进行预处理。预处理行都以#开头，它们可以出现在程序中的任何位置，但一般写在程序的首部。C语言提供的预处理功能有三种：宏定义、文件包含和条件编译，分别用宏定义命令、文件包含命令、条件编译命令来实现。

6.1 宏 定 义

6.1.1 不带参数的宏定义

不带参数的宏定义就是用一个宏名来代表一个字符串，它的一般形式为：

#define 宏名 宏体

其中，宏体是一个字符串，宏名是合法的C标识符。如：

#define PI 3.1415926

经过定义的宏名可应用在程序中。如上述语句是指定用宏名 PI 来代表 3.1415926，在编译预处理时，将程序中在该命令以后出现的所有的 PI 都代换成 3.1415926。在预编译时将宏名代换成字符串的过程称为宏代换。

例 6-1 求球体的表面积及体积。

```
/* 不带参数的宏定义示例 */
#include<stdio.h>

#define PI 3.1415926

int main()
{
    double r, s, v;

    printf("input radius :\n");
    scanf("%lf", &r);
    s=4*PI*r*r;
    v=4.0/3*PI*r*r*r;
    printf("area: %lf\nvolume: %lf\n", s, v);
    return 0;
}
```

说明：

（1）宏名一般用大写字母表示，以便与变量名相区别。但这并非是规定的，宏名也可以小写。

（2）用宏名代表一个字符串，可以减少程序中的重复书写。例如，如果不定义 PI 代表 3.1415926，则在程序中要多处书写 3.1415926，不仅麻烦，而且在输入程序时容易产生错误，用宏名代替，简单且不易出错，因为记住一个宏名（宏名往往用容易理解的单词表示）比记住一个字符串容易，而且读程序时能立即知道它的含义。

（3）当需要改变某一个变量的值时，可以只改变#define 命令行，易于修改程序。例如，如果已经将 PI 定义为 3.1415926，现要将 PI 全部改为 3.14，可以将#define 命令行修改如下：

```
#define  PI  3.14     /* 程序中出现PI的地方全部改为 3.14 */
```

（4）宏定义用宏名代替一个字符串，只进行简单的代换，不进行任何计算，也不进行正确性检查。定义中如果加了分号，则会连分号一起进行代换。如：

```
#define PI 3.1415926;
area=PI * r * r;
```

则经过宏代换后，该语句为

```
area=3.1415926; * r * r;
```

显然会出现语法错误。

（5）#define 命令的有效范围为：从定义处开始到包含它的源文件结束。例如：

```
#include<stdio.h>

int main()
{    void f1();

    #define PI 3.1415926

    f1();
    return 0;
}

void f1()
{
    printf("%lf\n", PI);
}
```

通常，#define 命令写在文件开头、函数之前，作为文件的一部分，在此文件内有效。

（6）可以用#undef命令提前终止宏定义的作用域。例如：

```
#define  PI  3.1415926
int main()
{
    ⋮
}
#undef  PI
Void f1()
{
    ⋮
}
```

PI 的有效范围

由于#undef 的作用，使 PI 的作用范围在#undef 行处终止，因此在 f1()函数中，PI 不再代表 3.1415926。这样可以灵活控制宏定义的作用范围。

（7）在进行宏定义时，可以引用已定义的宏名，进行层层代换。

例 6-2　求圆的周长和面积。

```
#include<stdio.h>

#define  R  5.0
#define  PI  3.1415926
#define  L  2*PI*R
#define  S  PI*R*R

int main()
{
    printf("L=%lf\nS=%lf\n", L, S);
    return 0;
}
```

运行结果为：

```
L=31.415926
S=78.539815
```

经过宏代换后，L 被代换为 2*3.1415926*5.0，S 被代换为 3.1415926*5.0*5.0。

（8）对程序中用双引号引起来的字符串内的字符，即使与宏名相同，也不进行代换。如例 6-2 中双引号内的 L 和 S 不进行代换，而双引号外的 L 和 S 被代换。

6.1.2　带参数的宏定义

用宏定义还可以定义带参数的宏，它的一般形式为：

```
#define 宏名(参数表) 宏体
```

其中，宏名是一个标识符；参数表中可以有一个参数，也可以有多个参数，多个参数之间用逗号分隔；宏体是被代换用的字符序列。在代换时，首先进行参数代换，然后再将代换后的字符串进行宏代换。例如：

```
#define ADD(x, y)  x+y
```

如在程序中出现如下语句：

```
sum=ADD(2, 4);
```

则该语句被代换为：

```
sum=2+4;
```

如果程序中出现如下语句：

```
sum=ADD(a+2, b+3);
```

则被代换为：

```
sum=a+2+b+3;
```

可见，宏代换只是对字符串中出现的、与宏定义时参数表中参数名相同的字符序列进行代换。

例 6-3 带参数的宏定义。

```
#include<stdio.h>

#define  MUL(a,b)  a*b

int main()
{
    int x=5, y=8, t;

    t=MUL(x+1, y-2);      /* A */
    printf("t=%d\n", t);
    return 0;
}
```

进行宏代换后，主函数的 A 行变为：

```
t=x+1*y-2;
```

执行该程序后，输出结果为：

```
t=11
```

使用带参数的宏定义时要注意如下几点。

（1）带参数的宏定义的字符串应写在一行上，如果需要写在多行上时，应使用续行符(\)。例如：

```
#define LOVE "I Love \
China"
```

上述两行等价于：

```
#define LOVE "I Love China"
```

（2）在书写带参数的宏定义时，宏名与参数列表的左括号之间不能出现空格，否则空格右边的字符都作为替代字符串的一部分。例如：

```
#define ADD (x,y) x+y
```

这时宏名 **ADD** 被认为是不带参数的宏定义，它代表字符串"(x,y) x+y"。

（3）定义带参数的宏时，字符串中与参数名相同的字符序列适当地加上圆括号是十分重要的，这样可以避免代换后在优先级上产生问题。例如：

```
#define SQR(x) x*x
```

当程序中出现语句：

```
m=SQR(a+b);
```

则代换后为：

```
m=a+b*a+b;
```

如果想代换后变为：

```
m=(a+b)*(a+b);
```

则应该进行如下宏定义：

```
#define SQR(x) (x)*(x)
```

可见，在宏定义体中加圆括号将会改变代换后表达式的优先级。又如，对上述的宏定义，程序中的语句：

```
m=100/SQR(5);
```

代换后变为：

```
m=100/(5)*(5);
```

结果 **m** 的值为 100。

而对于下述宏定义：

```
#define SQR(x) ((x)*(x))
```

上述语句代换后为：

```
m=100/((5)*(5));
```

结果 m 的值为 4。

可以看出，带参数的宏定义与函数之间有一定类似之处。在调用函数时是在函数名后的括号内写实参，并要求实参与形参的数目相等。但带参的宏与函数还是不同的，主要区别有以下几点。

（1）函数调用是在程序运行时处理的，分配临时的内存单元；而宏代换则是在编译前进行的，在代换时并不分配内存单元，不进行值的传递，也没有返回值的概念。

（2）函数调用时，先求出实参表达式的值，然后赋值给形参；而使用带参的宏只是进行简单的字符代换。例如对于上文中的 SQR(a+b)，在宏代换时并不求 a+b 的值，而只将实参“a+b”代替形参 x。

（3）对函数中的形参和实参都要定义类型，且二者类型要求一致，如不一致，系统自动进行类型转换；而宏不存在类型问题，宏名没有类型，它的参数也没有类型，只是一个符号，替换时代入指定的字符串即可。

（4）宏代换不占运行时间，只占编译时间；而函数调用则占运行时间（分配单元、保留现场、参数传递、值返回等）。

6.2 文件包含

文件包含的作用是让编译预处理器把另一个源文件嵌入（包含）到当前源文件中的该指定处。文件包含命令格式如下：

```
#include<文件名>
```

或

```
#include "文件名"
```

图 6-1 说明了文件包含的含义。图 6-1（a）为文件 file1.c，它有一个#include "file2.h" 命令，然后还有其他内容（用 A 表示）。图 6-1（b）为另一文件 file2.h，文件内容用 B 表示。在编译预处理时，先对#include 命令进行文件包含处理：将 file2.h 的全部内容复制到 #include "file2.h"命令处，即 file2.h 被包含到 file1.c 中，得到图 6-1（c）所示的结果。在编译中，将包含处理以后的 file1'.c（即图 6-1（c）所示）作为一个源文件进行编译。

图 6-1 文件包含的含义

#include<文件名>格式一般用于嵌入 C 系统提供的头文件，这些头文件一般存储于 C 系统标准头文件目录中。不同的 C 编译系统，头文件包含目录不同。在程序中若有 #include<math.h>，则 C 预处理器遇到这条命令后，就自动到系统目录中搜寻 math.h，并把它嵌入到当前文件中，这种搜寻方式称为标准方式。#include "文件名"格式则首先在工作目录中搜寻；如果搜寻不到，再按标准方式进行搜寻。假设文件在 D 盘当前目录中，用前一种方式时，系统直接到标准目录中搜寻，而用后一种方式时，要先在 D 盘当前目录中搜寻，若搜寻不到，再到系统目录中去搜寻。

头文件是以.h 为扩展名的文件。系统头文件中的内容有：对标准库函数的原型声明、符号常量定义、类型定义等。如系统头文件 stdio.h 中包含了对 scanf 和 printf 等函数的原型声明，以及本书后面章节中将要用到的符号常数 NULL 和 EOF 的定义。用户也可以根据需要编写头文件，内容可以是开发项目中的一些公用函数、公用类型的定义等。

使用文件包含时要注意以下几点。

（1）一条文件包含命令只能包含一个文件，若要包含多个文件则要用多条包含命令。例如：

```
#include<stdio.h>
#include<math.h>
```

（2）被包含文件中还可以使用文件包含命令，即文件包含命令可以嵌套使用。例如，头文件 myfile1.h 的内容如下：

```
#include "myfile2.h"
    ⋮
```

myfile2.h 文件的内容如下：

```
#include "myfile3.h"
    ⋮
```

上述嵌套包含的示意图如图 6-2 所示。对文件 myfile1.h，包含处理后得到的等价文件为 myfile1'.h。

(a) myfile1.h   (b) myfile2.h   (c) myfile3.h   (d) myfile1'.h

图 6-2　文件嵌套包含的示意图

*6.3　条 件 编 译

利用条件编译可以使同一个源程序在不同的条件下产生不同的目标代码，用于完成不同的功能。利用条件编译可在调试程序时增加一些调试语句，以达到跟踪的目的。常用的条件编译命令有如下三种格式。

1. 格式 1

```
#ifdef  宏名
     程序段 1
[#else
     程序段 2]
#endif
```

上述格式中方括号里的内容可缺省，程序段可以由若干条预处理命令和语句组成。其功能为：如果宏名已被定义，则编译程序段 1，否则编译程序段 2。如果一个 C 源程序在不同的计算机系统上运行，而不同的计算机系统之间又有一定的差异，则可以用条件编译来编写通用程序。例如，有的计算机系统以 16 位（2 字节）来存放一个整数，而有的则以 32 位（4 字节）来存放一个整数。某一种系统编写的程序若要移植到另一个系统中运行，往往需要对源程序进行必要的修改，这就降低了程序的通用性。可以用以下的条件编译来编写通用程序。

```
#ifdef  COMPUTER
     #define INTEGER_SIZE 16
#else
     #define INTEGER_SIZE 32
#endif
```

即如果 COMPUTER 在前面已被定义过，则编译下面的命令行：

```
#define INTEGER_SIZE 16
```

否则，编译下面的命令行：

```
#define INTEGER_SIZE 32
```

如果在这组条件编译命令之前曾出现以下命令行：

```
#define COMPUTER 0
```

或将 COMPUTER 定义为任何字符串，甚至是

```
#define COMPUTER
```

则预编译后程序中的 INTEGER_SIZE 都用 16 代替，否则都用 32 代替。

2. 格式 2

```
#ifndef  宏名
     程序段 1
[#else
     程序段 2]
#endif
```

同样，方括号里的内容可缺省。其功能为：如果宏名没被定义过，则编译程序段 1；否则，编译程序段 2。这种形式与第一种形式的作用相反。

3. 格式 3

```
#if 表达式
    程序段 1
[#else
    程序段 2]
#endif
```

其中，表达式是一个常量表达式，其功能为：如果表达式的值不为零，则编译程序段 1；否则，编译程序段 2。

各种条件编译格式可以嵌套使用。例如：

```
#if x>4
  #if x>4&&x<8
   x=5;
  #else
    x=2;
  #endif
#else
  x=100;
#endif
```

例 6-4 输入一行字母字符，根据需要设置条件编译，使之能将字母全改成大写字母输出或全改成小写字母输出。

```
#include<stdio.h>
#define LETTER 0

int main()
{
    char str[30]="C Programming Language ",c;
    int i=0;

    while ((c=str[i])!='\0')
    {   i++;
        #if  LETTER
            if (c>='a'&& c<='z')
                c=c-('a'-'A');            /* 或 c=c-32; */
        #else
            if (c>='A'&&c<='Z')
                c=c+('a'-'A');            /* 或 c=c+32; */
        #endif
        printf("%c", c);
    }
    printf("\n");
```

```
    return 0;
}
```
运行结果为：

```
c programming language
```

请读者思考：若将上例中的

```
#define LETTER 0
```

改为

```
#define LETTER 1
```

那么程序输出又是什么？

　　在调试程序时，常常在源程序中插入一些专门为调试程序用的语句，如输出语句，其目的是为了监测程序的执行情况。在使用插入输出语句方法时，调试完成后还需要逐一删除，这样很麻烦。这时可以用条件编译使得在调试时不用删除插入的语句。其方法是：在调试时使专用于调试的程序段参与编译，调试结束后，使调试的程序段不参与编译。例如：

```
#define  DEBUG  1
    ⋮
#if DEBUG==1
    printf("a=%d b=%d\n", a, b);
#endif
    ⋮
```

该例中，#if 与#endif 之间的程序段是调试时参加编译的程序段。当调试完成后，将

```
#define  DEBUG  1
```

改为

```
#define  DEBUG  0
```

则重新编译时，用于调试的程序段将不参与编译。

习　题　6

　　1. 编写一个程序，将求两个实数中较小值的函数放在一个头文件中，在源程序文件中包含该头文件，并实现输入三个实数，求出最小值。

　　2. 编写一个程序，输入两个整数，求它们的乘积。用带参数的宏实现。

　　3. 编写一个程序，用带参数的宏，从三个数中找出最大数。

　　4. 编写一个程序，求圆面积。用带参数的宏实现。

　　5. 编写一个程序，求球的体积。用不带参数的宏实现。

　　6. 编写一个程序，用条件编译方法实现以下功能：输入一行电报文字，可以从两种

方式中任选其一输出。一种为原文输出；一种为加密输出，即将字母变成其后第五个字母（如 a 变成 f，…，z 变成 e，其他字符不变）。用#define 命令来控制是否要译成密码。例如：

```
#define  CHANGE  1
```

则输出密码。若

```
#define  CHANGE  0
```

则不译成密码，按原码输出。

数　　组

　　C 语言提供的基本数据类型都有一个共同的特点：每个变量一次只能存放一个数值。为满足不同应用的需要，C 语言还提供了构造数据类型。构造数据类型是由基本数据类型按一定规则组成的，因此有些书中把它们称作导出类型。构造数据类型包括数组、结构体、共用体等。

　　本章只介绍数组类型。数组是有序数据的集合，数组的每一个元素都属于同一种数据类型，用一个统一的数组名和下标来确定数组中的元素。例如，要统计 100 个城市的人口总数，每个城市的人口总数用长整型（long 型）变量存储，显然使用由 100 个 long 型单元构成的数组来替代 100 个名称各不相同的独立的 long 型变量要方便得多。下面介绍 C 语言中是如何定义和使用数组的。

7.1　数组的定义及应用

7.1.1　一维数组的定义及使用

1. 一维数组的定义

一维数组的定义格式为：

<数据类型><数组名>[<整型常量表达式>];

例如：

```
int array[10];
```

表示数组名为 array，此数组中有 10 个元素。

　　说明：

　　（1）数组名命名规则和变量名相同，遵循标识符命名规则。

　　（2）数组名后是用方括号括起来的常量表达式，不能用圆括号。如下列定义是错误的：

```
int array(10);
```

　　（3）整型常量表达式表示元素的个数，即数组长度。例如，在 array[10]中，10 表示 array 数组中有 10 个元素，下标从 0 开始，这 10 个元素是：array[0]，array[1]，array[2]，…，array[8]，array[9]。注意不能使用数组元素 array[10]。

　　（4）上述定义中的 int 表示数组中的每个元素皆为整型。

　　（5）整型常量表达式中可以包括常量和符号常量，不能包含变量。即 C 语言不允许对数组的大小进行动态定义。例如：

```
int n;
scanf("%d", &n);
int array[n];
```

是不允许的。

如果想方便地修改数组的大小，则可以使用符号常量。例如：

```
#define N 100
int array[N];
```

2．一维数组元素的引用

数组必须先定义，然后才能使用。C 语言规定只能逐个引用数组元素而不能一次引用整个数组。数组元素的表示形式为：

数组名[<下标>]

其中，<下标>可以是整型常量或整型表达式。例如，array[8]、array[2*3]、array[i]（i 为整型变量）均是合法的引用。

例 7-1 数组元素的引用。

```
/* 逆序输出 */
#include<stdio.h>

int main()
{
    int i, array[10];

    for (i=0; i<=9; i++)
        array[i]=i*i;
    for (i=9; i>=0; i--)
        printf("%d\t", array[i]);
    printf("\n");
    return 0;
}
```

运行结果如下：

```
81     64     49     36     25     16     9     4     1     0
```

上述程序设置 array[0]～array [9]的值分别为 0，1，4，9，…，81，然后按逆序输出。

3．一维数组的初始化

在引用数组元素时，所引用的数组元素必须有确定的值。对数组元素的初始化可以用下列方法实现。

（1）在定义数组时对数组元素赋初值。例如：

```
int array[10]={0, 1, 2, 3, 4, 5, 6, 7, 8, 9};
```

将数组元素的初值依次放在一对花括号内，用逗号隔开。经过上面的定义和初始化之后，array[0]=0，array[1]=1，array[2]=2，array[3]=3，array[4]=4，array[5]=5，array[6]=6，array[7]=7，array[8]=8，array[9]=9。

（2）可以给一部分元素赋初值。例如：

```
int array[10]={0, 1, 2, 3};
```

定义 array 数组有 10 个元素，但花括号内只提供 4 个初值，这表示只给前面 4 个元素赋初值，后 6 个元素值为 0。

（3）如果想使一个数组中全部元素值为 0，可以写成：

```
int array[10]={0, 0, 0, 0, 0, 0, 0, 0, 0, 0};
```

或

```
int array[10]={0};
```

请读者思考：

```
int array[10]={5};
```

则数组中各个元素的值是多少？

（4）在给全部数组元素赋初值时，可以不指定数组长度。例如：

```
int array[ ]={0, 1, 2, 3, 4};
```

花括号中列举了 5 个值，因此 C 编译器认为数组 array 的元素个数为 5。注意：如果要定义的数组元素比列举的数组元素的初值个数多时，则必须说明数组的大小，见（2）。

（5）如果定义数组时将存储类别定义为全局的或局部静态的，则 C 编译器自动地将所有数组元素的初值置为 0。如果存储类别定义为局部动态的，则数组元素无确定的初值。

例 7-2 分别输出全局数组、局部静态数组及局部动态数组的初值。

```
#include<stdio.h>

int x[5];

int main()
{
    static int y[5];
    int i, z[5];
    for(i=0; i<5; i++)
        printf("%d\t", x[i]);
    printf("\n");
    for(i=0;i<5;i++)
        printf("%d\t", y[i]);
    printf("\n");
    for(i=0;i<5;i++)
```

```
        printf("%d\t", z[i]);
    printf("\n");
    return 0;
}
```

执行该程序时，输出的第一行为 5 个 0，第二行也是 5 个 0，第三行是不确定值，即每次执行该程序时，输出的值可能是不同的。

4. 一维数组应用举例

例 7-3 用数组求 Fibonacci 数列的前 20 项和它们的和。

```
#include<stdio.h>

int main()
{
    int i, f[20]={1, 1}, sum=f[0]+f[1];

    for(i=2; i<20; i++)
    {
        f[i]=f[i-2]+f[i-1];
        sum+=f[i];
    }
    for(i=0; i<20; i++)
    {
        printf("%d\t", f[i]);
        if((i+1)%5==0) printf("\n");
    }
    printf("sum=%d\n", sum);
    return 0;
}
```

运行结果如下：

```
1       1       2       3       5
8       13      21      34      55
89      144     233     377     610
987     1597    2584    4181    6765
sum=17710
```

例 7-4 将一个数分解到数组中，然后正向、反向分别输出。

```
#include<stdio.h>

int main()
{
    int i, j=0, k, a[20];

    printf("Please input an integer:");
```

第
7
章

数 组

```
    scanf("%d", &i);
    k=i;
    while(k>0)          /* 将一个数分解到数组 a 中 */
    {
        a[j++]=k%10;
        k=k/10;
    }
    printf("order:\n");
    for(k=j-1; k>=0; k--)
        printf("%d\t", a[k]);
    printf("\n");
    printf("reverse:\n");
    for(k=0; k<j; k++)
        printf("%d\t", a[k]);
    printf("\n");
    return 0;
}
```

运行结果如下：

```
Please input an integer:3265<Enter>
order:
3       2       6       5
reverse:
5       6       2       3
```

程序首先采用 while 语句将整数 k 从低位到高位逐位放入数组 a 中，其中 j 是 k 的位数。然后采用两个 for 语句分别正序和反序输出数组 a 中各元素的值。

7.1.2　一维数组作函数参数

在定义函数时，除可用简单变量作为函数的形参外，还可以用一维数组作为函数的形参。一维数组作函数参数可以有一维数组元素和一维数组名两种形式，在函数调用时，相应地用数组元素及数组名作为函数的实参。

1．一维数组元素作函数的实参

由于实参可以是表达式，数组元素可以是表达式的组成部分，因此数组元素也可以作函数的实参，与简单变量作实参一样，是单向值传递。

例 7-5　有两个数组 a 和 b，各有 n 个元素，将它们对应地逐个比较，即 a[0]与 b[0]比，a[1]与 b[1]比，……。如果 a 数组中的元素大于 b 数组中的对应元素的个数多于 b 数组中元素大于 a 数组中对应元素的个数（例如，a[i]大于 b[i]的情况有 5 次，b[i]大于 a[i]的情况有 2 次，其中 i 每次为不同的值），则认为 a 数组大于 b 数组，并分别统计出两个数组对应元素为大于、等于、小于关系的次数。

```
#include<stdio.h>

int main()
```

```c
{
    int large(int, int);    /* large()函数原型声明 */
    int a[10], b[10], i, j=0, k=0, m=0, n;
    /* a[i]大于b[i]个数为j,a[i]小于b[i]个数为m,a[i]等于b[i]个数为k */

    printf("Please input the number of elements:\n");
    scanf("%d", &n);
    printf("Please input array a:\n");
    for(i=0; i<n; i++)
        scanf("%d", &a[i]);
    printf("Please input array b:\n");
    for(i=0; i<n; i++)
        scanf("%d", &b[i]);
    for(i=0; i<n; i++)
        if(large(a[i], b[i])==1) j=j+1;
        else if(large(a[i], b[i])==0 ) k=k+1;
        else m=m+1;
    printf("a[i]>b[i] %d\n", j);
    printf("a[i]=b[i] %d\n", k);
    printf("a[i]<b[i] %d\n", m);
    if (j>m)
        printf("array a > array b\n");
    else if(j<m)
        printf("array a< array b\n");
    else printf("array a = array b\n");
    return 0;
}

int large (int x, int y)   /* large()函数定义 */
{
    return  x > y ? 1 : (x< y ? -1 : 0);
}
```

运行结果如下:

```
Please input the number of elements:
10<Enter>
Please input array a:
1 5 4 8 7 6 3 2 -10 9<Enter>
Please input array b:
-5 2 10 -2 7 9 1 -1 2 6<Enter>
a[i]>b[i] 6
a[i]=b[i] 1
a[i]<b[i] 3
array a > array b
```

2. 数组名作函数的实参

可以用数组名作函数参数，此时实参与形参都应使用数组名。

例7-6 将一个一维数组中的值按逆序重新存放。例如，原来的数组为7，2，5，4，3，6，1，要求改为1，6，3，4，5，2，7。

逆序重新存放的思路是：第一个元素与最后一个元素对调，这里为7与1对调；第二个元素与倒数第二个元素对调，这里为2与6对调；以此类推，直到中间那个元素为止。

```c
#include<stdio.h>

#define N 7

void inverse(int b[ ])   /* 本行亦可写为: void inverse(int b[N]) */
{
    int i, j, t;

    for(i=0, j=N-1; i<j; i++,j--)
    {
        t=b[i];
        b[i]=b[j];
        b[j]=t;
    }
}

int main()
{
    int a[N]={ 7, 2, 5, 4, 3, 6, 1}, i;

    printf("primary:\n");
    for(i=0; i<N; i++)
        printf("%d\t", a[i]);
    printf("\n");
    inverse(a);
    printf("reverse:\n");
    for(i=0; i<N; i++)
        printf("%d\t", a[i]);
    printf("\n");
    return 0;
}
```

运行结果为：

```
primary:
7       2       5       4       3       6       1
reverse:
1       6       3       4       5       2       7
```

说明：

（1）用数组名作函数参数，应该在主调函数和被调函数中分别定义数组，本例 7-6 中 a 是实参数组名，在主函数中定义；b 是形参数组名，在参数列表中定义。

（2）实参数组与形参数组类型应一致，这里均为 int 型，如不一致，则编译时会出警告信息。

（3）用数组名作函数实参时，不是把数组的值传递给对应的形参，而是把实参数组的起始地址（起始地址也称首地址）传递给形参（详见第 9 章），这样两个数组就共占同一段内存单元，如图 7-1 所示。

图 7-1　数组名作参数的含义

若 a 数组的起始地址为 2000，则 b 数组的起始地址也是 2000，显然，a 和 b 同占一段内存单元，a[0] 与 b[0] 同占一个单元，……，即 a 数组和 b 数组本质上是同一数组。由此可以看到，形参数组中某元素的值如发生变化会使实参数组元素的值同时发生变化，从图 7-1 很容易理解这一点。请注意，这与变量作函数参数的情况不同。在程序设计中可以有意识地利用这一特点改变实参数组元素的值，如例 7-6 的逆序。

（4）为了编写通用程序，可另设一个参数，传递数组元素的个数。则例 7-6 可以改写为如下形式：

```
#include<stdio.h>

#define N 7

void inverse(int b[ ], int n)
{
    int i;

    for(i=0; i<n/2; i++)      /* 注意: 逆序算法有变化 */
    {
        int t=b[i];
        b[i]=b[n-1-i];
        b[n-1-i]=t;
    }
}

int main()
{
    int a[N]={ 7, 2, 5, 4, 3, 6, 1}, i;
```

```
        printf("primary:\n");
        for(i=0; i<N; i++)
            printf("%d\t", a[i]);
        printf("\n");
        inverse(a, N);
        printf("reverse:\n");
        for(i=0; i<N; i++)
            printf("%d\t", a[i]);
        printf("\n");
        return 0;
    }
```

例 7-7　用冒泡法对 6 个数排序（由小到大）。

冒泡法的思想是：相邻两个数做比较，将较小的数调到前面。

本例中有 6 个数，假设这 6 个数为 8、4、9、6、5、2。第 1 次比较 8 和 4，对调；第 2 次比较 8 和 9，不对调；第 3 次比较 9 和 6，对调，……，如此共进行 5 次，得到 4-8-6-5-2-9 的顺序，如图 7-2 所示。可以看到：最大的数 9 已经沉到底部，成为最下面的数，而小的数逐步上升，最小的数 2 已经向上浮起一个位置。经第 1 趟比较及交换后，已得到最大的数。然后进行第 2 趟比较，对余下的前 5 个数按上面的方法进行比较，如图 7-3 所示。经过 4 次比较，得到次大的数 8。以此类推，6 个数要经过 5 趟比较及相应的交换才能使 6 个数按大小顺序排列。在第 1 趟中要进行两个数的比较共 5 次，在第 2 趟中比较 4 次，……，在第 5 趟中比较 1 次。如果有 n 个数，则要进行 n–1 趟比较。在第 1 趟比较中要进行 n–1 次两两比较，在第 j 趟比较中要进行 n–j 次两两比较。

图 7-2　冒泡法第一趟比较及交换的过程　　图 7-3　冒泡法第二趟比较及交换的过程

```
#include<stdio.h>

#define N 6

void bubble_sort(int a[ ], int n)
{
    int i, j, t;

    for(i=0; i<n-1; i++)
        for(j=0; j<n-1-i; j++)
            if(a[j]>a[j+1]) /* 一旦a[j]大于a[j+1],则交换二者的值,交换得比较频繁 */
```

```
                    {    t=a[j];   a[j]=a[j+1];   a[j+1]=t;}
    }

int main()
{
    int a[N], i;

    printf("Please input %d numbers:\n", N);
    for(i=0; i<N; i++)
        scanf("%d", &a[i]);
    bubble_sort(a,N);
    printf("sorted:\n");
    for(i=0; i<N; i++) printf("%d\t", a[i]);
    printf("\n");
    return 0;
}
```

运行结果如下：

```
Please input 6 numbers:
8      4      9      6      5      2<Enter>
sorted:
2      4      5      6      8      9
```

从上面的分析中可以看出，采用冒泡法排序数组元素交换太频繁。下面介绍选择法排序，它的交换次数要少于冒泡排序法。

例 7-8 用选择法对数组中的 6 个数排序（从小到大）。

假定 6 个元素存放在 a[0]，……，a[5]中。

选择法的思想是：第 1 趟扫描，将 a[0]～a[5]中最小数的下标找到，设为 p，若 p≠0，则 a[0]与 a[p]交换位置；第 2 趟扫描，将 a[1]～a[5]中最小数的下标找到，设为 p，若 p≠1，则 a[1]与 a[p]交换位置；以此类推，每扫描一次找出一个未经排序的数中最小的一个，则共需 5 次扫描，第 i 次扫描时（i=0～4），扫描范围的第 1 个元素的下标为 i，最后一个元素的下标为 5。

选择法的步骤如下：

```
a[0] a[1] a[2] a[3] a[4] a[5]
 8    4    9    6    5    2  未排好序的数据
 2    4    9    6    5    8  将 6 个数中最小的数 a[5]与 a[0]交换
 2    4    9    6    5    8  余下的 5 个数中最小的数即 a[1]，不交换
 2    4    5    6    9    8  将余下的 4 个数中最小的数 a[4]与 a[2]交换
 2    4    5    6    9    8  余下的 3 个数中最小的数即 a[3]，不交换
 2    4    5    6    8    9  将余下的 2 个数中最小的数 a[5]与 a[4]交换，至此完成排序
```

```
#include<stdio.h>
```

```
#define N 6

void select_sort(int a[ ], int n)
{
    int i,j,p,t;

    for(i=0; i<n-1; i++)
    {
        p=i;
        for(j=i+1; j<n; j++)
            if(a[j]<a[p]) p=j;
        if(p!=i)        /* A: 请读者思考为什么需要此判断 */
        {   t=a[p]; a[p]=a[i]; a[i]=t;        }
    }
}

int main()
{
    int a[N], i;

    printf("Please input %d numbers:\n", N);
    for(i=0; i<N; i++)
        scanf("%d", &a[i]);
    select_sort(a,N);
    printf("sorted:\n");
    for(i=0; i<N; i++) printf("%d\t", a[i]);
    printf("\n");
    return 0;
}
```

运行结果如下：

```
Please input 6 numbers:
8       4       9       6       5       2<Enter>
sorted:
2       4       5       6       8       9
```

程序中 A 行的判断若为真，表示第 i 趟扫描找到的最小数是本次扫描范围内的第 1 个数，它应存储在该位置，不需要交换。

选择法排序的另一个实现方法为：将下标为 0 的元素与下标为 1 的元素进行比较，若前者比后者大，则两个数进行交换，否则不交换；再将下标为 0 的元素与下标为 2 的元素进行比较，若前者比后者大，则两个数进行交换；以此类推，直到下标为 0 的元素与最后一个元素进行比较，若大于最后一个元素，则两个数交换，这时，已将数组中最小的数移动到下标为 0 的元素的位置。再从下标为 1 的元素开始，用同样的方法，找出次小的数移动到下标为 1 的元素的位置。以此类推，直到将次大的数移动到下标为 4 的元素位置，这时下标为 5 的元素（最后一个元素）就是最大数，排序至此结束。此方法的效率低于上面采用的选择法排序的效率。此排序算法如下：

```
void select_sort(int a[ ], int n)     /* 选择法排序的变种 */
{
    int i ,j,t;

    for(i=0; i<n-1; i++)                /* 按升序排序 */
        for(j=i+1; j<n; j++)
            if(a[i]>a[j])
            {   t=a[i];  a[i]=a[j];  a[j]=t;  }
}
```

下面再介绍一种排序方法——插入法排序。插入法排序分为前插和后插两种，下面分别予以介绍。

例 7-9 插入法排序。后插算法为：设数组有 n 个元素，第 i 次循环结束后，数组前 i 个元素排成升序，即有 a[0]≤a[1]≤…≤a[i-1]。现在要将 a[i]元素插入，使前 i+1 个元素保持升序（如图 7-4 所示）。首先将 a[i]赋给 p，然后将 p 依次与 a[i-1]，a[i-2]，…，a[0]进行比较，将比 p 大的元素依次右移一个位置，直到发现某个 j（0≤j≤i-1），有 a[j]≤p 成立，则将 p 赋值给 a[j+1]；如果不存在这样的 a[j]，那么在比较过程中，a[i-1]，a[i-2]，…，a[0]都依次右移一个位置，此时将 p 赋值给 a[0]。

图 7-4　插入法排序示意图

```
void ba_ins_sort(int a[ ], int n)          /* 直接插入排序之后插算法 */
{
    int i, j, p;

    for(i=1; i<n; i++)
    {
        p=a[i];
        for(j=i-1; j>=0&&p<a[j]; j--)      /* 将比 p 大的元素依次右移一个位置 */
            a[j+1]=a[j];
        a[j+1]=p;
```

```
        }
    }
```

插入法排序的另一实现方法为前插算法：设数组有 n 个元素，第 i 次循环结束后，数组前 i 个元素排成升序，即有 a[0]≤a[1]≤…≤a[i–1]。现在要将 a[i]元素插入，使前 i+1 个元素保持升序。首先将 a[i]送 p，然后将 p 依次与 a[0]，a[1]，…，a[i–1]进行比较，直到发现某个 j（0≤j≤i–1），有 a[j]>p 成立，则把 a[j]，a[j+1]，…，a[i–1]依次右移一个位置，使得 a[j]=p。

```
void ah_ins_sort(int a[ ], int n)          /* 直接插入排序之前插算法 */
{
    int i, j, k, p;

    for(i=1; i<n; i++)
    {
        p=a[i];
        for(j=0; j<i&&p>=a[j]; j++);        /* 找到待插位置 */
        for(k=i; k>j; k--)                  /* 将比 p 大的元素依次右移一个位置 */
            a[k]=a[k-1];
        a[j]=p;
    }
}
```

例 7-10 用筛选法求 1～100 的素数。

公元前三世纪，希腊天文学家、数学家和地理学家 Eratosthenes 提出了一种找出 2～N 的所有素数（即质数）的算法。该算法是首先将 2～N 的所有数都列出来，如下（这里假设 N 是 20）：

2 3 4 5 6 7 8 9 10 11 12 13 14 15 16 17 18 19 20

然后开始确定第一个素数，显然 2 是素数，然后从 3 开始删除所有是 2 倍数的那些数，操作结果如下：

2 3 4̶ 5 6̶ 7 8̶ 9 1̶0̶ 11 1̶2̶ 13 1̶4̶ 15 1̶6̶ 17 1̶8̶ 19 2̶0̶

在删除以后的数列中，再确定下一个素数。除 2 以外，第一个没有被删除的数即是素数，显然是 3。然后再在余下的数列中，删除那些是 3 倍数的数，……，如此操作下去，最后保留下的数如下，显然它们都是素数。

2 3 4̶ 5 6̶ 7 8̶ 9̶ 1̶0̶ 11 1̶2̶ 13 1̶4̶ 1̶5̶ 1̶6̶ 17 1̶8̶ 19 2̶0̶

采用 Eratosthenes 算法思想求 1～100 的素数。这里用一个一维数组 a 存放 1，2，3，4，5，…，98，99，100；从 a[1]开始，将其后是 a[1]倍数的元素值置为 0，其他以此类推。最终，数组 a 中不为 0 的元素均为素数。要求每行输出 5 个素数。

```
#include<stdio.h>

#define N 100
```

```
void prime(int a[ ],int n)
{
    int i, j;

    for(i=1; i<n-1; i++)    /*a[0]的值为1,不是素数,因此从a[1]开始判断 */
        for(j=i+1; j<n; j++)
            if( a[i]!=0 )
                for(j=i+1; j<n; j++)
                    if(a[i]!=0&&a[j]!=0)
                        if(a[j]%a[i]==0) a[j]=0;
}

int main()
{
    int a[N], i, n;
    for(i=0; i<N; i++) a[i]=i+1;
    prime(a, N);
    printf("the prime numbers of 1~100:\n");
    for(i=1, n=0; i<N; i++)
    {
        if(a[i]!=0)
        {
            printf("%d\t", a[i]);
            n++;
            if(n%5==0) printf("\n");
        }
    }
    printf("\n");
    return 0;
}
```

运行结果如下：

```
the prime numbers of 1~100:
2       3       5       7       11
13      17      19      23      29
31      37      41      43      47
53      59      61      67      71
73      79      83      89      97
```

例 7-11　采用顺序查找法，在长度为 n 的一维数组中查找值为 x 的元素，即从数组的第一个元素开始，逐个与被查值 x 进行比较。若找到，则返回数组元素的下标；若找不到则返回–1。要求用一个函数实现对数组元素的顺序查找。

```
#include<stdio.h>

#define M 10
```

```
int search(int a[ ], int x, int n)
{
    int i;

    for(i=0; i<n; i++)
        if(x==a[i]) return i;
    return -1;
}

int main()
{
    int array[ ]={6, 3, 18, 24, 9, 32, 6, 46, 1, 12}, i, p, x;

    printf("Please input the searched number:\n");
    scanf("%d", &x);
    p=search(array, x, M);
    printf("array:\n");
    for(i=0; i<M; i++)
        printf("%d\t", array[i]);
    if(p>=0) printf("successful!  subscript:%d\n", p);
    else printf("failed!\n");
    return 0;
}
```

运行结果如下：

```
Please input the searched number:
9<Enter>
array:
6       3       18      24      9       32      6       46      1       12
successful!  subscript:4
```

例7-12　采用折半查找法，在长度为 n 的一维数组中查找值为 x 的元素。折半查找的前提是：数组中的元素已经排序（这里假定是非递减排序）。算法为：将 x 与数组的中间项进行比较，若被查元素 x 等于数组中间项的值，则查找成功，结束查找；若被查元素 x 小于数组中间项的值，则取中间项以前的部分以相同的方法进行查找；若被查元素 x 大于数组中间项的值，则取中间项以后的部分以相同的方法进行查找；如果 x 在数组中，则返回其下标；如果 x 不在数组中，则返回–1。要求用一个函数实现对数组元素的折半查找。

```
#include<stdio.h>
#define M 10

int bi_search(int a[ ], int x, int n)
{
    int low=0, mid, up=n-1;
```

```
    while (low<=up)
    {
        mid=(low+up)/2;
        if(x==a[mid])        /* 查找成功 */
            return mid;
        else if(x<a[mid])    /* 待查找值 x 位于数组的前一半 */
            up=mid-1;
        else
            low=mid+1;       /* 待查找值 x 位于数组的后一半 */
    }
    return -1;
}

int main()
{
    int array[ ]={1, 3, 6, 24, 30, 32, 36, 46, 100, 120}, i, p, x;

    printf("Please input the searched number:\n");
    scanf("%d", &x);
    p=bi_search(array, x, M);
    printf("array:\n");
    for(i=0; i<M; i++)
        printf("%d\t", array[i]);
    if(p>=0) printf("successful!  subscript: %d\n", p);
    else printf("failed!\n");
    return 0;
}
```

运行结果如下：

```
Please input the searched number:
6<Enter>
array:
1      3      6      24     30     32     36     46     100    120
successful!  subscript: 2
```

再次运行的结果如下：

```
Please input the searched number:
44<Enter>
primary:
1      3      6      24     30     32     36     46     100    120
failed!
```

例 7-13　求两个集合的交集，并求出交集的元素个数。例如，集合 A={4, 8, 2, 1, 9, 10}，集合 B={2, 5, 3, 9, 7}，则两个集合的交集 C={2, 9}，交集的元素个数为 2。

```c
#include<stdio.h>

int search(int b[ ], int x, int n)        /* 例 7-11 中的函数 */
{
    int i;

    for(i=0; i<n; i++)                      /* 顺序查找法 */
        if(x==b[i]) return i;
    return -1;
}

int intersection(int a[ ], int b[ ], int c[ ], int m, int n)
{
    int i, j, k=0;

    for(i=0; i<m; i++)
        if((j=search(b, a[i], n))!=-1) c[k++]=b[j];     /* 用数组元素作为函数的
                                                            实参 */
    return k;
}

int main()
{
    int a[ ]={4, 8, 2, 1, 9, 10}, b[ ]={2, 5, 3, 9, 7}, c[20], count, i;

    count=intersection(a, b, c, 6, 5);        /* 用数组名作为函数的实参 */
    printf("intersection:");
    for(i=0; i<count; i++)
        printf("%d\t", c[i]);
    printf("\n");
    printf("the number of intersection:%d\n", count);
    return 0;
}
```

运行结果如下：

```
intersection:2  9
the number of intersection:2
```

7.1.3 多维数组的定义及使用

具有两个或两个以上下标的数组称为多维数组。下面以二维数组为例说明多维数组的定义及使用方法。

1．二维数组的定义

二维数组定义的一般形式为：

<数据类型><数组名>[<整型常量表达式 1>] [<整型常量表达式 2>];

例如：

```
int a[3][4];
```

定义 a 数组为 3×4（3 行 4 列）的数组，a 数组中的每个元素均为整型。

可以将二维数组看作是一种特殊的一维数组，它的元素又是一个一维数组。例如，可以把上面的 a 数组看作是一个一维数组，它有 3 个元素 a[0]、a[1]、a[2]，每个元素又是一个由 4 个元素的一维数组构成，如图 7-5 所示。可以把 a[0]、a[1]、a[2] 看作是 3 个一维数组的名字。

```
     ┌ a[0]──a[0][0] a[0][1] a[0][2] a[0][3]
a ┤   a[1]──a[1][0] a[1][1] a[1][2] a[1][3]
     └ a[2]──a[2][0] a[2][1] a[2][2] a[2][3]
```

图 7-5　二维数组元素

此处把 a[0]、a[1]、a[2] 看作一维数组名。C 语言的这种处理方式在数组初始化和用指针（详见第 9 章）表示时显得很方便，这在以后的使用中会有所体会。

C 语言中，二维数组中元素在内存中是按行存放的，即在内存中先顺序存放第一行的元素，再存放第二行的元素，以此类推。图 7-6 是 a[3][4] 数组在内存中的存放情况。

C 语言允许使用多维数组，对数组的维数没有限制，但编译器并不一定支持该特性。有了二维数组的基础，再掌握多维数组是不困难的。例如，定义三维数组如下：

```
int a[2][3][4];
```

可理解为：该数组由 2 个二维数组构成，每个二维数组又由 3 个一维数组构成。

多维数组元素在内存中的存放顺序：第一维的下标变化最慢，最右边的下标变化最快。例如，上述三维数组的元素存放顺序为：

a[0][0][0]→a[0][0][1]→a[0][0][2]→a[0][0][3]→
a[0][1][0]→a[0][1][1]→a[0][1][2]→a[0][1][3]→
a[0][2][0]→a[0][2][1]→a[0][2][2]→a[0][2][3]→
a[1][0][0]→a[1][0][1]→a[1][0][2]→a[1][0][3]→
a[1][1][0]→a[1][1][1]→a[1][1][2]→a[1][1][3]→
a[1][2][0]→a[1][2][1]→a[1][2][2]→a[1][2][3]

a[0][0]
a[0][1]
a[0][2]
a[0][3]
a[1][0]
a[1][1]
a[1][2]
a[1][3]
a[2][0]
a[2][1]
a[2][2]
a[2][3]

2．二维数组的引用

引用二维数组元素的形式为：

数组名 [<下标 1>] [<下标 2>]

图 7-6　二维数组元素的存储

其中，下标必须是整型表达式，如 a[1][2]，a[2-1][2*2-1]，a[i-1][2*j]（i、j 为整型变量）均是合法的引用。

使用数组元素就像使用一个简单变量一样，包括输入输出、计算等。它可以出现在表达式中，也可以被赋值。例如：

```
a[1][2]=a[2][3]/2
```

在使用数组元素时，下标值应该在已定义的数组大小的范围内。常出现的错误是：

```
int a[3][4];
…
a[3][4]=5;
```

上述代码定义 a 为 3×4 的数组，它可用的行下标值范围为 0～2，列下标值范围为 0～3，因此 a[3][4]超出了数组的下标范围。

请读者严格区分在定义数组时的 a[3][4]和引用元素时的 a[3][4]之别。前者中的 3 和 4 是用来定义数组各维的大小，后者中的 3 和 4 是下标值，a[3][4]代表某一个元素。

3．二维数组的初始化

可以用下面的方法对二维数组进行初始化。

（1）分行给二维数组赋初值。如：

```
int a[3][4]={{1, 2, 3, 4},{5, 6, 7, 8},{9, 10, 11, 12}};
```

这种赋初值方式比较直观，把第 1 个花括号内的数据给第 1 行的元素，第 2 个花括号内的数据给第 2 行的元素，……，即按行赋初值。

（2）可以将所有数据写在一个花括号内，按数组排列的顺序对各元素赋初值。如：

```
int a[3][4]={1, 2, 3, 4, 5, 6, 7, 8, 9, 10, 11, 12};
```

其效果与第 1 种方法相同。但以第 1 种方法为好，按行赋初值，界限清楚。用第 2 种方法时如果数据多，容易遗漏，也不易检查。

（3）可以对部分元素赋初值。如：

```
int a[3][4]={{1}, {3}, {5}};
```

它的作用是对各行第 1 列（列下标为 0）的元素赋初值，其余元素值自动赋为 0。赋初值后数组各元素为：

$$\begin{bmatrix} 1 & 0 & 0 & 0 \\ 3 & 0 & 0 & 0 \\ 5 & 0 & 0 & 0 \end{bmatrix}$$

（4）可以根据给定的初始化的数据，自动确定数组的行数。如：

```
int a[ ][4]={1, 2, 3, 4, 5, 6, 7, 8, 9, 10, 11, 12};
```

则系统会根据数据的总个数分配存储空间，一共 12 个数据，每行 4 列，可以确定为 3 行。

又如：

```
int b[ ][4]={1, 2, 3, 4, 5, 6, 7, 8, 9};
```

定义数组 b 为 3 行 4 列的数组。数组 b 也可以这样来定义：

```
int b[ ][4]={{1, 2, 3, 4}, {5, 6, 7, 8}, {9}};
```

后者的定义方法比前者清晰。注意，定义数组时只能省略行数，不能省略列数。若省略列数，则行列之间的关系就不唯一了。

与一维数组类似，当定义静态的多维数组或全局变量的多维数组时，系统自动地将数组的各元素初值赋为 0。数组不能整体赋值，要将一个数组的值赋给另一个数组时，必须逐个元素赋值。如：

```
int a[3][4], b[3][4], i, j;
```

要将数组 a 中的元素依次赋给数组 b 时，不能写成 b=a，必须用循环语句逐个赋值如下：

```
for(i=0; i<3; i++)
        for(j=0; j<4; j++)
                b[i][j]=a[i][j];
```

7.1.4　二维数组作函数参数

与一维数组一样，二维数组也可以用作函数参数。二维数组的数组元素和二维数组名均可以作参数。

1. 二维数组元素作函数参数

二维数组元素作函数参数，与变量作实参一样，是单向值传递。

例 7-14　有两个二维数组 a[3][4]和 b[3][4]，统计两个数组中对应元素相等的个数。

```
/* 二维数组元素作函数参数 */
#include<stdio.h>

int main()
{
    int equal(int, int);
    int a[3][4]={1, 2, 3, 4, 5, 6, 7, 8, 9, 10, 11, 12},
        b[3][4]={12, 2, 3, 4, 10, 6, 7, 11, 9, 5, 8, 1}, i, j, k=0;

    for(i=0; i<3; i++)
        for(j=0; j<4; j++)
            if(equal(a[i][j], b[i][j])==1) k++;
    printf("the number of equal:%d\n", k);
    return 0;
}

int equal(int x, int y)
{
    return( x = = y ? 1 : 0);
}
```

运行结果为：

```
the number of equal:6
```

2. 二维数组名作函数参数

二维数组名作函数参数，在被调函数中对形参数组定义时可以指定每一维的大小，也可以省略第一维的大小声明。如：

```
int max(int a[4][5])  /* 或 int max(int a[ ][5]) */
{
    …
}
```

上述两个函数定义都合法而且等价。但是不能把第二维以及其他高维的大小声明省略。如定义为"int a[ ][ ]；"或"int a[4][ ]；"是不合法的。

因为从实参传递来的是数组的首地址（见第 9 章），在内存中数组是按行存放的，并不区分行和列，如果在形参中不说明列数，则系统无法确定行列数。

3. 二维数组程序举例

例 7-15 有一个 3×4 的二维数组，要求编程求出其中值最小的元素，以及其所在的行号和列号。

算法思想：首先将数据输入到数组 a 中，并将数组中的任一元素值如 a[0][0]作为最小值 min，将 min 分别与数组中各个元素比较，若某个元素小于 min，则将该元素值赋给 min，并记下该元素所在的行号和列号。

```
#include<stdio.h>

int row=0, col=0;   /* 假定 a[0][0]的值最小，行下标及列下标的初值分别为 0 */

int min_element(int a[ ][4])
{
    int i, j, min;

    min=a[0][0];    /* 将 a[0][0]送给 min */
    for(i=0; i<=2; i++)
        for(j=0; j<=3; j++)
            if(a[i][j]<min)
            {   min=a[i][j];    row=i;  col=j;  }
    return min;
}

int main()
{
    int i, j, min;
    int a[3][4];

    printf("Please input array(3*4):\n");
    for(i=0; i<=2; i++)
        for(j=0; j<=3; j++)
            scanf("%d", &a[i][j]);
```

```
    min=min_element(a);              /* 将 min_element()函数找到的最小值送给 min */
    printf("min=%d\n", min);
    printf("row=%d column=%d\n", row, col);
    return 0;
}
```

运行结果如下：

```
Please input array(3*4):
4 2 3 6<Enter>
-1 6 8 2<Enter>
12 4 7 9<Enter>
min=-1
row=1 column=0
```

请读者思考：

（1）为什么将 row、col 定义为全局变量？

（2）在函数 min_element 中，将 min=a[0][0]改为 min=a[1][2]是否正确？为什么？

例 7-16 将一个 3×3 二维数组的行和列的元素的值交换（数学上称为矩阵的转置），并存放到另一个数组中。例如，将 a 数组的行和列交换后，存入 b 数组中。

```
#include<stdio.h>

void transpose(int a[ ][3], int b[ ][3])
{
    int i, j;

    for(i=0; i<3; i++)
        for(j=0; j<3; j++) b[j][i]=a[i][j];
}

int main()
{
    int a[3][3]={{1, 2, 3}, {4, 5, 6}, {7, 8, 9}};
    int b[3][3], i, j;

    printf("array a:\n");
    for(i=0; i<3; i++)          /* 输出二维数组 */
    {   for(j=0; j<3; j++)
            printf("%4d", a[i][j]);
        printf("\n");
    }
    transpose(a, b);            /* 调用函数 */
    printf("array b:\n");
    for(i=0; i<3; i++)
    {   for(j=0; j<3; j++)
```

```
            printf("%4d", b[i][j]);
        printf("\n");
    }
    return 0;
}
```

运行结果如下：

```
array a:
    1   2   3
    4   5   6
    7   8   9
array b:
    1   4   7
    2   5   8
    3   6   9
```

图 7-7 矩阵的左下和右上元素示意图

如果在 a 数组中进行转置，只要将 a 数组的左下三角形和右上三角形内的元素对调即可，如图 7-7 所示。

```
/* 在一个数组中进行转置 */
#include<stdio.h>

void transpose(int a[ ][3])
{
    int i, j, t;

    for(i=0; i<3; i++)
        for(j=i+1; j<3; j++) /* 注意 j 的初值不是 0，即对右上三角形内的元素循环 */
        {   t=a[i][j];  a[i][j]=a[j][i];    a[j][i]=t;  }
}

int main()
{
    int a[3][3]={{1, 2, 3}, {4, 5, 6}, {7, 8, 9}};
    int i, j;

    printf("primary a:\n");
    for(i=0; i<3; i++)
    {   for(j=0; j<3; j++)
            printf("%4d", a[i][j]);
        printf("\n");
    }
    transpose(a);
    printf("transpose a:\n");
```

```
        for(i=0; i<3; i++)
        {
            for(j=0; j<3; j++)
                printf("%4d", a[i][j]);
            printf("\n");
        }
        return 0;
    }
```

运行结果如下:

```
primary a:
    1    2    3
    4    5    6
    7    8    9
transpose a:
    1    4    7
    2    5    8
    3    6    9
```

请读者考虑: 对左下三角形元素循环, 如何实现?

*例 7-17 有 A、B 两个矩阵, 求这两个矩阵的乘积 $C=AB\left(c[i][j]=\sum_{k=0}^{n-1}a[i][k]*b[k][j]\right)$。

要求用一个函数实现矩阵相乘。

```
#include<stdio.h>

#define M 4
#define N 3
#define P 5

int main()
{
    void mul(int a[ ][N], int b[ ][P], int c[ ][P]);
    int a[M][N]={{1, 3, 5}, {2, 4, 6}, {15, 7, 4}, {-2, 8, 9}},
        b[N][P]={{3, 6, 2, 1, 7}, {9, 1, 3, -1, 5}, {2, 5, 8, 1, 9}}, c[M][P],
        i, j;

    mul(a, b, c);
    printf("array a:\n");
    for(i=0; i<M; i++)
    {
        for(j=0; j<N; j++)
            printf("%4d", a[i][j]);
        printf("\n");
    }
    printf("array b:\n");
```

```
        for(i=0; i<N; i++)
        {
            for(j=0; j<P; j++)
                printf("%4d", b[i][j]);
            printf("\n");
        }
        printf("multiplication c:\n");
        for(i=0; i<M; i++)
        {
            for(j=0; j<P; j++)
                printf("%4d", c[i][j]);
            printf("\n");
        }
        return 0;
    }


    void mul(int a[ ][N], int b[ ][P], int c[ ][P])
                                    /* 将数组 a 乘以数组 b,结果放入 c 中 */
    {
        int i, j, k;

        for(i=0; i<M; i++)
            for(j=0; j<P; j++)
            {
                c[i][j]=0;
                for(k=0; k<N; k++)
                    c[i][j]=c[i][j]+a[i][k]*b[k][j];
            }
    }
```

运行结果如下:

```
array a:
1        3        5
2        4        6
15       7        4
-2       8        9
array b:
3        6        2        1        7
9        1        3        -1       5
2        5        8        1        9
multiplication c:
40       34       51       3        67
54       46       64       4        88
116      117      83       12       176
84       41       92       -1       107
```

例 7-18 计算二维数组 a 中每一行各元素值之和，将和值放在一个一维数组 b 中。要求在主函数中初始化二维数组并将每个元素的值输出，然后调用子函数，分别计算每一行各元素值之和，在主函数中输出每一行各元素值之和。

```c
#include<stdio.h>

void rsum(int a[ ][4], int row, int b[ ])
{
    int i, j;

    for(i=0; i<row; i++)
    {
        b[i]=0;
        for(j=0; j<4; j++)
            b[i]+=a[i][j];
    }
}

int main()
{
    int a[ ][4]={{1, 2, 3, 4}, {5, 6, 7, 8}, {9, 10, 11, 12}}, b[3], i, j;

    for(i=0; i<3; i++)
    {
        for(j=0; j<4; j++)
            printf("%4d", a[i][j]);
        printf("\n");
    }
    rsum(a, 3, b);
    for(i=0; i<3; i++)
        printf("the sum of line %d is %d\n", i+1, b[i]);
    return 0;
}
```

运行结果为：

```
   1   2   3   4
   5   6   7   8
   9  10  11  12
the sum of line 1 is 10
the sum of line 2 is 26
the sum of line 3 is 42
```

此例综合了一维数组名和二维数组名作函数参数的应用。

7.2 字符数组的定义及应用

字符数组可以与前面介绍的数组一样来使用，所不同的是，数组中的每一个元素存放的均为一个字符。

7.2.1　字符数组的定义

字符数组的定义与一般数组的定义类似。例如：

```
char c[15];
```

其元素为 c[0]～c[14]，每个元素都是字符型变量。

在 C 语言中，可以将字符型数据作为整型数据来处理，整型数据也可以作为字符型数据来处理，注意对有符号的字符型数据整型数的值应该为-128～127，对无符号的字符型数据整型数的值应该为 0～255。从这个意义上来说，字符型和整型之间是通用的，但两者又是有区别的。例如：

```
char c1[10]; int c2[10];
```

则为数组 c1 分配的存储空间是 10 字节，而为数组 c2 分配的存储空间为 40 字节，因为每个 int 类型的变量占 4 字节。

7.2.2　字符数组的初始化

对字符数组初始化，最容易理解的方式是逐个将字符赋给数组中的各元素。如：

```
char c[15]={ 'I', ' ', 'a', 'm', ' ', 'a', ' ', 's', 't', 'u', 'd', 'e',
'n', 't', '.'};
```

把花括号中的 15 个字符常数分别赋给 c[0]～c[14]的 15 个元素。

如果花括号内提供的初值个数（即字符个数）大于数组长度，则按语法错误处理。如果初值个数小于数组长度，则只将这些字符赋给数组中前面那些元素，其余的元素由系统自动赋值为空字符（即'\0'，其 ASCII 码值为 0）。如：

```
char c[15]={ 'H', 'e', 'l', 'l', 'o'};
```

则 c[0]～c[4]的值依次为 H、e、l、l、o，其他的数组元素的值均为空字符。

如果提供的初值个数与预定的数组长度相同，在定义时可以省略数组长度，系统会自动根据初值的个数确定其长度。如：

```
char c[ ]={ 'I', ' ', 'a', 'm', ' ', 'a', ' ', 's', 't', 'u', 'd', 'e',
'n', 't', '.'};
```

则数组 c 的长度自动定为 15。用这种方法不必去数字符的个数，尤其在字符个数较多时较为方便。

也可以定义和初始化一个二维字符数组。如：

```
char star[3][5]={{' ', ' ', '*'},{' ', '*', ' ', '*'},{'*', ' ', '*',
' ', '*'}};
```

则数组所有元素的实际值为：

$$star = \begin{vmatrix} ␣ & ␣ & * & \backslash 0 & \backslash 0 \\ ␣ & * & ␣ & * & \backslash 0 \\ * & ␣ & * & ␣ & * \end{vmatrix}$$

其中，␣表示空格。

7.2.3 字符数组的使用

下面将通过例子说明字符数组的使用。

例 7-19 输出一个字符数组。

```c
#include<stdio.h>

int main()
{
    int i;
    char c[15]={ 'I', ' ', 'a', 'm', ' ', 'a', ' ', 's', 't', 'u', 'd',
    'e', 'n', 't', '.'};

    for(i=0; i<15; i++)
        printf("%c", c[i]);    /* 逐个输出字符 */
    printf("\n");
    return 0;
}
```

运行结果为：

```
I am a student.
```

例 7-20 输出一个三角形图形。

```c
#include<stdio.h>

int main()
{
    int i, j;
    char star[ ][5]={{' ',' ','*'},{' ','*',' ','*'},{'*',' ','*',
    ' ', '*'}};

    for(i=0; i<3; i++)
    {
        for(j=0; j<i+3; j++)
            printf("%c", star[i][j]);
        printf("\n");
    }
    return 0;
}
```

运行结果为：

```
      *
    *   *
  *   *   *
```

7.2.4 字符串和字符串结束标志

在 C 语言中，用字符数组来处理字符串。可将一个字符串存储在一个字符数组中，如：

```
char c[10]={"Good!"};
```

则数组 c 的前 5 个元素的值为'G'、'o'、'o'、'd'、'!'，第 6 个元素的值为'\0'，后 4 个元素的值也为空字符，如图 7-8 所示。

| G | o | o | d | ! | \0 | \0 | \0 | \0 | \0 |

图 7-8 字符串的存储

最后的'\0'是由系统自动加上的。C 语言规定以字符 '\0'作为"字符串结束标志"。'\0'的 ASCII 码为 0，称为空字符，用它作为字符串结束标志不会产生附加的操作或增加有效的字符，只起标志作用。

需要说明的是，字符数组并不要求它的最后一个字符为'\0'，甚至可以不包括'\0'。如以下语句完全是合法的：

```
char c[5]={'G', 'o', 'o', 'd', '!'};
```

但这里的 c 是字符数组，不能把它处理成字符串。

将字符串存储于字符数组，有以下三种初始化方法：

```
char s[ ]={"Good!"};                                  ①
```

也可以省略花括号，直接写成：

```
char s[ ]=" Good!";                                   ②
```

这两种方法等价于：

```
char s[ ]={ 'G', 'o', 'o', 'd', '!', '\0' };          ③
```

①和②两种方法直观、方便，符合人们的习惯。注意数组 s 的长度是 6，而不是 5，因为在字符串常量的最后由系统加上了一个'\0'。

在程序中一般依靠检查'\0'的位置来判定字符串是否结束，而不是根据数组的长度来决定字符串的长度。例如，上述数组 s 的长度（元素个数）为 6，但存储于该数组中的字符串"Good!"的长度是 5。一般若用字符数组存放字符串，则数组的长度应至少比字符串的长度大 1。

7.2.5 字符数组的输入输出

字符数组的输入输出可以有以下两种方式。

1. 逐个字符输入输出

例如：

```
char s[10];

printf ("Please input 10 characters:\n");
for(int i=0; i<10; i++)
    scanf ("%c", &s[i]);
for(i=0; i<10; i++)
    printf ("%c\t", s[i]);
...
```

2. 将整个字符串输入输出

对于一维字符数组的输入，要依靠一些标准的库函数。

（1）用 scanf() 和 printf() 函数输入或输出字符串。例如：

```
scanf("%s%s", str1, str2);
printf("string1=%s\nstring2=%s\n", str1, str2);
```

其中，%s 是用于输入或输出字符串的格式符。

例 7-21 将两个字符串分别输入到两个字符数组中，并将这两个数组中的字符串输出。

```
#include<stdio.h>

int main()
{
    char str1[20], str2[20];

    printf("Please input two strings:\n");
    scanf("%s%s", str1, str2);
    printf("string1=%s\nstring2=%s\n", str1, str2);
    return 0;
}
```

运行结果如下：

```
Please input two strings:
China Good<Enter>
string1=China
string2=Good
```

从输出结果可以看出，字符串"China"赋给 str1，"Good"赋给 str2。

注意：

① 输出字符不包括结束符'\0'。

② 用此法输出字符串时，输出项是字符数组名，而不是数组元素名。如果输出项是数组元素名，则输出的是数组元素中存放的字符，格式符应该使用"%c"。下面的用法是错误的：

```
printf("%s", str1[0]);
```

③ 如果数组长度大于字符串实际长度，则输出时遇到'\0'结束。例如：

```
char str1[80]={ "Hello!"};
printf("%s", str1);
```

只输出"Hello!" 6 个字符，而不是输出 80 个字符。这是使用字符串结束标志的优点。

④ 如果一个字符数组中包含一个以上的'\0'，则遇到第一个'\0'时输出就结束。例如：

```
char s[ ]={ 'a', 'b', '\0', 'c', 'd', '\0'};
printf("%s", s);
```

将输出 ab。

⑤ scanf()函数中的输入项是字符数组名。字符数组名代表该数组的首地址，因此不需要再加取地址符&。

⑥ 有关字符串输入格式的控制，可参见例 3-13。

⑦ 在输入字符串时，遇到空格字符或换行符（Enter 键），则认为一个字符串结束，接着的非空格字符作为下一个新的字符串开始。当要把输入的一行作为一个字符串送到字符数组中时，要使用 gets()函数。

（2）用 gets()和 puts()函数输入或输出字符串。例如：

```
gets(str);
puts(str);
```

gets()函数和 puts()函数的参数为字符数组名或字符指针（见 9.3.3 节内容）。用 gets()和 puts()函数只能输入或输出一个字符串。下面用法是错误的：

```
gets(str[0]);
gets(str1, str2);
puts(str[0]);
puts(str1, str2);
```

例 7-22 用 gets()函数进行字符串的输入。

```
#include<stdio.h>

int main()
{
    char str1[20];
    char str2[4]={'G', 'o', 'o', 'd'};
```

```
    printf("Please input a string:\n");
    gets(str1);    /* 输入带空格的字符串,系统自动在最后加一个'\0' */
    printf("str1=%s\nstr2=%s\n", str1, str2);
    return 0;
}
```

运行结果如下:

```
Please input a string:
I am a student.<Enter>
str1= I am a student.
str2=Good...                    /* Good 后面还跟有一些异常符号 */
```

从例 7-22 中可以看出:

① 通过 gets()函数可以输入带空格的字符串,以'\0'取代换行符。

② str2 的初始化是按逐个字符的方式进行的,而不是按字符串的方式初始化的,所以 str2 中没有字符串结束标志。把 str2 中的字符作为字符串输出时,由于最后一个字符 'd' 后没有字符串结束标志,会把紧跟其后的存储空间中的值作为字符输出,直至遇到字符串结束标志为止。所以,当把字符数组中的字符作为字符串输出时,必须保证数组中包含字符串结束标志'\0'。

7.2.6 字符串处理函数

C 语言编译系统提供的字符串处理函数在 string.h 头文件中做了说明,要调用字符串处理函数时,需要包含 string.h 文件。下面介绍一些常用的字符串处理函数的功能及使用方法。

1. 求字符串长度函数 strlen(字符串)

函数原型:

```
int strlen(char s[ ]);
```

strlen 是英文 STRing LENgth(字符串长度)的缩写。该函数的实参可以是字符数组名,也可以是字符串。其功能是求字符串的长度,即字符串中包含的有效字符的个数(不包括字符'\0')。

例 7-23 计算已知字符串的长度。

```
#include<stdio.h>
#include<string.h>

int main()
{
    char s1[ ]="How do you do!";
    char s2[80];

    printf("Input a word:");
    scanf("%s", s2);
    printf("s1:%d\n", strlen(s1));
```

```
        printf("s2:%d\n", strlen(s2));
        printf("s3:%d\n", strlen("Hello!"));
        return 0;
}
```

运行结果为：

```
Input a word:good<Enter>
s1:14
s2:4
s3:6
```

2. 字符串复制函数 strcpy(字符数组 1,字符串 2)

函数原型：

```
char * strcpy(char s1[ ], char s2[ ]);
```

strcpy 是英文 STRing CoPY（字符串复制）的缩写。该函数的功能是将字符串 s2 复制到字符数组 s1 中去。例如：

```
char str1[80]={"I am a student."};
char str2[80];
strcpy(str2, str1);
```

是将 str1 中的字符串复制到 str2 中，使 str2 包含字符串"I am a student."。

说明：

（1）字符数组 1 的长度必须大于等于字符串 2 的长度。

（2）复制时连同字符串后面的'\0'一起复制到字符数组 1 中。

（3）不能用赋值语句将一个字符串常量或字符数组直接赋给一个字符数组，如下面的后两行是不合法的：

```
char str1[80], str2[80];
str1={"Good"};
str1=str2;
```

字符数组的值的设置只能用 strcpy 函数处理。用一个赋值语句只能将一个字符赋给一个字符型变量或字符型数组元素。如下面语句是合法的：

```
char c[5], c1, c2;
c1='A'; c2='B';
c[0]='G'; c[1]= 'o'; c[2]= 'o'; c[3]= 'd'; c[4]= '\0';
```

3. 字符串连接函数 strcat(字符数组 1,字符数组 2)

函数原型：

```
char * strcat (char s1[ ], char s2[ ]);
```

strcat 是英文 STRing CATenate（字符串连接）的缩写。该函数的功能是把字符数组 s2

中的字符串连接到字符数组 s1 中字符串的后面，对字符数组 s2 中的内容没有影响。例如：

```
char s1[20]= "one", s2[20]= "two", s3[20]= "three";
strcat(s1, s2);
strcat(s1, s3);
```

则 s1 中的字符串为"onetwothree"。

该函数中的第二个参数也可以是一个字符串。

4．字符串比较函数 strcmp(字符串 1,字符串 2)

函数原型：

```
int strcmp (char s1[ ], char s2[ ]);
```

strcmp 是英文 STRing CoMPare（字符串比较）的缩写。其功能是用来比较两个字符串是否相等。在比较时，从两个字符串的第一个字符开始自左至右逐个字符进行比较，这种比较是按字符的 ASCII 码值的大小进行的，直到出现两个不同的字符或遇到字符串的结束标志'\0'为止。如果两个字符串中的字符均相同，则两个字符串相等，函数返回值为 0；当两个字符串不同时，则以自左至右出现的第一个不同字符的比较结果作为两个字符串的比较结果。如果第一个字符串大于第二个字符串，则返回值为正数；如果第一个字符串小于第二个字符串，则返回值为负数。例如：

```
strcmp("Student", "Student");
strcmp("student", "Student");
strcmp("Student", "student");
```

上面第一个函数调用比较结果为 0，第二个函数调用比较结果为正数，第三个函数调用比较结果为负数。

5．大写字母变成小写字母函数 strlwr(字符数组)

函数原型：

```
char * strlwr(char s[ ]);
```

strlwr 是英文 STRing LoWeRcase（字符串小写）的缩写。该函数将字符数组中存放的所有大写字母变成小写字母，其他字母不变。例如：

```
char s1[ ]="Student1";
strlwr(s1);
```

将 s1 数组中的字符串全部变成小写字母，即"student1"。

6．小写字母变成大写字母函数 strupr(字符数组)

函数原型：

```
char * strupr(char s[ ]);
```

strupr 是英文 STRing UPpeRcase（字符串大写）的缩写。该函数将字符数组中存放的所有小写字母变成大写字母，其他字母不变。例如：

```
char s1[ ]="Student2";
strupr(s1);
```

将 s1 数组中的字符串全部变成大写字母，即"STUDENT2"。

7．函数 strncpy(字符数组 1,字符串 2,len)

函数原型：

```
char * strncpy(char s1[ ], char s2 [ ], int len);
```

该函数将字符串 s2 的前 len 个字符复制到字符数组 s1 的前 len 个字符空间中。其中，第二个参数可以是数组名，也可以是字符串；第三个参数为正整数。当字符串 s2 的长度小于 len 时，把字符串 s2 全部复制到第一个参数所指定的数组中。例如：

```
char s1[80], s2[80];
strncpy(s1, "student", 4);
strncpy(s2, "teacher", 10);
```

上面第一个 strncpy()函数仅复制前 4 个字符，则 s1 中的前 4 个字符分别为 's'、't'、'u'和 'd'。第二个 strncpy 函数由于字符串"teacher"的长度小于 10，则将该字符串全部复制到 s2 中（包括'\0'），s2 的内容为"teacher"。

8．函数 strncmp(字符数组名 1,字符串 2,len)

函数原型：

```
int strncmp(char s1[ ], char s2 [ ], int len);
```

该函数的功能是比较两个字符串中前 len 个字符。其中，前两个参数均可为数组名或字符串，第三个参数为正整数。若字符串 s1 或字符串 s2 的长度小于 len 时，该函数的功能与 strcmp()相同。当两个字符串的长度均大于 len 时，len 为最多要比较的字符个数。例如：

```
printf("%d\n", strcmp("English", "England", 4));
```

因为所比较的两个字符串的前 4 个字符相同，所以输出的值为 0。

9．函数 strstr(字符串 1,子串)

函数原型：

```
char * strstr(char s1[ ], char s2 [ ]) ;
```

strstr 是英文 STRing in STRing 的缩写，其功能是查找子串。如果字符串包含要查找的子串，则返回该子串所在位置；否则函数返回值为空（NULL）。例如：

```
char str[ ]={"I am a student."};
printf("strstr:%s\n", strstr(str, "am"));
```

结果为：

```
strstr: am a student.
```

以上只介绍了一些比较常用的字符串处理函数，C 语言的标准库函数中包含了大量的字符串处理函数，读者可以按自己的需求选用。

7.2.7 字符数组应用举例

例 7-24 编写一个函数 my_strcpy()，完成与系统标准库函数 strcpy()相同的功能。

```c
#include<stdio.h>

int main()
{
    void my_strcpy(char [ ], char [ ]);
    char s1[80], s2[80];

    printf("Please input a string:\n");
    gets(s2);
    my_strcpy(s1, s2);
    printf("two strings:\n");
    printf("s1:%s\ns2:%s\n", s1, s2);
    return 0;
}

void my_strcpy(char s1[ ], char s2[ ])
{
    int i=0;

    while(s2[i]!='\0')
        s1[i]=s2[i++];
    s1[i]='\0';
}
```

该程序比较简单，请读者自己分析。

例 7-25 输入一行字符，统计其中的单词个数，单词之间用空格隔开。

求单词数的方法是顺序扫描数组元素，若当前字符是非空格，而其前一个字符是空格，则单词数加 1。

```c
#include<stdio.h>
#include<string.h>

int numwords(char string[ ])
{
    int i, j, num=0;

    j=strlen(string);
    for (i=0; i<j; )
    {
        while(string[i]==' ')i++;          /* 滤掉多个连续的空格 */
        if (i<j) num++;                    /* 单词数加 1 */
        while(string[i]!=' '&&i<j) i++;    /* 跳过一个单词 */
    }
```

```
        return num;
}

int main()
{
        int num;
        char string[80];

        printf("Please input a string:\n");
        gets(string);
        num=numwords(string);
        printf("primary string:%s\n", string);
        printf("the number of words:%d\n", num);
        return 0;
}
```

运行结果如下：

```
Please input a string:
I am a student.<Enter>
primary string:I am a student.
the number of words:4
```

统计单词的函数还可以这样实现：

```
int numwords(char string[ ])
{
        int i, num=0;
        char c=' ';      /* 存放前一字符 */

        for (i=num=0; string[i]!='\0'; i++ )
        {
                if (c==' ' && string[i]!=' ') num++;  /* 单词数加 1 */
                c=string[i];
        }
        return num;
}
```

请读者比较这两种方法。

例 7-26 有三个字符串，要求找出其中最小者。

```
#include<stdio.h>
#include<string.h>

int main()
{
        int i;
        char string[80];
```

```
char str[3][80];

printf("Please input three strings:\n");
for(i=0; i<3; i++)
    gets(str[i]);
if(strcmp(str[0], str[1])<0) strcpy(string, str[0]);
else strcpy(string, str[1]);
if(strcmp(str[2], string)<0) strcpy(string, str[2]);
printf("the minimum:%s\n", string);
return 0;
}
```

运行结果如下：

```
Please input three strings:
China<Enter>
American<Enter>
Japan<Enter>
the minimum:American
```

例 7-27 编写一个程序，计算一个字符串中子串出现的次数。

```
#include<stdio.h>

int count(char str[ ], char substr[ ])
{
    int i, j, k, num=0;                /* num用于统计子串在主串中出现的次数 */

    for(i=0; str[i]!='\0'; i++)        /* 从主串开头位置开始扫描 */
    {
        for(j=i, k=0; str[j]!='\0'&&substr[k]==str[j]; j++, k++)
            ;                          /* 空循环体,比较与子串是否相同 */
        if(substr[k]=='\0') num++;
    }
    return num;
}

int main()
{
    int num;
    char string[80], substring[80];

    printf("Please input string:\n");
    gets(string);
    printf("Please input substring:");
    gets(substring);
    num=count(string, substring);
    if(num>0)
```

```
        printf("the number of substring:%d\n", num);
    else
        printf("substring is not within the string:\n");
    return 0;
}
```

运行结果如下：

Please input string:I am a student. Yon are a student too. <Enter>
Please input substring:student<Enter>
the number of substring:2

习　题　7

1．有两个一维数组（元素个数不超过 100 个）中的元素已按升序排列，编写一个函数，将两个数组中的元素合并成一个数组，其中的元素仍然按升序排列。

2．假定在一个整型数组中，每一个元素都是不超过三位的正整数。编程统计这些正整数中数字 0，1，…，9 分别出现的次数。

3．编写一个函数，判断一个整数是否为回文数。如果一个数从正的方向读和从反的方向读的结果相同，则该数就是回文数。例如，整数 4、66、676、1 234 321 都是回文数。要求将整数分解后存放到数组中。

4．编写一个函数，判断给定的字母是否是元音。编写主函数来输入一系列字符，采用子函数统计其中元音字母的个数。

5．编写一个函数，实现十进制数到十六进制数的转换。在主函数中输入一个十进制数，输出相应的十六进制数。要求用数组实现。

6．输入若干个整数到一维数组中，按升序排序后输出。假定整数的个数不超过 100 个。

7．编写一个程序，输入一个正整数，输出其反序数，如 1234 的反序数是 4321。用数组实现。

8．设有 n 个人围坐在圆桌周围，从某个位置开始编号为 1，2，3，…，n，编号为 1 位置上的人从 1 开始报数，数到 m 的人便出列；下一个人（第 m+1 个）又从 1 开始报数，数到 m 的人便是第二个出列的人；如此重复下去，直到最后一个人出列为止，于是便得到一个出列的顺序。例如，当 n=8，m=4 时，若从第一个位置数起，则出列的次序为 4、8、5、2、1、3、7、6。这个问题称为约瑟夫问题。编写求解约瑟夫问题的函数。

9．寻找二维数组中的鞍点，即该位置上的元素值是所在行上最大且是所在列上最小。一个二维数组也可能没有鞍点。

10．编写一个函数，求二维数组中周边元素之和。在主函数中调用该函数求一个 4×4 的二维数组的周边元素的和。二维数组为：

$$3 \quad 6 \quad 4 \quad 6$$
$$8 \quad 3 \quad 1 \quad 3$$
$$4 \quad 7 \quad 1 \quad 2$$
$$2 \quad 9 \quad 5 \quad 3$$

11. 编写一个函数，求二维数组的两条对角线元素之和。在主函数中输入二维数组元素的值，调用该函数求一个二维数组的两条对角线元素之和。二维数组为：

$$
\begin{matrix}
1 & 2 & 3 & 4 & 5 \\
2 & 3 & 4 & 5 & 6 \\
3 & 4 & 5 & 6 & 7 \\
4 & 5 & 6 & 7 & 8 \\
5 & 6 & 7 & 8 & 9
\end{matrix}
$$

12. 打印奇数阶魔方阵。所谓 n 阶魔方阵，就是将 $1 \sim n^2$ 这 n^2 个连续的正整数填到一个 n×n 的方阵中，使得每一行的和、每一列的和以及两个对角线的和都相等。如一个 3 阶魔方阵为：

$$
\begin{matrix}
8 & 1 & 6 \\
3 & 5 & 7 \\
4 & 9 & 2
\end{matrix}
$$

13. 编写一个函数 my_strlwr()，将一个字符串中的字母全部转换成小写字母。

14. 编写字符串反转函数。该函数将指定字符串中的字符顺序颠倒排列，然后再编写主函数进行验证。

15. 编写一个程序，判定一个字符串是否是另一个字符串的子串，若是则返回子串在主串中第一次出现的位置，否则返回-1。要求不使用 strstr 库函数。

16. 一篇文章有若干行，以空行作为输入结束的条件（即在一行的开头输入 Enter）。统计一篇文章中的单词 the（不管大小写）的个数。单词之间以空格隔开。

17. 假设一个算术表达式中包含圆括号、方括号和花括号三种类型的括号。编写一个函数，判断表达式中括号是否匹配。算术表达式存储在字符串中，如(a+b)*(c+d))是一个括号不匹配的表达式。

第8章 结构体、共用体和枚举类型

迄今为止，已经介绍了基本类型的变量（如整型、实型、字符型变量等），也介绍了一种导出数据类型——数组，数组中的元素属于同一种数据类型。

但是只有这些数据类型是不够的。有时需要将描述一个对象的相关属性组成一个整体，以便引用。这些组合在一个整体中的数据是互相关联的。例如，一个学生的学号、姓名、性别、年龄、成绩等这些项都与某一学生相联系，如图 8-1 所示。

num	name	sex	age	score
23901	"LiMing"	'M'	19	85

图 8-1 学生信息

可以看到，性别（sex）、年龄（age）、成绩（score）是属于学号（num）为 23901、姓名（name）为 LiMing 的学生。如果将 num、name、sex、age、score 分别定义为互相独立的简单变量，难以反映它们之间的内在联系，应当把它们组织成一个组合项。在一个组合项中包含若干个类型不同（也可以相同）的数据成员。C 语言允许用户自己构造这样一种新的数据类型，称为结构体（structure）。

除了结构体外，C 语言还提供了共用体、枚举类型等导出类型。本章介绍结构体、共用体和枚举类型的定义方法和应用。

8.1 结构体的定义及应用

8.1.1 结构体类型的定义

假设程序中要用图 8-1 所表示的数据结构，但是 C 语言中没有提供这种现成的数据类型，因此用户必须在程序中建立所需的结构体类型。

定义一个结构体类型的一般形式为：

```
struct <结构体名>
{
    <成员列表>
};
```

其中,结构体名由标识符组成,花括号内是该结构体中的各个成员,如上例中的 num、name、sex 等都是成员。对各个成员都应进行类型声明,即:

```
<数据类型><成员名>;
```

成员名的命名规则与变量名相同。

例如：

```
struct student
{
    int num;
    char name[20];
    char sex;
    int age;
    float score;
};
```

注意不要忽略最后的分号。上面定义了一个结构体类型 struct student（struct 是声明结构体类型时所必须使用的关键字，不能省略，它向编译系统声明这是一个结构体类型），它包含 num、name、sex、age、score 几个不同类型的数据成员。struct student 是一个用户定义的新的数据类型名，它和系统提供的标准数据类型具有同样的地位和作用。

8.1.2　结构体类型变量的定义

结构体类型是抽象的，其中并没有具体的数据，系统对它也不分配实际内存单元。为了能在程序中使用结构体类型的数据，应当定义结构体类型的变量，并在其中存放具体的数据。定义结构体类型变量的格式为：

```
<数据类型><变量名列表>;
```

对结构体类型变量，可以采用以下三种方法定义。

1. 先定义结构体类型再定义变量

对已定义的结构体类型 struct student，可以用它来定义变量。如：

```
struct student stu1, stu2;
```

定义了 stu1 和 stu2 为 struct student 类型的变量，即它们具有 struct student 类型的结构，如图 8-2 所示。

stu1	23902	"Zhang li"	'F'	19	85

stu2	23924	"Li lie"	'M'	20	88

图 8-2　struct student 类型变量的存储示意图

在定义了结构体变量后，系统会为它分配内存单元，以存放数据成员的值。

2. 在定义类型的同时定义变量

其一般形式为：

```
struct <结构体名>
{
```

```
        <成员列表>
}<变量名列表>;
```

例如：

```
struct student
{
    int num;
    char name[20];
    char sex;
    int age;
    float score;
} stu1, stu2;
```

它的作用与第一种方法相同，即定义了两个 struct student 类型的变量 stu1、stu2。

3．直接定义结构体类型变量

其一般形式为：

```
struct
{
    <成员列表>
}<变量名列表>;
```

即不出现结构体名。

例如：

```
struct
{
    int num;
    char name[20];
    char sex;
    int age;
    float score;
}stu1, stu2;
```

由于前两种方法都定义了结构体的类型名，在程序中可以用该类型名来定义同类型的其他变量；而第三种方法没有定义类型名，则无法再定义这种类型的变量。一般情况下将结构体类型定义放在所有函数外定义，便于程序文件中的所有函数使用，因此建议使用第一种方法来定义结构体类型的变量。在程序规模较大时，往往将结构体类型的定义集中放到一个头文件中；如果源程序需要用到此结构体类型，则可用#include 命令将该头文件包含到本文件中。这样便于装配、修改及使用。

另外，在定义结构体类型变量的同时，可以指定其存储类别。例如：

```
static struct student stu3;
auto struct student stu4;
```

在定义结构体类型变量的同时，可以对其值进行初始化，方法是用花括号将每一个成员的值括起来。例如：

```
struct student stu1={23901, " LiLi ", 'M', 19,86.5};
```

表示 stu1 的成员 num 初始化为 23901，成员 name 初始化为" LiLi "，成员 sex 初始化为'M'，成员 age 初始化为 19，成员 score 初始化为 86.5。注意，初始化时，在花括号中列出的值的类型及顺序必须与该结构体类型定义中所声明的结构体成员一一对应。例如：

```
struct student stu1={"23901", "LiLi", 'M', 19, 86};
```

则编译时会给出警告信息，因为 stu1 的成员 num 是整型，而给出的初值是字符串。

8.1.3　结构体类型变量及其成员的引用

在定义了结构体变量后，可以引用这个变量，有两种引用方式。

1．引用成员

引用结构体变量中成员的方法为：

<结构体变量名>.<成员名>

例如，stu1.num 表示 stu1 变量中的 num 成员。可以对结构体变量的成员赋值，例如：

```
stu1.num=23901;
```

. 是成员运算符，把 stu1.num 作为一个整体来看待。上面的赋值语句的作用是将整数 23901 赋给 stu1 变量中的成员 num。

结构体变量的成员可以像普通变量一样进行各种运算（其类型规定的运算）。例如：

```
stu1.num++;
stu1.sex=stu2.sex;
```

2．引用整体

同类型的结构体变量之间可以直接赋值，这种赋值等同于各个成员的依次赋值。如定义以下的结构体类型：

```
struct temptype
{
    int i, j;
    char name[10];
};
temptype t1={12, 48, "LiLi"}, t2;
t2=t1;
```

其中，"t2=t1;"等价于：

```
t2.i=t1.i;
t2.j=t1.j;
strcpy(t2.name, t1.name);
```

在引用结构体变量及其成员时，应注意以下几点。

（1）不能将结构体变量作为一个整体进行输入输出。例如，已定义 stu1 为结构体变量并且已有值，不能进行如下引用：

```
printf("%d %s %c %d %f\n", stu1);
```

而只能对结构体变量中的各个成员分别进行输入输出，例如：

```
printf("%d", stu1.num);
```

（2）结构体变量可以作函数的参数，也可以作函数的返回值。当函数的形参与实参为结构体变量时，这种结合方式属于传值调用方式，即属于值传递，形参的变化不影响实参。

例 8-1　有一个结构体变量 stu，内含学生学号、姓名和四门课的成绩。要求在 main() 函数中赋值，在另一函数 print() 中将它们输出。这里用结构体变量作函数参数。

```
#include<stdio.h>
#include<string.h>

struct student
{
    int num;
    char name[20];
    float score[4];
};

int main()
{
    void print(struct student);
    struct student stu;

    stu.num=2468;
    strcpy(stu.name,"Li Wen");
    stu.score[0]=68.5;
    stu.score[1]=90;
    stu.score[2]=78.5;
    stu.score[3]=85.5;
    print(stu);
    return 0;
}

void print(struct student stu)
{
    printf("num\t\t%d\nname\t\t%s\n", stu.num, stu.name);
    printf("Maths\t\t%f\nEnglish\t\t%f\n", stu.score[0], stu.score[1]);
    printf("programming\t%f\nphysics\t\t%f\n", stu.score[2], stu.score[3]);
}
```

运行结果为：

```
num           2468
name          Li Wen
Maths         68.500000
English       90.000000
programming   78.500000
physics       85.500000
```

struct student 被定义为外部类型，同一源文件中的各个函数都可以用它来定义变量。main()函数中的 stu 是 struct student 类型变量，print()函数中的形参 stu 也是 struct student 类型变量。在 main()函数中对 stu 的各成员赋值。在调用 print()函数时，以 stu 为实参向形参 stu 进行"值传递"。在 print()函数中输出结构体变量 stu 各成员的值。使用结构体变量作函数参数效率比较低，学习完第 9 章"指针"后，可以用指向结构体变量的指针作函数参数，那样可以提高程序的运行效率。

关于结构体类型，有以下几点说明。

（1）类型与变量是不同的概念。类型是抽象的，而变量是具体的。在编译时，对类型是不分配空间的，只对变量分配空间。使用时只能对变量赋值、存取或运算，而不能对一个类型赋值、存取或运算。

（2）对结构体中的成员可以单独使用。

（3）成员也可以是一个结构体变量。如：

```c
struct date
{
    int year;
    int month;
    int day;
};
struct student
{
    int num;
    char name[20];
    char sex;
    struct date birthday;        /* birthday是 struct date 类型 */
    char addr[40];
} stu1, stu2;
```

上述程序先定义一个 struct date 类型，它代表"日期"，包括三个成员：year（年）、month（月）、day（日）。然后在定义 struct student 类型时将成员 birthday 指定为 struct date 类型。struct student 的结构如图 8-3 所示。已定义的类型 struct date 可以被用来定义其他类型的成员。

num	name	sex	birthday			addr
			year	month	day	

图 8-3　struct student 的结构

结构体、共用体和枚举类型

要访问上述结构体变量 stu1 的成员，则要使用成员运算符逐级找到要访问的成员，如下：

```
stu1.num
stu1.birthday.day
```

（4）结构体类型及其变量的使用与标准数据类型及其变量的使用方式是一样的，包括可以声明变量的存储类别；可以作为函数的参数及返回值；可以定义结构体数组；等等。

8.1.4　结构体数组

一个结构体变量中可以存放一组数据（如一个学生的学号、姓名、成绩等）。如果有 10 个学生的数据需要参加运算，则应该用数组。结构体数组与前面介绍过的标准数据类型数组不同之处在于，每个数组元素都是一个结构体类型的变量，它们都分别包括各个成员项。

定义结构体数组的方法与定义结构体变量的方法类似，也可以有三种方法，只要在每一种方法的基础上，增加数组维数的声明即可。如：

```
struct student
{
    int num;
    char name[20];
    char sex;
    int age;
    float score;
    char addr[30];
};
struct student stud[4];
```

以上定义了一个数组 stud，其元素为 struct student 类型数据，数组有 4 个元素。也可以直接定义一个结构体数组，如：

```
struct student
{
    …
} stud[4];
```

或

```
struct
{
    …
} stud[4];
```

在定义结构体数组时可以对结构体数组进行初始化，方法与数组的初始化方法类似：第一种方法是将每个元素的成员值用花括号括起来，再将数组的全部元素值用一对花括号括起来；第二种方法是在一个花括号内依次列出各个元素的成员值。如：

```
struct student
{
    int num;
    char name[20];
    char sex;
    int age;
    float score;
    char addr[30];
} stud[4] = {        /* 第一种方法 */
{23901, "Zang Li", 'F', 19, 78.5, "35 Shanghai Road"},
{23902, "Wang Fang", 'F', 19, 92, "101 Taiping Road"},
{23905, "Zhao Qiang", 'M', 20, 87, "56 Ninghai Road"},
{23908, "Li Hai", 'M', 19, 95, "48 Jiankang Road"}
};
```

或

```
struct student
{
    int num;
    char name[20];
    char sex;
    int age;
    float score;
    char addr[30];
} stud[4]={        /* 第二种方法 */
23901, "Zang Li", 'F', 19, 78.5, "35 Shanghai
Road",
23902, "Wang Fang", 'F', 19, 92, "101 Taiping
Road",
23905, "Zhao Qiang", 'M', 20, 87, "56 Ninghai
Road",
23908, "Li Hai", 'M', 19, 95, "48 Jiankang
Road"
};
```

图 8-4 结构体数组在内存中的存放情况

结构体数组初始化后，在内存中存放的逻辑示意图如图 8-4 所示。

下面举例说明结构体数组的定义和使用。

例 8-2 建立一个学生档案的结构体数组，描述一个学生的信息：学号、姓名、成绩，并输出已建立的学生档案。

结构体、共用体和枚举类型

```c
#include<stdio.h>

struct student                          / *定义一个结构体类型 struct student */
{
    int num;
    char name[20];
    float score;
};

struct student Input()                  /* 输入一个学生信息,结构体变量作函数的返回值 */
{
    struct student stud;

    printf("Please input num,name and score:\n");
    scanf("%d%s%f", &stud.num, stud.name, &stud.score);
    return stud;
}

void Output(struct student stud)        /* 输出一个学生信息,结构体变量作函数参数*/
{
    printf("%d\t\t%s\t\t%f\n", stud.num, stud.name, stud.score);
}

int main()
{
    int i;
    struct student studs[3];            /* 定义一个由三个结构体变量构成的数组 */

    for (i=0; i<3; i++)                 /* 调用 Input()函数,输入三个学生信息 */
        studs[i]=Input();
    printf("num\t\tname\t\tscore\n");
    for(i=0; i<3; i++)                  /* 调用 Output()函数,输出三个学生信息 */
        Output(studs[i]);
    printf("\n");
    return 0;
}
```

例 8-3 求若干学生的平均成绩。

```c
#include<stdio.h>

struct stud
{
    int  num;
    char  name[20];
    int  age;
```

```
      char   sex;
      int    score;
};

float average(struct stud studs[ ], int n)   /* 求平均分 */
{
      int i;
      float aver=0;

      for(i=0; i<n; i++)
          aver += studs[i].score;
      aver /= n;
      return aver;
}

int main(void)
{
      struct stud studs[4]={ {020110101, "Wu", 19, 'M', 80},
                             {020110102, "Li", 18, 'F', 95},
                             {020110103, "Zhang", 18, 'F', 78},
                             {020110104, "Zhao", 20, 'M', 88}
                           };
      float  aver ;

      aver=average(studs, 4);   /* 调用求平均分函数,求四个学生的平均分 */
      printf("average:%f\n", aver);
      return 0;
}
```

由以上例子可知,结构体数组作函数参数与简单变量数组作函数参数类似,请读者体会它的用法。

8.2　共用体的定义及应用

8.2.1　共用体类型及其变量的定义

在实际应用中有时需要使几个不同类型的变量共用同一段存储单元。例如,可把一个整型变量 i、一个字符型变量 c、一个实型变量 f 放在同一个地址开始的内存单元中(如图 8-5 所示)。以上 3 个变量在内存中占的字节数不同,但都从同一地址开始(图中假设地址为 2000)存放。在某一时刻,只有一个变量有效。这种几个不同的变量共占同一段内存的结构称为共用体类型的结构,共用体有时也被称为共同体。定义共用体类型变量的一般形式为:

图 8-5　共用体存放内存示意图

```
union <共用体名>
{
  <成员列表>
}<变量列表>;
```

例如：

```
union data
{
  short int i;
  char c;
  float f;
} a, b, c;
```

也可以先定义一个 union data 类型，再将 a、b、c 定义为 union data 类型的变量。当然也可以直接定义共用体变量，如：

```
union
{
  short int i;
  char c;
  float f;
} a, b, c;
```

可以看到，共用体与结构体的定义形式类似，但它们的含义不同。结构体变量的每个成员分别占有其自己的内存单元。共用体变量所占的内存长度是所有成员中最长的成员的长度。例如，上面定义的共用体变量 a、b、c 均占 4 字节的存储空间。因为在 i、c、f 三个成员变量中，float 类型的变量 f 占 4 字节，为三个成员变量中所占存储空间最大的。

8.2.2　共用体类型变量的引用

共用体类型也是一种新的数据类型，在作函数参数、定义共用体变量数组等情况下，与基本数据类型的使用方式相同。首先应定义共用体变量，然后才能引用它。共用体类型变量的引用也有以下两种方式。

1．引用成员

例如，前面定义了共用体变量 a、b、c，下面的引用方式是正确的：

```
a.i    /* 引用共用体变量中的整型变量 i */
a.c    /* 引用共用体变量中的字符变量 c */
a.f    /* 引用共用体变量中的实型变量 f */
```

2．引用整体

同类型的共用体变量之间可以直接赋值。例如，前面已定义了共用体变量 a、b，可进行如下赋值：

```
a.i=2;
b=a;     /* 引用整体 */
```

但输入输出时不能只引用共用体变量，例如：

```
printf("%d\n", a);
```

是错误的。a 的存储区有好几种类型，分别占不同的长度，仅仅用共用体变量名 a，难以使系统确定究竟输出的是哪个成员的值。应该写成"printf("%d\n", a.i);"或"printf("%c\n", a.c);"等。

8.2.3 共用体类型数据的特点

共用体类型变量与结构体类型变量有相似之处：都不能直接进行输入输出；用作函数的参数时，都是作为值传递；同类型的变量之间可以相互赋值；等等。但在使用共用体数据时应注意以下一些特点。

（1）同一个内存段可以用来存放几种不同类型的成员，但在某一时刻只能存放其中一种，而不是同时存放几种。也就是说，在一个时刻只有一个成员起作用，其他的成员不起作用。

（2）共用体变量中起作用的成员是最后一次存放的成员的值，在存入一个新的成员的值后，原有的成员的值就失去作用。如有以下赋值语句：

```
a.i=10;
a.c='A';
a.f=1.8;
```

在完成以上三个赋值运算以后，只有 a.f 是有效的。a.i 和 a.c 的值失去意义。注意："printf ("%d\n", a.i);"可以运行，但是将 a.f 最低的 2 字节解释为短整型的整数输出，因此在引用共用体变量时应十分注意当前存放在共用体变量中的究竟是哪个成员。

（3）共用体变量的起始地址和其各成员的起始地址是同一地址。

（4）如果在定义共用体变量时对它初始化，则只允许有一个数赋给第一个成员。例如：

```
union
{
    short int i;
```

结构体、共用体和枚举类型

```
      char c;
      float f;
} a = {10, 'A', 1.8};    /* 不能这样初始化 */


union
{
      int i;
      char c;
      float f;
} a={10};                     /* 能这样初始化 */
```

（5）共用体类型可以出现在结构体类型定义中，也可以定义共用体数组。反之，结构体也可以出现在共用体类型定义中，数组也可以作为共用体的成员。

定义共用体的目的有两个：①节省空间；②特殊应用，例如分别取出一个长整型整数的4字节。

例8-4 分别取出一个长整型整数的4字节。

```
#include<stdio.h>

int main()
{
      int k;
      union
      {
          long int i;
          char c[4];
      }a;

      printf("Please input an integer:\n");
      scanf("%ld", &a.i);
      printf("four bytes:");
      for(k=3; k>=0; k--)
          printf("%ld\t", (long)a.c[k]);   /* 一个长整型整数的4字节分别对应字符
                                               数组的每个元素 */

      printf("\n");
      return 0;
}
```

运行结果如下：

```
Please input an integer:
511<Enter>
four bytes:0    0    1    -1
```

请读者自己分析该结果是如何得出的。

8.3 枚 举 类 型

为了对变量的取值范围做限制，C 语言提供了枚举类型。枚举类型也是一种构造数据类型。枚举就是将变量允许取值的范围一一列举出来，枚举变量的取值限于列举出来的值的范围内。

8.3.1 枚举类型的定义

定义枚举类型的一般形式为：

```
enum <枚举类型名> {<枚举常量列表>};
```

其中，enum 是一个关键字，枚举类型名的命名规则与一般标识符相同，枚举常量列表由若干个枚举常量组成，多个枚举常量之间用逗号隔开。每个枚举常量是一个用标识符表示的整型常量。例如：

```
enum day {Sun, Mon, Tue, Wed, Thu, Fri, Sat};
```

其中，day 是一个枚举类型名，该枚举常量列表中有 7 个枚举常量。每个枚举常量所表示的整型数值在默认的情况下，第 1 个为 0，第 2 个为 1，后一个总是前一个的值加 1。枚举常量的值可以在定义时被显式指定，被显式指定的枚举常量将获得该值，没有被指定的枚举常量按照后一个总是前一个的值加 1 的规则分别获得值。例如：

```
enum day {Sun=7, Mon=1, Tue, Wed, Thu, Fri, Sat};
```

这里，Sun 的值为 7，Mon 的值为 1，Tue 的值为 2，Wed 的值为 3，……，Sat 的值为 6。

8.3.2 枚举类型变量的定义

定义一个枚举变量前，必须先定义一个枚举类型。枚举变量的定义形式如下：

```
enum <枚举类型名> <枚举变量名列表>;
```

在枚举变量名列表中，如有多个枚举变量名，则用逗号分隔。例如：

```
enum day day1, day2, day3;
```

这里，day 是前面定义的枚举类型名，day1、day2 和 day3 是 3 个枚举变量名，它们的值应是枚举常量列表中规定的 7 个枚举常量之一。

枚举变量的定义也可以与枚举类型的定义连在一起来写。如上例可以写成：

```
enum day {Sun, Mon, Tue, Wed, Thu, Fri, Sat} day1, day2, day3;
```

8.3.3 枚举类型变量的使用

下面通过例子来说明枚举类型变量的使用。

结构体、共用体和枚举类型

例 8-5 定义一个枚举类型 triangle，其中的枚举常量有 scalene（不等边三角形）、isosceles（等腰三角形）、equilateral（等边三角形）、notriangle（非三角形）。编写程序，根据输入三角形各边的长度，输出三角形的形状。

```c
#include<stdio.h>

int main()
{
    enum triangle{scalene, isosceles, equilateral, notriangle};
    enum triangle tri;
    int a, b, c;

    printf("Please input a, b, c:\n");
    scanf("%d%d%d", &a, &b, &c);
    if(a+b<=c||a+c<=b||b+c<=a) tri=notriangle;
    else if(a==b&&b==c) tri=equilateral;
    else if(a==b||b==c||a==c) tri=isosceles;
    else tri=scalene;
    switch(tri)
    {
        case scalene:
            printf("scalene triangle\n");
            break;
        case isosceles:
            printf("isoceles triangle\n");
            break;
        case equilateral:
            printf("equilateral triangle\n");
            break;
        case notriangle:
            printf("notriangle\n");
            break;
    }
    return 0;
}
```

运行结果如下：

```
Please input a,b,c:
3 4 5<Enter>
scalene triangle
```

例 8-6 口袋中有红、黄、蓝、白、黑、紫 6 种颜色的球若干个。每次从口袋中取出 3 个球（依次取出 3 个球，取的顺序不同则认为是不同的取法），求得到 3 种不同颜色的球的可能取法，打印出每种组合的 3 种颜色。

解题思路：因为球只能是 6 种颜色之一，而且要判断各球是否同色，所以用枚举类型变量来处理。

设取出的球为 i、j、k。根据题意，i、j、k 分别为 6 种颜色球之一，并要求 i≠j≠k。可以用穷举法，逐个检查每一种可能的组合，从中找出符合要求的组合并输出。

```c
#include<stdio.h>

enum color {red, yellow, blue, white, black, purple};

void print(enum color c)
{
    switch(c)
    {
        case red:    printf("red\t\t");    break;
        case yellow: printf("yellow\t\t"); break;
        case blue:   printf("blue\t\t");   break;
        case white:  printf("white\t\t");  break;
        case black:  printf("black\t\t");  break;
        case purple: printf("purple\t\t"); break;
    }
}

int main()
{
    enum color i,j,k;
    int count=0;

    for(i=red; i<=purple; i=(enum color)((int)i+1))
        for(j=red; j<=purple; j=(enum color)((int)j+1))
            for(k=red; k<=purple; k=(enum color)((int)k+1))
                if((i!=j)&&(k!=i)&&(k!=j))
                {
                    printf("%d\t", ++count);
                    print(i);
                    print(j);
                    print(k);
                    printf("\n");
                }
    printf("combination: %d\n", count);
    return 0;
}
```

结构体、共用体和枚举类型

运行结果为：

1	red	yellow	blue
2	red	yellow	white
3	red	yellow	black
4	red	yellow	purple
5	red	blue	yellow
6	red	blue	white
7	red	blue	black
8	red	blue	purple
9	red	white	yellow
10	red	white	blue
⋮			
111	purple	blue	white
112	purple	blue	black
113	purple	white	red
114	purple	white	yellow
115	purple	white	blue
116	purple	white	black
117	purple	black	red
118	purple	black	yellow
119	purple	black	blue
120	purple	black	white

combination:120

如果利用第7章中二维数组的特点，可以将上述程序修改如下：

```c
enum color {red, yellow, blue, white, black, purple};

void print(int n, int i, int j, int k)
{
    char p[ ][7]={"red", "yellow", "blue", "white", "black", "purple"};

    printf("%5d %10s %10s %10s\n", n, p[i], p[j], p[k]);
}

int main()
{
    int i, j, k, n;

    n=0;
    for(i=red; i<=purple; i++)
        for(j=red; j<=purple; j++)
            if(i!=j)
                for(k=red; k<=purple; k++)
```

```
                if((k!=i) && (k!=j))
                {
                    n=n+1;
                    print(n, i, j, k);
                }
    printf("combination:%d\n", n);
}
```

在上述程序中，下面的枚举常量实际上是 0，1，2，3，4，5。

```
enum color {red, yellow, blue, white, black, purple};
```

下面二维数组元素的下标也是 0，1，2，3，4，5。

```
char p[ ][7]={"red", "yellow", "blue", "white", "black", "purple"};
```

在此程序中巧妙地利用了这种对应关系。

在实际使用中可以用整型常量代替枚举常量，但是显然没有枚举常量直观，因为枚举常量都选用了“见名知意”的标识符，而且枚举变量的值限制在定义时规定的几个枚举常量范围内。

目前 C 语言编译器对枚举类型数据的处理还存在如下不足。

（1）对枚举变量取一个越界值，并不做出错处理。

例如：

```
enum day {Sun, Mon, Tue, Wed, Thu, Fri, Sat};
enum day d1=1000;  /* d1 的正常取值应为 Sun 到 Sat,即 0~6 */
```

系统仍认为是正确的。

（2）对枚举元素的重复不做检查。

例如：

```
enum day {Sun=3, Mon=1, Tue, Wed, Thu, Fri, Sat};
```

系统显示 Sun 和 Wed 的值是一样的，都为 3。即系统不做检查。

实际上，C 语言系统将一个枚举型变量看作 int 型变量。

8.4　用 typedef 定义类型

C 语言提供的 typedef 允许用户为系统定义的数据类型或者用户自定义的数据类型提供替代名。例如：

```
typedef int DAY
```

DAY 就成了 int 的替代名，后面就可以使用 DAY 定义 int 变量。例如：

```
DAY day;
```

结构体、共用体和枚举类型

typedef 的一般形式为：

```
typedef <数据类型> <用户定义的新的类型名称>;
```

利用 typedef 只是给某种数据类型创建一个替代名。在 typedef 中，不能定义任何变量，也没有分配任何存储空间。例如：

```
typedef int DAY day;
```

试图创建一个替代名 DAY，并且定义一个 int 变量 day，这样的用法是错误的。

利用 typedef 可以为各种数据类型定义替代名。例如，为数组类型定义替代名：

```
typedef int ARRAY[100];     /* ARRAY 为整型数组类型 */
ARRAY  stud;                /* stud 是整型数组变量 */
```

typedef 和#define 命令在使用方面有相似之处，但两者不同。typedef 给某种数据类型起一个新的名字，而#define 命令只进行简单的字符串替换，没有其他含义。例如：

```
typedef struct
{
  int month;
  int day;
  int year;
} DATE;
```

或

```
typedef struct date
{
  int month;
  int day;
  int year;
} DATE;
```

为结构体类型 struct date 起了一个新的名字 DATE。因此，可以使用语句

```
DATE birthday;
```

定义结构体类型 DATE 的变量 birthday。但是，如下程序段使得出现 DATE 的地方全部用 struct date 替换。

```
#define DATE struct date
DATE
{
  int month;
  int day;
  int year;
};
DATE birthday;
```

使用 typedef 还可以提高程序的可移植性。假定有一个应用程序，其中整型采用 16 位（bit）表示。在计算机系统 1 中，int 型采用 32 位表示，而 short int 型用 16 位表示；在计算机系统 2 中，int 型和 short int 型都采用 16 位表示。如果在计算机系统 1 上编写应用程序，使用如下 typedef 语句：

```
typedef short int INTEGER;        /* 在计算机系统 1 中 short int 占 16 位 */
```

在整个应用程序中，定义变量时用 INTEGER 代替 short int。现在要将该应用程序移植到计算机系统 2 上，只需要修改有关的 typedef 语句：

```
typedef int INTEGER;              /* 在计算机系统 2 中，INTEGER 仍占 16 位 */
```

可以将该 typedef 语句安排在用户自己定义的头文件中，这样在需要定义整型变量的文件中包含该头文件即可。可见，利用 typedef 定义类型名有利于程序的移植。

习惯上把用 typedef 定义的类型名用大写字母表示，以便与系统提供的标准类型标识符相区别。

总结上面的操作，可以采用如下几步定义新类型。

（1）按定义变量的方法写出变量的定义。例如：

```
int  a[100];
```

（2）将变量名换成新类型名。

```
int ARRAY[100];
```

（3）在左边加上 typedef。

```
typedef int ARRAY[100];
```

如果在程序中出现：

```
typedef int ARRAY[100];
ARRAY  a;    /* 完全等价于 int a[100]; */
```

则上述 a 实际上是一个具有 100 个整型元素的一维数组。

习　题　8

1．编写程序，读取学生的学号、姓名和某课程分数，输出每个学生的学号、姓名和相应的课程分数，同时能查找并输出该课程最高分的学生的学号、姓名和课程分数。

2．定义一个结构体变量（包括年、月、日）。编写一个程序，该程序读入年-月-日格式的日期，并计算该日期是该年中的第几天。注意闰年问题。

3．编写一个函数 output，输出一个学生各门课的成绩。设计一个程序，输出本班同学的成绩，假定学生信息包括学号、姓名及 5 门课的成绩。

4．为全班同学建立一个通讯录（用结构体数组实现），包括学号、姓名、家庭住址、电话号码、手机号码及 E-mail 地址，并完成数据的输入和输出。

结构体、共用体和枚举类型

5．定义描述三维坐标点（x, y, z）的结构体类型变量，完成坐标点的输入和输出，并求出两点之间的距离。

6．定义描述复数的结构体类型变量，并实现复数之间的加减法运算和输入、输出。

7．编写程序，将一个长整型数分离成两个整数，例如 0x12345678 分离成 0x1234 和 0x5678 两个数。

8．已知今天是星期几，计算并输出 100 天后是星期几。用枚举类型实现。

9．定义一个描述三种颜色的枚举类型（Red, Blue, Green），编程输出这三种颜色的全排列结果。

第9章　指　针

9.1　指针和指针变量

9.1.1　指针的概念

内存中的一字节（byte）为一个存储单元，每个存储单元都有一个唯一的编号，称为地址。变量的地址是指该变量所在存储区域的第一字节的地址。在 C 语言中，地址也被称为指针。例如定义如下三个变量：

```
int a;
float b;
char c;
```

编译器为这三个变量在内存中分配存储空间，如图 9-1 所示。假定变量 a、b、c 占用的内存空间的第一个单元地址分别是 1040、1044、1048，这三个地址就称为变量 a、b、c 的指针。

图 9-1　变量的存储空间分配示意

9.1.2　指针变量的定义

地址也是一个数值，C 语言中提供了一种特殊类型的变量专门用于存放地址值，即存放指针，这种变量就是指针变量。指针变量中存放的是一个内存地址，即另一个变量在内存中的存储位置。指针变量的定义格式如下：

<类型说明符> * <指针变量名>;

例如：

```
int *pi;     /* 定义 pi 为指向 int 类型变量的指针变量 */
float *pf;   /* 定义 pf 为指向 float 类型变量的指针变量 */
char *pc;    /* 定义 pc 为指向 char 类型变量的指针变量 */
```

指针类型是一种数据类型，上述三个指针变量的类型分别是 int * 、float * 、char *。int * 为 int 型指针类型标识符， float * 为 float 型指针类型标识符，char * 为 char 型指针类型标识符。注意，若 pi 指向 int 型量，则称 int 是 pi 的**基类型**，pi 是 int 型指针。

说明：

① 一个指针变量只能指向同一数据类型的变量，该数据类型是在定义指针变量时明确给定的，例如整型指针只能指向整型变量，不能指向其他类型变量。

② C语言规定有效数据的指针不指向 0 单元。如果指针变量值为 0（即 NULL，在头文件 stdio.h 中已定义），则表示空指针，即不指向任何变量。

③ 不要把地址值与整型量混淆。例如，地址 2000 与整型量 2000 是两个不同的概念。

9.1.3 与指针有关的运算符 & 和 *

1. & —— 取地址运算

功能：取得变量的内存地址。

例 9-1 取地址运算符的使用。

```
int *p, m;          /* 定义 p 为指向 int 型变量的指针，同时定义 int 型变量 m */
m=200;              /* 将整型常量 200 赋给整型变量 m */
p=&m;               /* 获取变量 m 的地址，并将该地址值赋给指针变量 p */
```

此时，变量在内存中的存储状况如图 9-2 所示。假定变量 m 的地址是 1040，它的存储空间中存放的是数值 200；假定变量 p 的地址是 2000，它的存储空间中存放的是变量 m 的地址值 1040。

2. * ——间接访问运算

功能：访问指针所指向的变量。

例 9-2 间接访问运算符的使用。

```
int *p, m=200, n;
p=&m;           /* p 指向整型变量 m */
n=*p;           /* 将 p 指向的变量 m 的值取出，
                   赋给变量 n */
*p=100;         /* 将 100 赋给指针变量 p 所指向的变量 m */
```

图 9-2 指针变量的存储状况

此处，在已知 p 指向 m 的前提下，*p 访问的就是变量 m，即通过 p 间接访问 m。

9.1.4 指针变量赋值

要使指针指向一个变量，有两种方法给其赋值：一是在定义指针变量的同时给它赋值（称为初始化）；二是定义指针变量后，用赋值语句给它赋值。如：

```
int a, b;
int *p1=&a, *p2;        /* 在定义 p1 的同时对其初始化，令其指向 a */
p2=&b;                  /* 在 p2 定义完成后，用赋值语句给 p2 赋值，令其指向 b */
```

9.1.5 直接访问和间接访问

对于 C 语言中定义的所有变量，编译器都会记录它们的属性，便于以后对它们访问。如例 9-1 中定义的两个变量 m 和 p，编译器记录的属性如表 9-1 所示。

表 9-1 变量及其属性

变量名	变量类型	变量的地址
m	int	1040
p	int *	2000

1．直接访问

在程序中直接使用变量名来存取变量的值称为变量的直接访问（也称为直接存取），如 m=200。对于 m 的直接访问，C 语言的内部处理为：从变量属性表中取得变量 m 的地址 1040，通过该地址直接存取该内存空间中的值。

2．间接访问

在程序中通过变量的指针来存取它所指向的变量的值称为间接访问（也称为间接存取）。例如，已知 p 指向 m，要访问 m，程序中不直接写出变量名 m，而写成*p，即通过 p 间接访问 m，语句"*p=200;"的意义是将 200 赋给变量 m。对于间接访问 *p，C 语言内部处理为：先从变量属性表中取得变量 p 的地址 2000，从地址 2000 的存储单元中取得 1040，它是变量 m 的地址，再访问地址 1040 中的内容，即变量 m。

记住如下法则：

已知

```
int *p, m;
p = &m;
```

则 *p 与 m 等价，p 与 &m 等价。在后续程序中，使用 *p 就像使用 m 一样，对 m 可以进行的一切操作对*p 同样适用，如"m = m + 1;"也可以写成"*p = *p + 1;"，同样，使用 p 就像使用 &m 一样，它们都是变量 m 的地址。

例 9-3 变量的直接访问和间接访问实例一。

```
#include<stdio.h>

int main()
{
    char c='A';
    char *cp=&c;                /* A */

    printf("%c%c,", c, *cp);
    c='B';
    printf("%c%c,", c, *cp);
    *cp='a';
    printf("%c%c\n", c, *cp);
    return 0;
}
```

在程序的 A 行定义指针 cp，并将其初始化，令其指向 c。在后续的程序中可以通过变量名 c 直接访问变量 c，也可以通过 *cp 间接访问变量 c（即 c 与* cp 等价）。该程序输出：

```
AA,BB,aa
```

例 9-4 变量的直接访问和间接访问实例二。

```
#include<stdio.h>
```

```c
int main()
{
    int a=1, *p1;
    float b=5.2, *p2;
    char c='A', *p3;

    p1=&a;
    p2=&b;
    p3=&c;
    printf("%d,%.2f,%c\n", a, b, c);
    printf("%d,%.2f,%c\n", *p1, *p2, *p3);
    *p1 = *p1+1;       /* *p1 等价于 a */
    *p2 = *p2+2;       /* *p2 等价于 b */
    *p3 = *p3+3;       /* *p3 等价于 c */
    printf("%d,%.2f,%c\n", a, b, c);
    return 0;
}
```

程序运行结果为：

```
1,5.20,A
1,5.20,A
2,7.20,D
```

说明：

① 指针变量必须在通过初始化或赋值获得值后（即必须明确指向某一变量），才可以通过它进行间接访问。

② 若有"int m; int *p = &m;"，画线语句的意义是将 m 的地址赋给 p，而不是将 m 的地址赋给 p 指向的空间。画线语句等价于"int *p; p = &m;"。

③ 注意指针变量的类型，只有相同类型变量的地址才能赋给该指针变量，例如，整型变量的地址只能赋给整型指针变量，实型变量的地址只能赋给实型指针变量。如在例 9-4 中，若出现"p1 = &b;"，则是无意义的。

④ 同类型指针变量之间可以相互赋值，不同类型的指针变量一般不能相互赋值。如在例 9-4 中，若出现"p1 = p2;"，也是无意义的。

⑤ 允许将一个整型常量经强制类型转换后赋给指针变量。如：

```c
float *fp;
fp = (float *)5000;
```

其意义是将 5000 作为一个地址值赋给指针变量 fp。

例 9-5 交换两个指针的指向。

```c
#include<stdio.h>

int main()
{
    int x = 10, y = 20;
```

```
    int *p1=&x, *p2 = &y, *t;

    printf("%d\t%d\n", *p1, *p2);
    t = p1;  p1 = p2;  p2 = t;          /* A */
    printf("%d\t%d\n", *p1, *p2);
    return 0;
}
```

注意程序中变量 t 的类型，它与 p1 和 p2 的类型一样。初始时，指针 p1、p2 分别指向 x、y，在 A 行交换它们的指向后，p1、p2 分别指向 y、x，如图 9-3 所示。

(a) 初始状态　　　　　　　　　　　(b) 最终状态

图 9-3　交换指针变量的指向

程序的输出结果是：

```
10      20
20      10
```

例 9-6　通过指针交换两个指针所指向的变量的值。

```
#include<stdio.h>

int main()
{
    int x = 10, y = 20;
    int *p1=&x, *p2 = &y, t;

    printf("%d\t%d\n", x, y);
    t = *p1;  *p1 = *p2;  *p2 = t;     /* A */
    printf("%d\t%d\n", x, y);
    return 0;
}
```

注意程序中变量 t 的类型。初始时，指针 p1、p2 分别指向 x、y，在 A 行通过间接访问交换它们指向的值，p1、p2 的指向不变，但 x、y 的内容发生了变化，如图 9-4 所示。

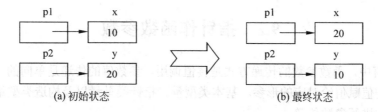

(a) 初始状态　　　　　　　　　　　(b) 最终状态

图 9-4　通过指针交换它们指向的变量的值

程序的输出结果是：

```
10      20
20      10
```

9.1.6　地址值的输出

指针的值（即地址值）是可以被输出的。

例 9-7　输出指针的值。

```c
#include<stdio.h>

int main()
{
    int a, *p1;
    float b, *p2;
    double d, *p3;

    p1=&a;
    p2=&b;
    p3=&d;
    printf("p1=%p\np2=%p\np3=%p\n", p1, p2, p3);    /* A */
    return 0;
}
```

输出控制格式字符 p（见表 3-1）用于输出十六进制地址值。此程序的输出形如：

```
p1=0036F8C0
p2=0036F8A8
p3=0036F88C
```

如果希望输出十进制地址值，则将程序的 A 行改写为：

```c
printf("p1=%u\np2=%u\np3=%u\n", p1, p2, p3);
```

此时，将地址值转换为 unsigned int 型量输出，程序的输出结果形如：

```
p1=4193720
p2=4193696
p3=4193668
```

9.2　指针作函数参数

在 C 语言中，函数参数的传递方式是传值调用，参数值的传递是单向的，即函数调用时，将实参的值赋值给对应的形参。基本类型量、指针类型量以及构造类型量都可以使用传值调用方式进行参数传递。

9.2.1 基本类型量作函数参数

例9-8 基本类型量作函数参数。

```c
#include<stdio.h>

void swap(int x, int y)
{
    int t;

    t = x;  x = y;  y = t;
}

int main()
{
    int x=3, y=9;

    swap(x, y);
    printf("%d,%d\n", x, y);
    return 0;
}
```

程序运行后，输出：3, 9。

此例中，main()函数中的 x 和 y 是 main()函数内部的局部变量；被调函数 swap()的形参 x 和 y 是 swap()函数内部的局部变量，形参 x 和 y 与主函数中函数调用语句"swap(x, y);"中的参数 x 和 y 虽然同名，却是不同的变量，占据不同的存储空间。当执行函数调用时，依次将实参 x 和 y 的值赋给形参 x 和 y（相当于有"int x=x, int y=y;"，赋值号右边为实参 x 和 y，赋值号左边为形参 x 和 y），执行流程刚进入函数 swap()时，变量的内存状况如图 9-5（a）所示，图中虚线箭头表示参数传递的方向。

在 swap()函数内部，语句依次执行，流程返回之前，swap()函数中局部变量 x、y 的值分别是 9、3；函数结束时，系统自动撤销 swap()函数中的局部变量 x、y、t 的存储空间。当流程返回主函数后，被调函数的局部变量 x 和 y 不存在，但主函数中局部变量 x、y 的存储空间依然存在并保持其原值，如图 9-5（b）所示。

图 9-5 函数调用时基本类型参数的传递

199

第 9 章

指 针

9.2.2　指针变量作函数参数

例 9-9　指针变量作函数参数。

```c
#include<stdio.h>

void swap(int *px, int *py)
{
    int t;

    t=*px; *px=*py; *py=t;
}

int main()
{
    int  x=3, y=9, *p1, *p2;

    p1=&x; p2=&y;
    swap (p1, p2);
    printf("%d,%d\n", x, y);
    return 0;
}
```

程序运行后，输出：9, 3。

此例中，主函数中 p1 和 p2 是主函数内部的局部指针变量；被调函数 swap() 的形参 px 和 py 是函数 swap() 内部的局部指针变量。当执行函数调用时，依次将实参 p1 和 p2 的值赋给形参 px 和 py，相当于做赋值操作"int *px = p1; int *py = p2;"，假定主函数中 x、y 变量的地址分别是 1000、1004，则执行流程刚进入函数 swap() 时的内存状况如图 9-6（a）所示，此时 p1 和 px 指向变量 x，p2 和 py 指向 y。

　　（a）进入 swap()函数时刻　　　　　　　　　　（b）离开 swap()函数时刻

图 9-6　函数调用时指针类型参数的传递

在被调函数中通过指针 px、py 间接访问主函数中的 x、y 变量，交换 x、y 的值。当 swap() 函数执行结束时，撤销指针变量 px、py 以及变量 t，但主函数中的 x、y 变量依然存在，且它们的值已经被改变。执行流程返回主函数后，输出的 x、y 的值分别是 9 和 3，如图 9-6(b) 所示。

通过图 9-6 可以看出，指针作为函数参数，参数值的传递是单向的。注意：C 语言中所有类型量作为函数参数传递时都是单向的值传递，有些书将指针传递归类为双向传递，这是错误的。

例 9-10 约简分数，即用分子分母的最大公约数去除分子、分母。

```c
#include<stdio.h>

void lowterm(int *nump, int *denp)  /* nump 和 denp 分别指向主函数中的 a 和 b */
{
    int n, d, r;

    n = *nump;                      /* *nump 间接访问 a */
    d = *denp;                      /* *denp 间接访问 b */
    while(d != 0)                   /* 用辗转相除法，求分子、分母的最大公约数 */
    { r = n%d; n = d; d = r; }
    if(n>1)                         /* 当最大公约数 n 大于 1 时，用 n 除分子、分母 */
    {
        *nump = *nump/n;
        *denp = *denp/n;
    }
}

int main()
{
    int a=14, b=21;                 /* a 是分子，b 是分母 */

    printf("Fraction: %d/%d\n", a, b);             /* 输出分数 */
    lowterm(&a, &b);
    printf("After Reduction: %d/%d\n", a, b);  /* 输出约简后的分数 */
    return 0;
}
```

运行此程序，输出结果为：

```
Fraction: 14/21
After Reduction: 2/3
```

调用函数 lowterm()，参数的传递相当于做赋值操作"int *nump = &a; int * denp = &b;"。需要特别强调的是，利用指针作函数参数，依然是传值调用，只不过传的是地址值，所传值的类型是指针类型，如在本例中，传递的是 int * 类型的值。

9.3　指针和指向数组的指针

9.3.1　指针和一维数组

1. 数组名

数组名是数组在内存中所占存储区的起始地址。如有定义"int a[10];"，则 a 数组的全体元素在内存中是连续存放的。C 语言规定，数组名的值是该存储区的首地址，即 a[0]元素的地址，是地址常量，而且其地址类型是 int *。上述 a 数组的内存分配如图 9-7 所示，a是 a[0]元素的起始地址，即 a 与 &a[0]等价。假定 a 的值即 a[0]元素的起始地址是 1000，则 a[1]的地址值是1004，其他元素的地址以此类推。

图 9-7　一维数组的存储

2. 指向一维数组元素的指针变量

如有定义"int a[10]; int *p;"，则数组的每个元素 a[i]都是一个 int 型变量，而 p 是指向 int 型变量的指针，那么 p 可以指向 a 数组中的任意一个元素，如"p = &a[6];"表示将 a[6]元素的地址赋给了 p，p 指向 a[6]，*p 间接访问 a[6]。当然，也可以将 a[0]元素的地址赋给 p，即 p=&a[0] 或 p = a（a 与 &a[0]等价），这时*p 间接访问 a[0]。那么，能否通过 p 间接访问数组 a 的任意一个元素呢？答案是肯定的。下面首先介绍指针可进行的运算，然后介绍如何通过指针来访问数组中的任意一个元素。

3. 指针可进行的运算

指针一般可进行加、减、比较运算。

1）"指针±整型量"的意义

如果 p 是指针，指向数组中的一个元素 a[i]，n 是正整数，则 p + n 的意义是指向 a[i]后面的第 n 个元素；p−n 的意义是指向 a[i]前面的第 n 个元素。p±n 的实际值是 p 的值±n*size，其中 size 是 p 的基类型量占用的存储字节数。即：若 p 是 int 型指针，则 size 等于 4；若 p 是 char 型指针，则 size 等于 1；若 p 是 double 型指针，则 size 等于 8；以此类推。

例如：

```
int a[5], *p1=&a[0], *p2;    /* p1 和 p2 是 int * 类型的指针 */
p2 = p1+3;
```

从图 9-8 中可以看出，指针变量加上正整数即 p+n 表示指针向高地址方向移动 n 个数据存储单元，指向的新地址为：原地址+sizeof(类型说明符)*n。如上例，假定 a 的值（即 a[0]的地址）为 1000，则 p1 的值为 1000，p2 的值为 1012。

又如：

```
int a[5], *p1=&a[3], *p2;     /* p1 和 p2 是 int *类型的指针 */
p2 = p1-2;
```

从图 9-9 中可以看出，指针变量减去正整数即 p－n 表示指针向低地址方向移动 n 个数据存储单元，指向的新地址为：原地址－sizeof(类型说明符)*n。如上例，若 a 的值（即 a[0] 的地址）为 1000，则 p1 的值为 1012，p2 的值为 1004。

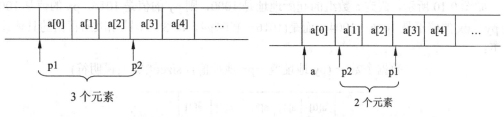

图 9-8　"指针+正整数"的意义　　　　图 9-9　"指针－正整数"的意义

可以使用指针加减整型量的运算来实现通过一个指针访问数组中的任一元素。假设有定义 "int a[10], *p = a;"，如果想访问数组中的第 i 个元素，可写成*(p+i)或 p[i]。在学习指针之前，要访问数组第 i 个元素，一般写成 a[i]，此时 C 语言的内部处理是：将 a 的值加 i 后，取其指向的内容，即处理成*(a+i)，所以，如果在程序中书写 p[i]，则 C 也会将其处理成*(p+i)。

注意：p 和 a 的数据类型是一样的，都是 int *。它们的不同点是，p 是指针变量，而 a 是指针常量，既然是常量，就不能改变其值，所以 a++ 非法，而 p++合法。如有"p=&a[2];"，则此时 p[2]访问 a[4]。

例 9-11　以下程序使用指针间接访问数组元素的方法，求出数组全体元素之和。先输出数组全体元素，再输出求和结果。

```c
#include<stdio.h>

int main()
{
    int a[10]={1, 2, 3, 4, 5, 6, 7, 8, 9, 10 }, *p = a, sum=0, i;

    for(i=0; i<10; i++)
        sum = sum + *(p+i);
    for(i=0; i<10; i++, p++)      /* 指针变量可进行自加、自减运算 */
        printf("%d\t", *p);
    printf("sum=%d\n", sum);
    return 0;
}
```

2）"指针－指针"的意义

指向相同数据类型的指针变量可以相减，其结果为两个指针所指向地址之间数据的个数。

例如：

```c
int *px,*py, n, a[5];
px=&a[1];
```

```
py=&a[4];
n = py - px;   /* 结果：n 的值为 3 */
n = px - py;   /* 结果：n 的值为 -3 */
```

如图 9-10 所示，假定 a 数组的起始地址是 1000，则 py 的值是 1016，px 的值是 1004，但 py − px 的值不是 1016−1004，而是 (1016−1004)/4，即 3。指针相减所得值的具体计算如下：

$$数据个数 = (py 地址值 − px 地址值) / sizeof(类型说明符)$$

图 9-10 "指针−指针"的意义

3）指针的比较运算

两个指针之间的比较运算有六种，它们是==（恒等）、!=（不等）、<（小于）、<=（小于等于）、>（大于）、>=（大于或等于）。比较运算就是直接比较两个地址值的大小，如果相等，表示两个指针指向同一变量，否则指向不同变量。比较产生的结果为 1 或 0。当比较条件成立时，结果为 1；当比较条件不成立时，结果为 0。

例如，若 px 和 py 的指向如图 9-10 所示，指针比较运算如下：

① px==py：判断 px 和 py 是否指向同一变量，比较结果为 0；

② px < py：px 指向前面元素，py 指向后面元素，比较结果为 1；

③ px==NULL：判断 px 是否为空指针，比较结果为 0。

例 9-12 改写例 9-11，注意本例使用了指针的比较运算。

```c
#include<stdio.h>

int main()
{
    int a[10]={1, 2, 3, 4, 5, 6, 7, 8, 9, 10 }, *p, sum=0;

    for(p = a; p < a+10; p++) /* 此循环结束后，p 指向 a[9]之后的存储空间 */
        sum = sum + *p;
    for(p = a; p < a+10; p++) /* 此循环初始时，需重新给 p 赋初值 */
        printf("%d\t", *p);
    printf("sum=%d\n", sum);
    return 0;
}
```

4．如何获取数组任一元素的地址、任一元素的值

前面已经学习了指针的各种运算，通过指针的运算，可以在程序中用不同的方式获取数组任一元素的地址、任一元素的值，以增加编程的灵活性。

若有定义"int a[10], *p; p=&a[0];"，则各指针的指向如图 9-11 所示。

图 9-11　一维数组元素指针

第 i 个元素的地址可以表示为以下几种方式：

$$\begin{cases} a+i & \text{数组名法} \\ p+i & \text{指针法} \\ \&a[i] & \text{下标法} \\ \&p[i] & \text{下标法} \end{cases}$$

第 i 个元素的值可以表示为以下几种方式：

$$\begin{cases} *(a+i) & \text{数组名法} \\ *(p+i) & \text{指针法} \\ a[i] & \text{下标法} \\ p[i] & \text{下标法} \end{cases}$$

通过指针和数组名访问内存方式的区别是：指针变量是地址变量，其指向由所赋值确定；数组名是地址常量（指针常量），恒定指向数组的第 0 个元素，不允许 a=a+2 或 a++ 这样的操作。

有了数组的指针表示，则前面学过的有关数组的算法，一般都可以改写成通过指针间接访问数组元素的方式。

例 9-13　将数组元素逆向存放。

```c
#include<stdio.h>

int main()
{
    int a[10]={1, 2, 3, 4, 5, 6, 7, 8, 9, 10}, t;
    int *p1=a, *p2=a+9;

    while(p1<p2)
    {
        t=*p1; *p1=*p2; *p2=t;
        p1++; p2--;
    }
    for(p1=a; p1<a+10; p1++)
        printf("%d\t", *p1);
    printf("\n");
    return 0;
}
```

通过指针间接访问数组元素，其意义不是仅仅提供访问元素的不同形式，而是通过数组首指针做函数参数，在被调函数中间接访问主函数中的数组，下节内容予以说明。

9.3.2 一维数组元素指针作函数参数

回忆前面学过的例子，在被调函数中实现将数组元素逆向存放。

例 9-14 在被调函数中实现将数组元素逆向存放，用下标法访问数组元素。

```c
#include<stdio.h>

void reverse(int b[ ], int n)
{
    int i=0, j=n-1, t;

    while(i<j)
    {
        t=b[i]; b[i]=b[j]; b[j]=t;
        i++; j--;
    }
}

int main()
{
    int a[10]={1, 2, 3, 4, 5, 6, 7, 8, 9, 10}, i;

    reverse(a, 10);
    for(i=0; i<10; i++)
        printf("%d\t", a[i]);
    printf("\n");
    return 0;
}
```

在被调函数 reverse()中数组 b 的元素值改变后，主函数中对应实参数组 a 的元素值也发生了变化，不需要 return 语句返回数组的值，这是为什么呢？我们知道函数参数的传递是单向的，即将实参值赋给形参，对形参的值的改变不影响实参值，但用数组作参数却可以带回数组元素值，这不是违反了参数单向传递的原则了吗？初学 C 语言的人最容易感到困惑，学习了指针概念以后，这个问题就可迎刃而解了。

让我们看看用数组名作函数参数的本质。上述函数调用 reverse(a, 10)中的第一个实参 a 是一维数组名，它是数组的起始地址，对应形参的定义形式是 int b[ ]。C 语言规定，形参的这种定义方式就是定义了一个指针变量（形参的定义也可以写成 int *b，其意义与 int b[ ]一样），指向整型量。在函数调用参数传递时，实际上做了一个赋值操作即"b = a;"（参见图 9-12），在被调函数 reverse()中写出的 b[i]形式，C 语言自动处理成 *(b+i)，即通过指针 b 间接访问 a 数组元素。

因此，数组名作参数的本质是传递了一个 int * 类型的指针值给形参指针 b，而不是将实参数组元素的值赋给形参数组元素，就是说，参数是数组的首指针而不是全体数组元素。若在被调函数中修改形参 b 的值，不影响实参 a 的值；若在被调函数中有 b++，改变了 b 的值，但主函数中 a 的值不受影响。b 的值和 b 指向的值是不同的。

另外，对于形参定义形式 int b[ ]（等价于 int *b），在方括号中可以写任意整型常量，如 int b[1000]，不会影响 b 的性质，方括号中的量只不过是一个形式罢了，编译器会忽略它。

从图 9-12 中可以更加清楚地认识指针作函数参数的本质。

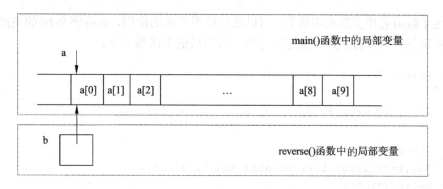

图 9-12　指针作函数参数

既然 b 在 reverse()函数中是一个指针变量，可以将 reverse()函数改写成：

```c
void reverse(int b[ ], int n)
{
    int t;
    int *p2=b+n-1;

    while(b < p2)
    {
        t=*b; *b=*p2; *p2=t;
        b++; p2--;
    }
}
```

改写的 reverse()函数结束时，指针 b 指向 a[n/2]，即形参 b 的值已经发生了变化，因为 b 是一个局部指针，函数返回时并不影响实参 a 的值，a 仍然指向 a[0]。

将数组的起始地址传递给被调函数的指针形参，相应实参和形参的写法有多种，在被调函数中访问实参数组元素的方式也有多种，如下：

```c
void fun(int b[ ], int n)    /* 带下画线的部分可改写为 int b[10]或 int *b */
{   …
    b[i]                     /* 或 *(b+i) 或 *b++ 等 */
    …
}
```

```
int main()
{
    int  a[10];
    int *p = a;
    …
    fun(a, 10);                          /* 或 fun(p, 10) 或 fun(&a[0], 10) */
    …
}
```

知道了数组名作参数的本质后，可以进行许多灵活的应用，如将例 9-14 的主函数改写后，可实现将数组 a 的部分元素逆向存放。改写后的主函数如下：

```
int main()
{
    int a[10]={1, 2, 3, 4, 5, 6, 7, 8, 9, 10}, i;

    reverse(a+3, 6);
    for(i=0; i<10; i++) printf("%d\t", a[i]);
    printf("\n");
    return 0;
}
```

实参指针 a+3 指向 a[3]，函数调用时，将 a+3 赋给 b，在被调函数中实现将从 a[3]开始的 6 个元素逆向存放，改写后的程序运行后输出：

```
1    2    3    9    8    7    6    5    4    10
```

例 9-15 分别求数组前 10 个元素和后 10 个元素之和。

```
#include<stdio.h>

int fsum(int *array, int n) /* 通用的求和函数，求具有 n 个元素的数组元素之和 */
{
    int i, s=0;

    for(i=0; i<n; i++)
        s += array[i];
    return(s);
}

int main()
{
    int a[15]={ 1, 2, 3, 4, 5, 6, 7, 8, 9, 10, 11, 12, 13, 14, 15 };
    int shead, stail;
```

```
shead = fsum(a, 10);                    /* 第 1 次调用 */
stail = fsum(&a[5], 10);                /* 第 2 次调用 */
printf("%d,%d\n", shead, stail);
return 0;
}
```

图 9-13　参数的传递

　　参数的传递如图 9-13 所示。主函数第 1 次调用 fsum() 函数时，第 1 个参数传递的是 a[0] 的地址，那么 array 指向 a[0]，在 fsum() 函数中求出的是从 a[0]（含 a[0]元素）开始的 10 个元素的和。主函数第 2 次调用 fsum()函数时，第 1 个参数传递的是 a[5] 的地址，那么 array 指向 a[5]，在 fsum() 函数中求出的是从 a[5]（含 a[5]元素）开始的 10 个元素的和。程序输出：55,105。

例 9-16　求出数组元素中的最大值和最小值。

```
#include<stdio.h>

void max_min_value(int *array, int n, int *maxp, int *minp)
                        /* maxp 指向 main 函数中的 max 变量，minp 指向 min 变量*/
{
    int *p, *array_end;

    array_end=array+n;
    *maxp=*minp=*array; /*将第 0 个元素赋给 max 和 min，是数组最大值和最小值的初值 */

    for(p=array+1; p<array_end; p++)
    {
        if(*p>*maxp) *maxp=*p;
        else if(*p<*minp) *minp=*p;
    }
}

int main()
{
    int i, number[10], *p = number, max, min;

    for(i=0; i<10; i++)
        scanf("%d", p+i);               /* 输入数组元素值 */
    max_min_value(p, 10, &max, &min);
    for(i=0; i<10; i++)
        printf("%d\t", *(p+i));         /* 输出数组元素值 */
    printf("max value = %d, min value = %d\n", max, min);
```

指　针

```
        return 0;
    }
```

在介绍函数概念时，我们知道可以通过函数的返回值（return）带回一个运算结果。学习了指针作参数后，可将多个变量的指针传递给被调函数，在被调函数中通过指针间接访问主函数变量，改变它们的值，从而得到多个结果。本例中数组名作参数和普通变量指针作参数的本质是一样的，数组名作参数时传递的是数组第一个元素的地址，第一个元素实际上也是一个普通变量。在函数 max_min_value 中，指针 array 指向主函数中的数组元素 number[0]，而指针 maxp 和 minp 分别指向主函数中的普通整型变量 max 和 min，因此*maxp 和*minp 间接访问 max 和 min。

例 9-17 在被调函数中通过指针访问数组元素，实现用选择法按降序排列。

```c
#include<stdio.h>

void sortd(int *a, int n)
{
    int *p, *q, *maxp, t;

    for(p=a; p<a+n-1; p++)
    {
        maxp = p;
        for(q=p+1; q<a+n; q++)
            if(*q>*maxp)  maxp = q;            /* 按降序排列 */
        if(maxp!=p)
        { t=*p; *p=*maxp; *maxp=t; }
    }
}

int main()
{
    int i, a[10];

    for(i=0; i<10; i++)
        scanf("%d", a+i);                      /* 输入数组元素值 */
    sortd(a, 10);                              /* 调用 sortd()按降序排列 */
    for(i=0; i<10; i++)
        printf("%d\t", *(a+i));                /* 输出排序后的数组元素值 */
    printf("\n");
    return 0;
}
```

9.3.3 指针和字符串

1. 字符数组和字符指针

在 C 语言中，可以用字符数组存放字符串，也可以定义一个字符指针指向一个字符串。下面分两种情况介绍。

（1）定义一个字符数组，存放字符串。

```
char str[10]= "Hello!";
```

str 是一维字符数组名，即数组的起始地址。内存空间的分配及初始化如图 9-14 所示。编译器给数组分配 10 字节的存储空间，将字符串的值放入该存储空间。实际上只使用了数组前 7 字节的空间，其中最后 1 字节是字符串的结尾标志'\0'。str 数组的最后 3 字节被自动置为'\0'，注意'\0' 的值为整数 0。字符数组与整型数组类似，其数组名是数组第一个元素的地址。关于字符数组，回顾前面章节讲解的几个问题。

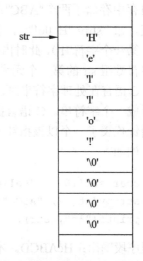

图 9-14　字符串存储在字符数组中

① 字符数组输入输出：

```
scanf("%s", str);   /* 不可输入中间带空格的字符串 */
gets(str);          /* 可输入带空格的字符串，即将回车前的全部内容作为字符串输入 */
printf("%s", str);  /* 输出字符串 */
puts(str);          /* 输出字符串，并自动增加输出换行 */
```

② 字符数组赋值："strcpy(str, "ABCD");"。
③ 访问字符数组第 i 个字符：str[i] 或 *(str+i)。
④ 获取字符数组第 i 个字符的地址：&str[i] 或 str+i。

字符串存放在一维数组中，str 是起始地址。在字符串的输入、输出及字符串处理函数中，使用的都是数组名，参见第 3 章和第 7 章中对输入输出函数 scanf()、printf()、gets()、puts()的描述。使用字符数组名与使用一般的一维整型数组名类似。

（2）定义一个字符指针并令其指向一个字符串。

```
char *strp= "Hello!";
```

"Hello!"是一个字符串常量，在内存中占据一片连续的存储区，C 语言将"Hello!"的值处理成该字符串的存储区的首地址。所以，上述语句的含义是将字符串"Hello!"的首地址赋给指针变量 strp。其等价于：

```
char *strp; strp= "Hello!";
```

注意，字符数组名（str）与字符指针（strp）有以下区别。

① str 是指针常量，不论是否对字符串赋值，数组空间已分配，str 指向明确。不允许给 str 重新赋值，如 str= "Hello!" 是错误的。而 strp 是指针变量，若不赋初值，其指向不

确定；程序中可以随时给 strp 赋值，令其指向所需位置。

② 给字符数组赋字符串值，如语句"strcpy(str, "ABC");"，其意义是 str 的指向不变，将字符串常量"ABC"复制到 str 指向的字符数组中，改变的是字符数组存储单元的内容。结果内存中存储了两个"ABC"：一个是常量"ABC"；一个是数组中的"ABC"。而给字符指针赋值，如"strp="Hello!";"，表示让 strp 指向字符串常量"Hello!"（本质上，strp 指向字符串中的第一个字符'H'），此时内存中仅存储了一个字符串常量"Hello!"。strp=str 表示让 strp 指向字符数组 str 的第一个元素即第一个字符。

C 语言在处理字符串时，将从起始地址开始到字符串结尾标志 '\0' 之间的内容作为整体看成一个字符串。C 语言提供的所有字符串处理函数的参数都是字符指针，也可以说字符指针代表了一个以该指针为起始地址、直到'\0'为止的一个字符串。

例如：

```
char str[10] = "Hello!";
strcpy(str+2, "ABCD");
printf("%s", str);
```

此程序段输出：HeABCD。本例中 strcpy 的第二个参数是字符串常量，其值是该字符串的起始地址。strcpy 的第一个参数是字符指针，即 str+2 是"Hello!"中第一次出现的字母 l 的地址，代表字符串 "llo!"。strcpy 的功能是将第二个参数为起始地址的字符串复制到第一个参数为起始地址的内存空间中，第二个字符串的结尾标志也被复制，结果第一个参数指定的内容被覆盖。

例 9-18 要求自行编写代码，将字符串 b 的内容追加到字符串 a 的尾部，即实现与系统提供的字符串处理函数 strcat() 相同的功能，但不能调用 strcat()。下面给出两种解法。

```
#include<stdio.h>
#include<string.h>

int main()   /* 解 1: 用数组元素访问方式实现 */
{
    char  a[20]="ABCD", b[10]="EFG";
    int i, j;

    i = strlen(a);   /* i 是字符串 a 的长度，也是字符串结尾 '\0' 字符的下标 */
    for(j=0; b[j]!='\0'; i++, j++)
        a[i]=b[j];
    a[i]='\0';
    printf("%s\n", a);
    return 0;
}

#include<stdio.h>
int main()   /* 解 2: 用字符指针访问方式实现 */
{
    char  a[20]="ABCD", b[10]="EFG";
    char  *pa=a, *pb=b;               /* pa 指向 a[0], pb 指向 b[0] */
```

```
    while(*pa!='\0')  pa++;        /* 循环结束后，pa 指向 a 尾部的'\0' */
    while(*pb!='\0')
    { *pa=*pb;  pa++; pb++; }
    *pa='\0';
    pa=a;
    puts(pa);                      /* 注意用函数 puts 输出字符指针的意义 */
    return 0;
}
```

程序输出：ABCDEFG。

2．字符指针作函数参数

一维 int 型数组的数组名是一个 int* 类型的指针，指向一个 int 型量，与此类比，字符数组的数组名是一个 char* 类型的指针（称为字符指针），指向一个 char 型量。用字符数组的数组名即字符指针作实参，传递的是字符串的首地址，即传递的是字符串第一个字符的地址。

例 9-19　字符指针作函数参数，求字符串的长度。

```
#include<stdio.h>

int my_strlen(char *s)          /* 自定义函数，实现求字符串的长度 */
{
    int n;

    for(n=0; *s!='\0'; s++) /* 循环结束后，s 指向'\0' */
        n++;
    return(n);
}

int main()
{
    char str[ ]="Hello!";

    printf("%c\t", *str);                /* A */
    printf("%d\t", my_strlen(str));      /* B */
    printf("%c\n", *str);                /* C */
    return 0;
}
```

程序的运行结果是：

```
H   6   H
```

A 行的 printf 语句中的输出量是*str，读者经常会误认为*str 的值是"Hello!"。现在与整型数组进行比较。如有"int a[10];"，此时 a 是一个 int* 类型的指针，*a 访问的是整型元素 a[0]的值，而不是整型数组整体；又如"char str[10];"，此时 str 是一个 char* 类型的指针，

str 访问的是字符型元素 str[0]的值，而不是字符数组整体，所以 A 行输出的是 H。请记住规则：若 p 是一个 int 类型的指针，则*p 访问一个 int 型量；同样地，若 p 是一个 char* 类型的指针，则*p 访问一个 char 型量。

在 B 行，函数调用 my_strlen()的实参 str 是一个字符指针，传递给形参指针变量 s，相当于 char *s = str；而形参 s 是函数 my_strlen()内部的局部指针，所以，即使在被调函数中 s 的值发生了变化，也不影响实参 str 的值，C 行仍然输出 H。

例 9-20　比较两个字符串的大小。

```
#include<stdio.h>

int my_strcmp(char *s, char *t) /* 自定义函数 */
{
    for(; *s==*t; s++, t++)
        if(*s=='\0')
            return(0);
    return((*s>*t)?1:-1);
}

int main()
{
    char s1[ ]="Hello!";
    char *s2="Hello!";

    printf("%d\t", my_strcmp(s1, s2));
    printf("%d\n", my_strcmp("Hi", s2));
    return 0;
}
```

上述函数 my_strcmp()的返回值的意义与字符串处理标准库函数 strcmp()的意义相同。程序的输出结果为：0 1。请读者自行分析输出结果。

例 9-21　阅读并理解下述若干函数，它们的功能都是实现字符串复制，将 form 指向的字符串复制到 to 指向的空间中。

```
#include<stdio.h>

void copy_string(char to[ ], char from[ ])
{
    int i=0;

    while(from[i]!='\0')
    { to[i]=from[i]; i++; }
    to[i]='\0';
}

void copy_string(char to[ ], char from[ ])
{
    int i=0;
```

```
    while((to[i]=from[i])!='\0') i++;
}

void copy_string(char *to, char *from)
{
    while((*to=*from)!='\0')
    { to++; from++; }
}

void copy_string(char *to, char *from)
{
    while((*to++ = *from++)!='\0');
}

void copy_string(char *to, char *from)
{
    while(*to++ = *from++);
}
```

以上五个函数的功能是一样的，可以用下述主函数调用。

```
int main()
{
    char s1[20], s2[20];

    gets(s1);
    copy_string(s2, s1);   /* 将s1复制到s2中 */
    puts(s2);
    return 0;
}
```

例 9-22 编写一个函数 atoi，实现将一个仅包含数字的字符串转换成一个整型量，参数是字符串，返回值是整型量。例如，若参数是字符串"539"，则函数返回值是整型量 539。

```
#include<stdio.h>

int atoi(char *s)                      // 只能转换正整数，不考虑负数
{
    int num=0;

    while(*s)
    {
        num = num*10 + (*s -'0');   // 如s指向'9'，那么 '9'-'0' 的值是数值9
        s++;
    }
    return num;
}
```

```
int main()
{
    char s[20];

    gets(s);                             // 任意输入一个仅包含数字的字符串
    printf("num=%d\n", atoi(s));          // 输出对应的整型量
    return 0;
}
```

9.3.4 二维数组与指针

1．二维数组的地址

若有定义"int a[3][4];"，则数组中的全体元素如图 9-15 所示。

图 9-15　二维数组的构成

在 C 语言中，可以这样来理解上述二维数组：每一行是一个含有 4 个整型元素的一维数组，可将该一维数组看成是一个"大元素"，分别是 a[0]、a[1]和 a[2]，二维数组是由这些"大元素"构成的一维数组，也可以说二维数组是一维数组的数组。二维数组名 a 是指向这些"大元素"的指针。a 指向 a[0]，a+1 指向 a[1]，a+2 指向 a[2]。

以第 0 行为例，a[0]是第 0 行一维数组的数组名，a[0]指向元素 a[0][0]，a[0]+1 指向元素 a[0][1]，以此类推，如图 9-16 所示。

图 9-16　二维数组行指针和元素指针示意

1）行指针和元素指针

a 和 a[i]是两种类型不同的指针。**a 是行指针**，指向"大元素"a[0]，即指向由 a[0][0]、…、a[0][3]四个元素构成的第 0 行。a+1 指向下一个"大元素"（即指向下一行元素）。a+i 是指向第 i 行的行指针。**a[i]是元素指针**，指向第 i 行一维数组起始元素，即指向 a[i][0]，其类型是 int *。通过指针 a[i]可以存取一个具体的元素。在 C 语言编译器的处理中，*(a+i) 等价于 a[i]，而 a+i 是行指针，所以，可以在行指针之前加*得到元素指针。元素指针 a[i]的类型是 int *，那么行指针 a+i 的类型是什么呢？稍后会介绍。

2）二维数组元素 a[i][j]地址的表示

有了上述行指针和元素指针的概念，可以用下述方法表示元素 a[i][j]的地址：&a[i][j]、a[i]+j 和 *(a+i)+j。

3）二维数组元素 a[i][j]的表示方法

上面给出了元素 a[i][j]地址的表示，则通过地址间接访问元素 a[i][j]的方法有 4 种：a[i][j]、*(a[i]+j)、*(*(a+i)+j) 和 (*(a+i))[j]。

第四种表示方法是由第一种方法变化而来，将第一种方法 a[i][j]中的 a[i]改写为*(a+i)，变为*(a+i)[j]，由于下标访问运算符[]的优先级比间接访问运算符*高，则前述表达式等价于*((a+i)[j])，进而等价于*(*(a+i)+j))，这不是我们想要的结果，所以应该将括号加在*(a+i)上，得到(*(a+i))[j]的表示方法。也可以将第四种表示方法看成是由第三种方法变化而来。

例 9-23　以下程序输入二维数组元素的值，输出全部元素之和。

```
#include<stdio.h>

int main()
{
    int a[3][4];

    int sum=0, i, j;
    for(i=0; i<3; i++)
        for(j=0; j<4; j++)
            scanf("%d", a[i]+j);         /* A */
    for(i=0; i<3; i++)
        for(j=0; j<4; j++)
                sum += *(*(a+i)+j);      /* B */
    printf("sum=%d\n", sum);
    return 0;
}
```

在 A 行输入元素 a[i][j]的值。scanf()函数的第二个参数 a[i]+j 表示的是元素 a[i][j]的地址，此处可用二维数组元素 a[i][j]地址表示方法的任意一种。B 行中的 *(*(a+i)+j) 访问元素 a[i][j]，此处可用二维数组元素访问方法的任意一种。

2. 指向一维数组的指针变量（即行指针变量）的类型

前面已经提到，a 和 a[i]是两种不同类型的指针，并且 a[i]的类型是 int * 。而 a 是指向"大元素"的指针，这个"大元素"是一维数组，那么 a 的类型是什么？

定义一个指向一维数组的指针变量的语法格式是：

```
<数据类型> (*指针变量名)[M];
```

其中，<数据类型>是一维数组的类型；M 是数组中的元素个数，必须是一个整型常量。

已知"int a[3][4];"，该数组的每一行均是包含 4 个元素的一维数组，若有定义"int (*p)[4];"，则 p 是一个指向含有 4 个元素的一维数组的指针，可用 p 指向该二维数组的任意一行。因此我们经常也称 p 是一个行指针。p 和 a 的共同点是，它们的类型都是 int (*)[4]。p 和 a 的不同点是，p 是指针变量，而 a 是指针常量。于是赋值"p=a;"表示 p 指向 a[0]，即指向数组的第 0 行，而赋值 p=a+2;表示 p 指向 a 数组的第 2 行。

小结：若已知 p=a，则同样地，通过 p 可以有四种方法访问 a 数组元素 a[i][j]，分别是 p[i][j]、*(p[i]+j)、*(*(p+i)+j)和(*(p+i))[j]。通过 p 可以有三种方法得到 a[i][j]的地址，它们是&p[i][j]、p[i]+j 和 *(p+i)+j。

例 9-24 改写例 9-23，通过行指针变量 p 访问数组 a 的元素。

```c
#include<stdio.h>

int main()
{
    int a[3][4], (*p)[4];
    int sum=0, i, j;

    p=a;
    for(i=0; i<3; i++)
        for(j=0; j<4; j++)
            scanf("%d", p[i]+j);  /* A */
    for(i=0; i<3; i++)
        for(j=0; j<4; j++)
            sum += *(*(p+i)+j);     /* B */
    printf("sum=%d\n", sum);
    return 0;
}
```

同样，在 A 行输入元素 a[i][j]的值。scanf()函数的第二个参数 p[i]+j 表示的是元素 a[i][j] 的地址，此处可以写成 a[i][j]的地址表示方法的任意一种。B 行中的 *(*(p+i)+j) 访问元素 a[i][j]，此处可以写成 p 访问二维数组元素方法的任意一种。

3．二维数组名作函数参数

例 9-25 改写例 9-24，用二维数组名作函数参数，在被调函数中求二维数组元素之和。

```c
#include<stdio.h>

int total(int(*p)[4], int n)         /* A */
{
    int i, j, sum=0;

    for( i=0; i<n; i++)
        for( j=0; j<4; j++)
            sum += *(*(p+i)+j);
    return sum;
}
```

```
int main()
{
    int a[3][4], sum, i, j;

    for(i=0; i<3; i++)
        for(j=0; j<4; j++)
            scanf("%d", a[i]+j);
    sum = total(a, 3);                /* B */
    printf("sum=%d\n", sum);
    return 0;
}
```

注意： B 行 total()函数调用的第一个实参是二维数组名，它是一个行指针，A 行第一个形参 p 是一个行指针变量。函数调用的第二个参数表示二维数组的行数。函数调用时，第一个参数传递时有"int (*p)[4]=a;"，等价于"int (*p)[4]; p=a;"，即在被调函数中 p 是一个局部行指针变量，通过它间接访问主函数中的二维数组 a。为了体会 p 是一个指针变量，还可将例 9-25 的 total()函数做如下改写：

```
int total(int(*p)[4], int n)
{
    int i, j, sum=0;

    for(i=0; i<n; i++, p++)          /* C */
        for(j=0; j<4; j++)
            sum += *(*p+j);          /* D */
    return sum;
}
```

注意： C 行的 p++表示指针变量 p 的值加 1，即 p 的值发生了改变，指向下一行。在 D 行，行指针变量 p 前加*，变成元素指针*p。*p 是当前行一维数组元素的起始地址， *p+j 表示当前行第 j 个元素的地址，于是可以通过该地址依次访问当前行中所有元素。形参 p 是局部指针变量，它的改变不影响对应的实参 a 的值。

小结： 二维数组名作参数时，形参有如下三种写法，三种写法意义一样，均表示 b 是一个局部的指向一维数组的**行指针**变量，主函数将传递一个指针给它。

```
void fun(int b[3][4])              /* 形参亦可写成 int b[ ][4] 或 int (*b)[4] */
{
    …
    *(b[i]+j)                      /* 通过从本行开始的三种指针形式访问数组元素 */
    *(*(b+i)+j)
    (*(b+i))[j]
    b[i][j]                        /* 也可以通过下标形式访问数组元素 */
    b++                            /* b 是一个指针变量，其值可变 */
    …
}
int main()
{
    int  a[3][4], (*p)[4]=a;
```

```
    ...
    fun(a);                         /* 实参可以是数组名 */
    fun(p);                         /* 也可以是行指针变量 */
    ...
}
```

4. 将二维数组看成一维数组访问

（1）通过元素指针访问二维数组元素。

二维数组从逻辑上看是二维的，实际在物理内存中的存储是一维的，存储规则是按行存储，先存储第 0 行，接着存储第 1 行，…，直至将全体元素存完，参见图 7-6。因此，可以将二维数组看成一维数组，通过元素指针依次指向物理一维数组的各个元素，从而访问二维数组的全体元素，如例 9-26 所示。

例 9-26 输出二维数组全体元素的值。

```
#include<stdio.h>

int main()
{
    int a[3][4]={1, 2, 3, 4, 5, 6, 7, 8, 9, 10, 11, 12}, *p;

    for(p=a[0]; p<a[0]+12; p++)                /* A */
    {
        if((p-a[0])%4==0)                      /* B */
            printf("\n");
        printf("%4d", *p);                     /* C */
    }
    printf("\n");
    return 0;
}
```

程序中 p 是整型指针，指向整型量。a[0]也是整型指针，指向一维物理数组的第 0 个元素，A 行 for 语句初始时将指针 a[0]赋给 p，于是 p 指向物理一维数组的第 0 个元素，后续的 p++让 p 依次指向各整型元素，从而通过 C 行的*p 依次访问二维数组的全体元素。二维数组共有 12 个元素，最后一个元素的地址是 a[0]+11。请注意 B 行中 p 和 a[0]两个指针相减的含义，B 行的 if 语句保障每输出 4 个元素后输出一个换行，从而按二维方式输出数组。

程序运行输出：

```
                /*      空行      */
1   2   3   4
5   6   7   8
9  10  11  12
```

例 9-27 改写例 9-26。print()是通用二维数组输出函数。

```
#include<stdio.h>

void print(int *p, int row, int col)       /* A: 通用二维数组输出.
```

```
{
    int i;

    for(i=0; i<row*col; i++, p++)
    {
        if(i%col==0)
                printf("\n");
        printf("%4d", *p);
    }
    printf("\n");
}

int main()
{
    int a[3][4]={1, 2, 3, 4, 5, 6, 7, 8, 9, 10, 11, 12};

    print(a[0], 3, 4);         /* B */
    return 0;
}
```

注意：程序中 B 行通过参数传递将元素指针 a[0]赋给 A 行的形参指针变量 p，参数传递的本质是 int *p=a[0]，即 p 指向物理一维数组的第 0 个元素。print()函数第 2 个和第 3 个参数表示二维数组的行数和列数。

（2）已知一个二维数组为 N 行 M 列，即 a[N][M]，二维数组的物理存储是一维数组，欲知 a[i][j]存放在一维数组的第几个位置，则如图 9-17 所示，图中阴影部分的元素在物理一维数组中存放在 a[i][j]之前。阴影部分共有 i*M+j 个元素。若序号从 0 开始，则 a[i][j]在物理一维数组中的序号是 i*M+j。所以，若已知"int *p=a[0];"，即 p 指向物理一维数组的第 0 个元素，则 p+i*M+j 是 a[i][j]的地址，可以通过该地址间接访问 a[i][j]，即 *(p+i*M+j)访问的是 a[i][j]的值。

图 9-17　元素 a[i][j]存放位置示意

访问数组元素 a[i][j]时，C 语言编译器内部处理成：将二维数组看成一维数组，按公式 p+i*M+j 计算出 a[i][j]在一维数组中的地址，然后存取 a[i][j]。a[i][j]的地址计算公式 p+i*M+j 仅与二维数组的首地址 p、待访问元素的行列下标（i、j）以及二维数组的列数 M 有关，而与行数 N 无关，所以当使用二维数组名作函数参数时，形参的书写形式为 int b[ ][M]

或 int (*b)[M]，即行数 N 是可以缺省的，但列数 M 不可以缺省。

例 9-28 输入二维数组任一元素 a[i][j]的行号 i、列号 j，输出 a[i][j]的值。

```c
#include<stdio.h>

int main()
{
    int a[3][4]={1, 2, 3, 4, 5, 6, 7, 8, 9, 10, 11, 12};
    int *p, i, j;

    p=a[0];
    printf("Please input i & j: ");
    scanf("%d%d", &i, &j);
    printf("a[%d][%d]=%d\n", i, j, *(p+i*4+j));
    return 0;
}
```

此程序运行时，若输入 1 3<Enter>，则输出 a[1][3]=8。

5. 元素指针类型和行指针类型小结

前面学习了一维数组元素指针及二维数组行指针（即指向一维数组的指针），下面以整型类型为例将两种指针的意义以及指针本身的类型做一个小结。

1）int *p;

p 为一般指针，指向一个整型量；若数组元素为整型量，则 p 亦可指向数组元素；若数组是一维整型数组，则 p 可与一维数组名等价。如有"int a[10]; p=a;"，则可用 p[i]访问数组元素。

2）int (*p)[M];

p 是指向含有 M 个元素的一维数组的指针，可与每行含有 M 个元素的二维数组名等价，这时 p 是一个行指针。如有"int a[4][M]; p=a;"，则可用 p[i][j]访问数组元素。M 是整型常量。

表 9-2 中列出若干含有指针的表达式及其数据类型，帮助读者理解指针类型。

表 9-2　含有指针的表达式及其数据类型

表达式	表达式的数据类型	表达式	表达式的数据类型
a	int (*)[M]	&a[i]	int (*)[M]
*a	int *	*(&a[i]+j)	int *
**a	int	*a[i]	int

9.3.5　获得函数处理结果的几种方法

将被调函数的处理结果返回给主调函数，一般有三种方法。

1. 利用 return 语句返回值

例如：

```
int min(int a, int b)
{  return((a<b)?a:b);  }
```

此方法的局限是只能返回一个计算结果。如果函数只有一个返回结果，使用本方法较好。

2. 利用全局变量得到函数调用结果

例如：

```
int max, min;
void fun(int a, int b)          //函数的功能是获取 a 和 b 的较大值和较小值
{
    max=(a>b)?a:b;
    min=(a<b)?a:b;
}
int main()
{
    fun(5, 8);
    printf("max=%d\nmin=%d\n", max, min);          //输出两个结果
    return 0;
}
```

此方法的好处是可以得到多个计算结果，但一般不推荐使用，因为使用全局变量会造成多个函数依赖于同一个全局变量，降低了函数的独立性，不利于程序的移植，也不利于程序的可读性。另外，全局变量也会增加程序的运行空间，因为全局变量存储在静态存储区，程序运行期间始终存在。

3. 利用指针变量作为函数参数来取得函数处理的结果

1）普通变量指针作参数

例如：

```
void fun(int a, int b, int *maxp, int *minp)
{ *maxp=(a>b)?a:b; *minp=(a<b)?a:b; }
int main()
{
    int a, b, max, min;

    scanf("%d%d", &a, &b);
    fun(a, b, &max, &min);
    printf("max=%d\nmin=%d\n", max, min);
    return 0;
}
```

此方法较好，可得到多个结果。函数之间通过参数传递数据是较好的方法，推荐使用。参见例 9-16，在该例中将主函数中变量 max 和 min 的指针传递给被调函数，带回两个结果，与本例原理一样。

2）数组名作参数

数组名作参数时，传递的是数组首地址，在被调函数中可以通过首指针访问数组中的任一元素，本质上与普通变量指针作参数是一样的，参见例 9-16。在被调函数中把数组元素的值重新赋值，其本质就是间接改变主函数中数组元素的值，被调函数结束返回到主函数，被改变的数组元素就是带回的结果。参见例 9-14 和例 9-17。在例 9-14 中，被调函数将数组元素的值逆向存放，即改变了数组元素值，返回主函数后，主函数中实参数组的元素值就是改变后的值。例 9-17 对数组元素排序，在改变数组元素值的意义上与例 9-14 相同。

例 9-14、例 9-16 和例 9-17 都是一维数组名做参数的例子，同样，二维数组名作函数参数，也可以在被调函数中通过数组名间接将主函数中数组元素值改变，从而带回多个结果。

9.4 指 针 数 组

9.4.1 指针数组的定义和使用

1. 基本概念

若数组元素为整型量，称之为整型数组；若数组元素为字符型量，称之为字符数组。那么，若数组元素为指针，称之为指针数组。指针也是有类型的，如果指针数组中每个元素为整型指针，则为整型指针数组。同理，有 float 型指针数组、double 型指针数组、char 型指针数组等。

2. 指针数组的定义

指针数组的定义形式为：

<类型名> *<指针数组名>[<元素个数>]

如 "int *p[10];" 表示定义了一个整型指针数组 p[10]，它的 10 个元素 p[0]、p[1]、p[2]、……、p[9]均为整型指针变量，指针的类型为 int * 型。

例如，有程序片段如下：

```
int a=6, b=8, c=2;
int *p[10];
p[0]=&a;  p[1]=&b;  p[2]=&c;                      /* A */
printf("%d\t%d\t%d\n", *p[0], *p[1], *p[2]);     /* B */
```

该程序输出：

```
6    8    2
```

说明：A 行表示给 p 数组的前三个元素赋值，即将三个地址值赋给数组的前三个元素。B 行中，*p[0]表示间接访问 p[0]指向的值即变量 a 的值，同理可知*p[1]、*p[2]的意义。

同理:

```
float *pf[10];   /* 定义了一个 float 型指针数组,数组含有 10 个 float 型指针变量 */
double *pd[5];   /* 定义了一个 double 型指针数组,数组含有 5 个 double 型指针变量 */
char *pc[20];    /* 定义了一个 char 型指针数组,数组含有 20 个 char 型指针变量 */
```

例 9-29 利用指针数组访问并输出另一个一维数组中各元素的值。

```
#include<stdio.h>

int main()
{
    int i;

    float a[5]={2, 4, 6, 8, 10};
    float *p[5];
    for(i=0; i<5; i++)
        p[i]= a+i;                        /* A */
    for(i=0; i<5; i++)
        printf("%.0f\t", *p[i]);          /* B */
    printf("\n");
    return 0;
}
```

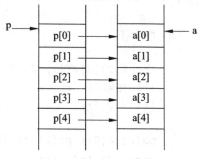

图 9-18　指针数组元素的意义（1）

此例中定义了两个数组:一个是 float 型数组 a[5];另一个是 float * 型数组 p[5]。A 行表示给指针数组元素赋值,让 p[i]指向 a[i]。B 行中的*p[i]间接访问 a[i]。指针数组 p[5]各元素的指向如图 9-18 所示。

运行程序,输出结果为:

```
2   4   6   8   10
```

9.4.2　使用指针数组处理二维数组

例如:

```
int a[3][3], *p[3];
for(int i=0; i<3; i++)
    p[i]=a[i];                            /* A */
```

说明:a[3][3]是二维数组,a[0]、a[1]、a[2]分别是每一行元素的首地址（元素指针）,指针类型是 int *。p[3]是指针数组,它的元素 p[i]是指向整型量的指针,类型是 int *。上述 A 行表示将 a 数组每行元素的首地址赋给指针数组相应元素。指针的指向关系如图 9-19 所示。

图 9-19　指针数组元素的意义（2）

于是，通过指针 p 访问 a 数组元素的方式有以下四种：p[i][j]，*(p[i]+j)，*(*(p+i)+j)，(*(p+i))[j]。

下面的例 9-30 说明通过指针数组访问二维数组元素的使用方法。

例 9-30　利用指针数组访问并输出二维数组全体元素的值。

```c
#include<stdio.h>

int main()
{
    int a[2][3]={{1, 2, 3}, {4, 5, 6}};
    int *pa[2];
    int i , j;

    pa[0]=a[0]; pa[1]=a[1];              /* 给指针数组赋初值 */
    for(i=0; i<2; i++)
    {
        for(j=0; j<3; j++)
            printf("%d\t", *(pa[i]+j)); /* 可以使用四种方式之一访问 a[i][j] */
        printf("\n");
    }
    return 0;
}
```

此程序的输出结果是：

```
1  2  3
4  5  6
```

另外，在 9.3.4 节中已经学过，若已定义二维数组行指针 "int (*p)[4];"，则通过 p 访问二维数组元素的方式也有四种：p[i][j]、*(p[i]+j)、*(*(p+i)+j)和(*(p+i))[j]。表面看起来与现在学习的通过指针数组访问二维数组元素形式一样，请读者思考不同点在哪里。

9.4.3 利用字符指针数组处理字符串

通过前面的学习我们知道，C 语言把字符串常量的值处理成其内存起始地址，现有定义：

```
char *name[ ]={"George", "Mary", "Susan", "Tom", "Davis"};
```

name 是一个指针数组，根据括号中的字符串初值个数可知，name 数组共有 5 个指针，分别指向 5 个字符串常量，其内存指向的逻辑关系如图 9-20 所示。

图 9-20　排序前字符型指针数组元素的指向

例 9-31 按字典序将上述 5 个字符串排成升序，并输出排序后的结果。此程序采用选择法排序，通过交换指针的指向达到排序的目的。

```c
#include<stdio.h>
#include<string.h>

int main()
{
    char *name[ ]={"George", "Mary", "Susan", "Tom", "Davis"};
    char *ptr;
    int i, j, k, n=5;

    for(i=0; i<n-1; i++)
    {
        k=i;
        for(j=i+1; j<n; j++)
            if(strcmp(name[k], name[j])>0)    /* A: 字符串比较 */
                k=j;                          /* 记住最小字符串指针的下标 */
        if(k!=i)
        { ptr=name[i]; name[i]=name[k]; name[k]=ptr; }/* 交换指针数组元素值 */
    }
    for(i=0; i<n; i++)                        /* 输出结果 */
        printf("%s\t", name[i]);
```

228

```
        printf("\n");
        return 0;
}
```

程序中的 A 行，strcmp()函数参数是字符指针，字符指针代表它指向的字符串。排序后，内存各指针的指向关系如图 9-21 所示。

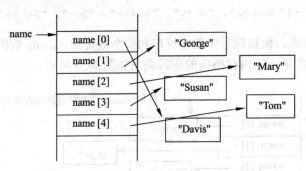

图 9-21　排序后字符型指针数组元素的指向

程序的输出结果是：

```
Davis   George  Mary    Susan   Tom
```

例 9-32　改写例 9-31，学习如何使用指针数组作函数参数。

```
#include<stdio.h>
#include<string.h>

int main()
{
    void sort(char *[ ], int), print(char *[ ], int);   /* 函数原型声明,因为
                                                           函数定义在后 */
    char *name[ ]={"George", "Mary", "Susan", "Tom", "Davis"};

    int n=5;
    sort(name, n);                    /* 调用函数 sort(),注意实参的写法 */
    print(name, n);                   /* 调用函数 print(),注意实参的写法*/
    return 0;
}

void sort(char *name[ ], int n)       /* 函数定义,注意形参的写法 */
{
    char *ptr;
    int i, j, k;

    for(i=0; i<n-1; i++)
    {
```

```
        k=i;
        for(j=i+1; j<n; j++)
            if(strcmp(name[k], name[j])>0)
                k=j;
        if(k!=i)
        { ptr=name[i]; name[i]=name[k]; name[k]=ptr; }
    }
}

void  print(char *name[ ], int n)  /* 函数定义,注意形参的写法 */
{
    int i;

    for(i=0; i<n; i++)
        printf("%s\t", name[i]);
    printf("\n");
}
```

9.4.4 main()函数的参数

到目前为止，main()函数的定义形式如下，函数没有参数。

```
int main()
{  ...  }
```

实际上，main()函数是可以带参数的。带参数的 main()函数的定义形式为：

```
int main(int argc, char *argv[ ])
{  ...  }
```

main()函数的参数的意义是什么呢？可以通过例 9-33 来学习。

例 9-33 了解 main()函数参数的意义。

```
#include<stdio.h>

int main(int argc, char *argv[ ])
{
    int i;

    printf("argc=%d\n", argc);
    printf("Command name=%s\n", argv[0]);
    for(i=1; i<argc; i++)
        printf("%s\n", argv[i]);
    return 0;
}
```

程序的输出结果是：

```
argc=1
Command name=D:\CProg\mysln\Debug\mysln.exe
```

上述源程序文件名是 Li0933.c，假定它存放在 D:\CProg\mysln 文件夹中，属于项目解决方案 mysln.sln，编译连接后产生可执行程序，可执行程序文件名为 mysln.exe，文件的完整存储路径是 D:\CProg\mysln\Debug\mysln.exe。执行程序 mysln.exe，实际上就是操作系统调用这个程序。操作系统在调用该程序时，可以给它的主函数传递必要的参数，以使主函数根据不同参数完成不同的功能。操作系统通过命令行传递参数给主函数。

将命令行传递给主函数，有两种执行该程序的方式。

（1）在 Windows 的命令提示符下执行。

打开 Windows "附件"中的"命令提示符"，在命令提示符窗口中，切换到可执行程序 mysln.exe 所在的文件夹并输入命令行，形式如下：

```
C:\Users\lenovo>d:<Enter>                          //切换到 D 盘
D:\>cd CProg\mysln\Debug<Enter>                    //切换到 debug 文件夹
D:\CProg\mysln\Debug>mysln par1 par2 /p /w<Enter>  //输入命令行
```

其中，带下画线的部分为输入。操作系统将命令行字符串" mysln par1 par2 /p /w "分解成 5 个子串，它们是"D:\CProg\mysln\Debug\mysln.exe"、"par1"、"par2"、"/p"和"/w"。第一个子串比较特别，因为它本身是命令名（即可执行程序名），操作系统自动地加上它所在的路径及其扩展名。这些信息被传递给 main()函数。main()函数参数的意义是：argc 是子串的个数（如上例为 5），参数 argv 是指针数组，其各元素的指向如图 9-22 所示。

图9-22   main()函数 argv 参数各元素的指向

因此，该程序运行后的结果如下：

```
argc=5
Command name=mysln
par1
par2
/p
/w
```

第 2 行的输出省略了可执行程序所在的路径 D:\CProg\mysln\Debug\，原因是当前的工作目录就在该路径下。

（2）在 VS2010 的集成环境中执行。

在集成环境中，选择"项目"→"mysln 属性"→"配置属性/调试"，在"命令参数"中输入"par1　par2　/p　/w"，然后运行程序，输出如下：

```
argc=5
Command name=D:\CProg\mysln\Debug\mysln.exe
par1
par2
/p
/w
```

运行程序之前，可给出不同的命令行参数，在主函数中，就可以根据获得的不同的参数值完成不同的功能。

针对图 9-22，请读者思考如下两个语句的输出结果：

```
printf("%c\n", ++ * ++ * ++ argv);
printf("%c\n", ++ * ++ * argv);
```

关于 main()函数的参数，读者在第 11 章的 11.9 节中还会看到它的使用实例。

9.5　指向指针的指针

在 C 语言中定义一个基本类型变量时，该变量占用若干存储单元，第一个存储单元的地址为该变量的起始地址，可以用一个指针变量存放该起始地址。同样地，当定义一个指针变量时，该指针变量也占用若干存储单元，也有起始地址，同样可以定义一个变量存放它的起始地址。存放指针变量起始地址的变量，称为指向指针的指针变量，其定义格式为：

<类型说明符> ** <指针变量名>；

例如：

```
int x=3, *p1, **p2;
p1 = &x;
p2 = &p1;
```

图 9-23　指向指针的指针的内存的存储情况

假定变量 x 的地址是 1000，变量 p1 的地址是 2000，则内存的存储情况如图 9-23 所示。

这时，可以通过 p1 间接访问 x，即*p1 访问 x。也可以通过 p2 间接访问 x，即**p2 访问 x。*p1 是一级间接访问，**p2 是二级间接访问。同理可实现三级、四级等间接访问，但实际应用中用的不多。

例 9-34　定义一个指向指针的指针，用它指向指针数组。

```
#include<stdio.h>
```

```
int main()
{
    char **p;
    char *s[]={ "up", "down", "left", "right" };
    int i;

    p=s;
    for( i=0; i<4; i++ )
        printf("%s\t", *p++);        /* A */
    printf("\n");
    return 0;
}
```

如图 9-24 所示，指针数组 s 有 4 个元素，分别存放四个字符串常量的起始地址，每个元素都是 char * 类型的指针。指针数组名 s 是指针常量，它指向 s[0]，它的类型是 char *[ ]，本质上就是 char **。变量 p 是指向指针的指针，它的类型是 char **，可将同类型的指针常量 s 的值赋给 p，就是将 s 的值存入 p 的存储空间中，此时可以说 p 指向 s 数组。

程序 A 行中的 *p++ 等价于 *(p++)，进而等价于*(p),p++。初始时 p 指向 s[0]，*p 间接访问 s[0]，于是输出字符串"up"，然后 p 加 1，指向 s[1]，依此循环，程序运行输出：

```
up      down    left    right
```

图 9-24　指向指针的指针变量

实际上，指针数组名都是指向指针的指针，和图 9-24 中的 s 一样，图 9-20 中的 name 和图 9-22 中的 argv 都是指向指针的指针，name 和 argv 的类型都是 char *[ ]（即 char **）。只不过 s 和 name 是指针常量，而图 9-24 中的 p 和图 9-22 中的 argv 是指针变量。再如例 9-29 中，有定义 "float *p[5];"，此时 p 是指向指针的指针常量，其类型是 float **，p 指向的元素 p[0]是 float *类型的指针。

9.6　指针和函数

9.6.1　函数指针

1. 函数指针的定义和说明

一个函数被编译连接后生成一段二进制代码，该段代码的首地址称为函数的入口地址。C 语言将函数名的值处理成函数的入口地址。我们可以定义一种指针变量，专门用于存放函数的入口地址，这种变量称为函数指针变量，简称函数指针。

函数指针变量的定义格式为：

<类型说明符> (*<函数指针变量>) (<参数类型表>);

例如：

int (*fp)(int, int); 定义一个函数指针变量 fp,它指向具有两个整型参数且返回值为整型量的函数。

int max(int, int); 函数 max()的声明语句, max 是函数名。

fp=max ; 将函数 max()的入口地址赋给指针变量 fp, fp 和 max 都指向函数的入口。假定函数 max()的入口地址是 2000,则函数指针的意义如图 9-25 所示。

注意, fp 和 max 的类型是一样的。其区别是, fp 是指针变量, max 是指针常量。

图 9-25 函数指针的意义

说明:

(1)函数指针指向程序代码区,变量指针指向数据区。

(2)在定义 int (*fp)(int, int)中,注意运算符()优先级高于*,所以*fp 两侧括号不能省略。若省略就变成了 int *fp(int, int),其意义是返回指针值的函数,参见 9.6.2 节相关内容。

(3)函数指针不能进行++、--、+、- 等运算,因为在程序的一次执行过程中,程序代码被装入内存,函数代码区的起始地址不会变动。

2. 函数指针的使用

(1)用函数指针调用函数。

函数可以通过函数名调用,也可通过函数指针调用。如已知 "fp=max;",则对函数 max 的调用方式可以是:

```
max(实参表);      /* 通过函数名调用,建议使用 */
(*max)(实参表);    /* 通过函数名调用 */
fp(实参表);       /* 通过函数指针调用,建议使用 */
(*fp)(实参表);     /* 通过函数指针调用 */
```

例 9-35 通过函数指针变量调用函数。

```c
#include<stdio.h>

int main()
{
    int max(int, int), min(int, int);   /* 函数原型声明 */
    int (*fp)(int, int);                 /* 定义函数指针 fp */
    int a, b, c, d;

    scanf("%d%d", &a, &b);
    fp=max;                              /* fp 指向 max() 函数 */
    c=fp(a, b);                          /* 通过 fp 调用 max() 函数 */
    fp=min;                              /* fp 指向 min() 函数 */
    d=(*fp)(a, b);                       /* 通过 fp 调用 min()函数 */
    printf("max=%d\tmin=%d\n", c, d);
    return 0;
}
```

234

```
int max(int x, int y)    /* 函数定义 */
{ return(x>y?x:y); }

int min(int x, int y)    /* 函数定义 */
{ return(x<y?x:y); }
```

通过本例可以看出，fp 是函数指针变量，其值可以被改变，它可以指向 max()函数也可以指向 min()函数。而 max 和 min 是函数指针常量，它们只能固定地指向定义函数时对应的函数。

（2）函数指针作为函数参数，实现两个或多个函数之间的调用控制。

例 9-36 函数名作参数，通过一个公用接口调用三个函数。

```
#include<stdio.h>

int main()
{
    int max(int, int), min(int, int), sum(int, int);    /* 函数原型声明 */
    int process(int, int, int (*)(int, int));           /* A: 函数原型声明 */
    int a, b;

    printf("Enter a and b:");
    scanf("%d%d", &a, &b);
    printf("max=%d\t", process(a, b, max));             /* B */
    printf("min=%d\t", process(a, b, min));             /* C */
    printf("sum=%d\n", process(a, b, sum));             /* D */
    return 0;
}

int process(int x, int y, int (*fun)(int, int))        /* 函数定义 */
{
    return fun(x, y);                                   /* E */
}

int max(int x, int y)                                  /* 函数定义 */
{ return( x>y ? x :y ); }

int min(int x, int y)                                  /* 函数定义 */
{ return( x<y ? x :y ); }

int sum(int x, int y)                                  /* 函数定义 */
{ return( x + y ); }
```

程序运行时输入：

```
3  8<Enter>
```

输出：

```
max=8   min=3   sum=11
```

程序中 A 行 process()函数的原型声明中的第三个参数为 int (*)(int, int)，表示它是一个指向具有两个整型量参数、返回值为整型量的函数指针，max()、min()和 sum()均为这样的函数。在程序的 B、C、D 三行，三次调用 process()函数，第三个实参分别传递了三个不同的函数入口地址。process 函数内部的 E 行，利用函数指针 fun 调用函数，虽然调用格式上是一样的，但实际上调用了三个不同的函数。可见，函数指针增加了函数调用的灵活性，一般用于编写通用函数，例 9-37 进一步说明此问题。

例 9-37 编写一个通用的梯形积分函数，求下列三个函数定积分的近似值。

$$\int_0^1 (\sin(x)+1)\mathrm{d}x \qquad \int_0^2 (1+x+x^2+x^3)\mathrm{d}x \qquad \int_1^{2.5} \frac{x}{1+x^2}\mathrm{d}x$$

函数 f(x)在区间[a, b]上的梯形积分的意义如图 9-26 所示，区间上的函数积分值近似等于全部小区间的梯形面积之和。

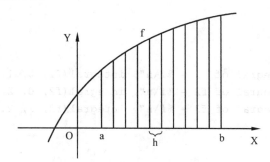

图 9-26　梯形法求定积分示意图

由图示推导出的梯形法求定积分的通用公式为：

$$s = h\left(\frac{f(a)+f(b)}{2} + \sum_{i=1}^{n-1} f(a+i\times h)\right), \quad h = \left|\frac{a-b}{n}\right|$$

其中，a 和 b 是积分区间的下限和上限，n 为积分的分隔数，h 为积分的步长，f(x)为被积函数。通用的积分函数 integral()需要四个参数，它们是函数指针 f、a、b 和 n。程序如下：

```c
#include<stdio.h>
#include<math.h>

double f1(double x)
{
    return(sin(x)+1);
}

double f2(double x)
{
    return(1 + x + x*x + x*x*x);
```

```
}

double f3(double x)
{
    return x/(1+x*x);
}

double integral(double(*f)(double), double a, double b, int n)/* 通用的求
                                                               积分函数 */
{
    double s, h;
    int i;

    h=(b-a)/n;
    s=(f(a)+f(b))/2;
    for(i=1; i<n; i++) s+=f(a+i*h);
    return(s*h);
}

int main()
{
    printf("integral of f1 = %f\n", integral(f1, 0, 1, 3000));
    printf("integral of f2 = %f\n", integral(f2, 0, 2, 1000));
    printf("integral of f3 = %f\n", integral(f3, 1, 2.5, 2000));
    return 0;
}
```

程序运行结果如下：

```
integral of f1 = 1.459698
integral of f2 = 10.666672
integral of f3 = 0.643927
```

从本例可以体会到，使用函数指针编写通用的处理函数 integral()，可以使源程序代码简化。不然就要编写三个不同的求积分的函数。

9.6.2 返回指针的函数（指针函数）

函数的返回值类型可以是基本类型量如整型、实型、字符型，学习了指针以后，我们知道指针类型也是一种数据类型，那么函数的返回值也可以是指针。定义返回指针的函数格式如下：

<类型说明符> * <函数名>([<参数表>]) { <函数体> }

例如，定义一个返回值为整型指针的函数，格式如下：

```
int *func(…)
{…}
```

函数名之前的部分为返回值类型，本例返回值类型是 int *。以此类推，可以定义出返回 float *、char * 类型的函数。注意，如果写成如下形式：

```
int (*func)(…);
```

则表示定义了一个函数指针变量 func，它是一个指向返回整型值函数的指针变量，参见 9.6.1 节相关内容。

例 9-38　函数 char *find(char *str, char ch)在一个字符串 str 中找出字符 ch 第一次出现时的地址，并返回该地址值。

```
#include<stdio.h>

char *find(char *str, char ch)  /* 返回值类型为 char * */
{
    while(*str!='\0')
    {
        if(*str==ch) return(str);
        str++;
    }
    return(NULL);  /* 若找不到,返回空指针 */
}

int main()
{
    char  s[ ]="warrior";
    char  *p;

    p=find(s, 'r');
    if(p) printf("%s\n", p);  /* 输出 rrior */
    p=find(s, 'b');
    if(p) printf("%s\n", p);  /* 无输出 */
    return 0;
}
```

在函数 find()中，初始时 str 是字符串的首地址，通过 str 扫描字符串（即 str 依次指向字符串中的各个字符，*str 访问 str 指向的当前字符），如果它指向的字符是待查找字符，则返回该字符指针；否则指针加 1，指向下一字符。如果字符串中没有出现字符 ch，则返回空指针 NULL，其值为 0。注意主函数中的输出语句 "printf("%s\n", p);"，前面讲过，一个字符串的本质是从起始地址开始到 '\0' 结束，如果输出一个字符指针，就是将该指针看成字符串的首地址，然后输出它所指向的字符串。

9.7　指针小结

学习指针首先必须理解指针的意义，另外对指针的各种定义形式也要熟记。下面以整型量为例，将前面学过的各种指针的定义形式和意义做一个简单的小结。其他类型的指针在概念上可以类推。

1. int *p;

p 是一个指针变量，其类型是 int *，用于指向整型量。所指向的整型量可以是一个简单的整型量，也可以是一维整型数组或二维整型数组中的一个元素，因为整型数组的每一个元素都是一个简单的整型量。int *类型的指针与一维整型数组名在数据类型上等价，即一维整型数组名是指针，其类型也是 int *。

例如：

```
int  i, a[10], b[3][4], *p;
p=&i;            /* p 指向简单整型变量 */
p=&a[3];         /* p 指向一维整型数组中的一个元素 */
p=&b[2][3];      /* p 指向二维整型数组中的一个元素 */
p=a;             /* p 指向 a[o] */
p++;             /* 正确 */
a++;             /* 错误 */
++ *p            /* 将 p 指向的变量值加 1 */
*p++             /* 首先获取 p 指向的量，然后指针 p 本身的值加 1 */
```

2. int (*p)[M];

p 是一个指针变量，其类型是 int (*)[M]，p 指向一维数组，该一维数组包含 M 个元素。可用 p 指向每行含有 M 个元素的二维数组的一行，也可以说它是二维数组的行指针，p 与二维数组名在数据类型上等价。若有定义“int a[N][M];”，则 p 和 a 的类型都是 int (*)[M]。

例如：

```
int  a[3][4], (*p)[4];
p=a; /* p 指向 a[0],a[0] 是一个含有 4 个元素的一维数组 */
p++; /* 结果 p 指向 a 数组的下一行元素,即指向 a[1]。a[1] 是一个"虚"的地址表示 */
```

3. int * p[M];

p 是指针数组的数组名，该数组的 M 个元素 p[0]、p[1]、……、p[M−1]均为整型指针。p 的指针类型是 int *[]。注意 M 是一个整型常量。

4. int **p;

p 是指向整型指针的指针，其类型是 int **，与整型指针数组名的类型 int *[]等价。参见例 9-34 的说明。

例如：

```
int *a[10], **p;
p=a;
p++; /* p 指向 a 数组的下一个元素,即指向 a[1]。a[1] 是具有存储空间的一个指针 */
```

5. int (*p)(int, int);

p 是一个函数指针，其类型是 int (*)(int, int)，可指向参数是两个整型量，并且返回值是整型量的函数。从语法上看，本节第 2、第 3 点中定义的与数组相关的指针时，使用的均是方括号，只有在定义指向函数的指针时使用的是圆括号。

6. int *f( ){…};

这不是一种新的指针类型，而是一个函数定义，f 是函数名，函数的返回值类型是 int *，即返回一个整型指针。与前 5 个定义不同，前 5 个定义用于定义不同类型的指针变量，而本函数定义只是说明函数的返回值类型是指针类型。可以类推，函数定义"int **f( ){…}"表示函数的返回值类型为指向整型指针的指针，即 int **。

7. void 类型的指针

此类型的指针比较特殊，在用法上要注意如下两点。

（1）任何类型的指针都可以直接赋值给它，无须进行强制类型转换。例如：

```
void *p1;
int *p2;
p1 = p2;
```

在 C 语言中，void 类型指针也可以直接赋给其他类型的指针，但最好进行强制类型转换。

（2）按照 ANSI C 的标准，不能对 void 指针进行算术操作，即下列操作都是非法的：

```
void *p;
p++;
p+=1;
```

因为进行算术操作的指针必须是确定类型的。本章开始已介绍，指针加 1 运算，指针的值实际增加的是其基类型量的长度，如 int 型指针加 1，实际指针地址值加 4。而 void 类型的指针没有基类型，所以无法完成加 1 操作。

8. NULL 指针

NULL 指针是另外一个容易混淆的地方。C 语言预先将 NULL 定义为 0（一般在 stdio.h 头文件中有语句#define NULL 0），通常用来初始化一个指针变量。例如：

```
int m=0;        /* 用整型常量 0 初始化整形变量 m */
int *p=NULL;    /* 用符号常量 NULL 初始化指针变量 p */
```

C 语言规定，指针变量的值若为零，表示空指针，它不指向任何变量。尽管 NULL 的值与 0 相同，但是两者意义不同。一般用 NULL 表示空指针，而 0 是整型常量。假设指针变量名为 p，为了强调 p 是指针变量，判断它是否为空指针一般用下述语句：

```
if(p==NULL) /* p 与 NULL 显式比较 */
if(p!=NULL)
```

而不要写成如下两种形式，它们都影响程序的可读性：

```
if(p==0)
if(p!=0)
```

或者

```
if(p)
if(!p)
```

9. 野指针

没有明确指向的指针称为**野指针**。野指针不是 NULL 指针，是指向"垃圾"内存的指针。野指针的产生的原因主要有两种。

（1）指针变量没有被初始化。任何动态指针变量刚被创建时不会自动被置为 NULL，它的默认初值是随机的，胡乱指向一个内存空间。例如若在函数内部定义一个局部动态指针"int *p;"，则 p 的初值不确定、指向不明确，p 是一个野指针。所以，指针变量在创建的同时应当初始化，将指针初值设置为 NULL，或者让它指向一个合法的内存。下面是指针正确的初始化方法：

```
char *p = NULL;
char c, *str = &c;
```

（2）指针 p 被 free，没有置为 NULL，让人误以为 p 是个合法的指针。例如：

```
char *str = (char *) malloc(100);   /* A */
free(str);                          /* B */
printf("%x", str);  /* 输出 str 的地址,仍然是刚才空间的首地址 */
```

系统库函数 malloc 和 free 将在第 10 章中介绍。A 行 malloc 向操作系统动态申请了 100 字节的存储空间并将该空间的起始地址赋值给指针 str。B 行 free 函数将 str 指向的空间释放，即将空间"还"给了操作系统。此时虽然 str 有一个明确的值，但它指向的空间对程序来说不存在，它就是一个野指针，有些书上称之为悬空的指针。此时若想用%s 输出 str 指向的字符串就会出现问题，因为 str 指向的空间对程序来说不存在。

人们一般不会错用 NULL 指针，因为用 if 语句很容易判断。但是野指针是很危险的，if 语句对它不起作用，即 if 语句无法判断指针是否指向合法空间。

习 题 9

本章习题要求用指针的方法处理，如通过指针访问数组元素、将数组或变量的起始地址传递到被调函数；并且要求一般在主函数中输入输出数据，在被调函数中完成处理工作，返回到主函数中输出结果。

1．在主函数中输入任意三个整数，存入变量 a、b、c 中，调用函数 swap(int *, int *, int *) 实现将三个变量值进行交换（要求函数的参数为三个变量 a、b、c 的地址），目标是将三个变量从小到大排序，即变量 a 中的值是初始三个值中的最小者，变量 c 中的值是初始三个值中的最大者，变量 b 是中间值，最后输出 a、b、c 三个变量的值。

2．在主函数中输入一个字符串到字符数组 str 中，调用函数统计字符串中的字母（含大小写）、数字、空格以及其他字符分别出现的次数，在主函数中输出统计结果。要求用指针作参数带回四个统计结果。

3．在主函数中首先输入一个整数到变量 n 中，作为数组元素个数，然后输入 n 个整数到数组中，调用函数 exchange()，完成将数组中的最小值与第 0 个元素对调，将数组中的最大值与最后一个元素对调，在主函数中调用函数 output()输出调换前和调换后的数组。要求被调函数 exchange()和 output ()的参数均为数组名和数组元素的个数。

4. 在主函数中输入 10 个整数到一维数组中，调用函数 move()完成将数组元素循环移动 k 位（要求函数参数为数组名、数组元素个数和循环移动的位数 k）。当 k>0 时，实现循环右移；当 k<0 时，实现循环左移。循环右移一位的意义是：将数组全体元素向右移动一个元素的位置，原数组最后一个元素移动到数组最前面，即第 0 个元素位置。

提示：可将循环左移转换成等价的循环右移。调用函数 output()输出移动前和移动后的全体数组元素，output()函数与第 3 题一样。

5. 在主函数中输入一个字符串存入字符数组 str1，调用函数将 str1 中的下标为奇数的字符取出，构成一个新的字符串存入字符数组 str2（要求被调函数参数为 str1 和 str2），在主函数中输出结果字符串 str2。

6. 在主函数中输入一个字符串 main_str，调用函数将 main_str 中最长的单词取出存入字符串 sub_str（要求被调函数参数为 main_str 和 sub_str），在主函数中输出结果字符串 sub_str。假定字符串 main_str 中的单词以一个或多个空格隔开。例如，若输入字符串"She is a nice girl."，则结果输出字符串"girl."。要求：若有多个长度相同的最长单词，则取第一个。

7. 二维数组的鞍点是指其中的某个元素，该元素在它所在的行中值最大，在它所在的列中值最小。在主函数中定义并初始化一个 4×5 的二维数组，调用函数 find_saddle_point() 求出该二维数组的鞍点所在的行、列下标。要求被调函数的第一个参数为二维数组名、第二个、第三个参数分别是鞍点行、列下标变量的指针，即通过指针带回结果。在主函数中定义用于存放鞍点的行、列下标值的两个变量，被调函数结束后，输出鞍点值及其所在的行、列下标值。

8. 编写一个函数 palin()，用来判断一个字符串是否是正向拼写与反向拼写都一样的"回文"（palindrome），如 MADAM 是一个回文。若放宽要求，即忽略大小写字母的区别、忽略空格及标点符号等，则如"Madam, I'm Adam"之类的短语也可视为回文。编程要求：①在主函数中输入字符串。②将字符串首指针作为函数参数传递到函数 palin()中。当字符串是回文时，要求函数 palin()返回"真"值，否则返回"假"值。③若是回文，在主函数中输出 Yes，否则输出 No。

提示：算法之一是在函数 palin()中定义两个指针变量 head 和 tail，分别指向字符串的第一个字符和最后一个字符，做循环，判断它们指向的字符相等后，首指针 head 向后移动一个字符位置，尾指针 tail 向前移动一个字符位置，遇空格或标点符号等则跳过，直到能得出结论。

9. 编写函数 my_strcmp(s1, s2)，实现两个字符串 s1、s2 的比较，即自己编写函数完成与系统库函数 strcmp 相同的功能。如果 s1 与 s2 相同，函数返回值为 0；如果 s1 比 s2 大，函数返回值为 1；如果 s1 比 s2 小，函数返回值为 0。要求在主函数中输入两个字符串 s1、s2，调用 my_strcmp()函数，根据返回结果输出表示 s1 与 s2 大小关系的信息：s1=s2、s1>s2、s1<s2。

10. 任意输入三个字符串，按从小到大的顺序输出。编程要求：①在主函数中定义三个字符数组 str1[ ]、str2[ ]、str3[ ]，输入的三个字符串分别存入这三个字符数组。②将 str1、str2、str3 三个字符数组的首指针传递给被调函数。③在被调函数 swap(char *,

char *, char *)中做字符串变量值的交换，结果变量 str1 中是初始三个字符串中的最小者，变量 str3 中是初始三个字符串中的最大者，变量 str2 中是中间值。④返回主函数后，输出 str1、str2、str3 三个字符串的值。

11．在主函数中定义一个含有 12 个指针的指针数组，令它的数组元素分别指向 12 个由月份组成的字符串常量，如第 0 个元素指向"January"。循环输入月份值，按月份值与指针数组下标的对应关系找到对应的月份字符串输出。例如输入 1，则输出 January；再如输入 8，则输出 August。当输入一个非法月份时，程序停止执行。

12．输入一个字符串存入字符数组 s，串内有数字字符和非数字字符。例如：

```
abc2345  345rrf678  jfkld945
```

编程将其中连续的数字作为一个整数提取出来，依次存放到另一个整型数组 b 中，如对于上面的输入，将 2345 存放到 b[0]、345 放入 b[1]、678 放入 b[2]、945 放入 b[3]；同时统计出字符串中的整数个数，本例为 4；最后输出得到的结果。要求：

（1）在主函数中完成输入输出工作。

（2）定义一个函数 selectnum，完成从字符串中提取整数的工作，并将提取的整数个数作为返回值。要求其参数是：①字符指针，指向上述字符数组 s；②整型指针，指向上述整型数组 b，该整型数组用于存放从字符串中提取出的多个整数。将一个数字字符串转换为整型量的算法参见例 9-22。

13．n 个人围成一圈，每个人顺序编号为 1、2、3、……、n。编号存入一维数组 a 中，即初始时 a[0]、a[1]、a[2]、……、a[n–1]的值分别是 1、2、3、……、n。从第 1 个人开始报数，凡报到 m 的人退出圈子，问最后留下的人是第几号。要求在主函数输入 n 和 m 的值，将数组 a 以及 n、m 作为参数传递给函数 count()，在该函数中依次输出退出圈子的人的编号，最后输出的数字就是最后一人的编号。要求用数组及指针实现。

算法提示：将数组看成循环数组，初始时指针指向第 0 个元素，指针从当前位置向右移动 m–1 次（即移动到报数为 m 的人），即找到本次应退出的人的编号，输出该编号，然后将该元素从数组中删除，同时数组总元素个数减 1。在指针移动过程中，当指针移动到数组最后一个元素时，若再向后移动，则应反绕到数组首元素。若当前退出的人是数组的最右侧元素，则应把当前指针反绕到数组首元素。重复上述过程直到队列中的人数为 0。

注：请读者将本题与习题 10 中的第 6 题比较，哪里使用的是链表存储结构。

第 10 章 链表及其算法

10.1 存储空间的动态分配和释放

读者经常想根据问题的实际规模来定义数组的大小，例如语句：

```
int n;
scanf("%d", &n);
int a[n];
```

这是不允许的，因为 C 语言编译器在编译时必须确定数组空间的大小，但此段程序在运行时，才能输入变量 n 的值，即在编译时是不知道 n 大小的，因此在编译时无法确定数组空间的大小。另外，在 C 语言中，变量的定义语句必须放在可执行语句之前。上例中，"int a[n];"是变量定义语句，而 "scanf("%d", &n);" 是可执行语句，即变量定义语句放在可执行语句之后，因此是非法的。

那么，能否根据问题的实际规模来确定需要使用的存储空间的大小呢？回答是肯定的。学习了本章介绍的变量空间的动态分配和释放技术后，就可以解决这个问题。

在本章之前，变量存储空间的分配和释放是由系统自动完成的，不需要编程者干预。对于静态变量，编译时确定其空间，在程序开始运行时分配其空间，程序结束时释放空间。对于动态变量，程序在运行过程中由系统动态分配、撤销其空间。例如对于函数内部的局部动态变量，进入函数时，系统自动分配空间，执行结束离开函数时，系统释放其空间。程序中，变量可以通过变量名来访问，称为变量的直接访问；也可以通过指针来访问，称为变量的间接访问。

本章介绍一种在程序运行过程中动态申请和释放变量存储空间的方法，申请多少空间由编程者根据具体问题的需要而定。对于动态申请的空间中的值，只能通过指针间接访问。动态申请的存储空间在程序结束前的适当时刻，必须由编程者安排释放其空间。

内存空间是由操作系统管理的。程序中如果需要动态存储空间，就是向操作系统申请存储空间，程序使用完毕应该把这些空间"还给"操作系统，这就是存储空间的释放。

下面介绍几个动态存储空间的分配（申请）和释放函数，与这些函数有关的头文件有 malloc.h 和 stdlib.h，使用时具体包含哪一个头文件请参照附录 B 中的常用库函数说明。其中 malloc 和 calloc 函数用于动态空间分配（即向操作系统"申请"空间），free 函数用于释放已使用完毕的空间（即将空间"还给"操作系统）。

1. malloc 函数

函数原型：

```
void * malloc(unsigned int size);
```

函数功能：申请 size 字节空间，并返回该空间起始地址，起始地址为 void * 类型。若 malloc 执行成功，则返回所分配存储空间的起始地址；反之，返回空指针 NULL。

例如：

```
int *p1, *p2, *p3;
p1 = (int *) malloc(4);                  /* A */
p2 = (int *) malloc( sizeof(int) );      /* B */
p3 = (int *) malloc( n * sizeof(int) );  /* C */
```

A 行的 malloc(4)申请 4 字节的存储空间，并返回该空间起始地址，该地址为 void * 类型。在赋值之前，通过类型强制转换将该指针转换成 int * 类型，赋值给指针 p1。B 行完成的功能与 A 行相同，其意义在于它是一个可移植性强的语句。因为在不同的 C 语言开发环境中，int 型量的长度不一定相同。如在 VS2010 中 int 型量占 4 字节，在其他的开发环境中未必占 4 字节，如在 Turbo C2.0 中，int 型量占 2 字节，sizeof(int)可依据环境自动计算 int 型量所占用的存储字节数。C 行的意义是申请 n 个 int 型量的空间，实际上就是申请具有 n 个 int 型元素的一维数组空间。

2．calloc 函数

函数原型：

```
void * calloc(unsigned n, unsigned size);
```

函数功能：申请 n 个长度为 size 字节的空间，即总空间为 n×size 字节，返回该空间起始地址，地址为 void * 类型。若 calloc 执行成功，则返回所分配存储空间的起始地址；反之，返回空指针 NULL。

例如：

```
int *p;
p = (int *) calloc( n , sizeof(int) );
```

与 "p = (int *) malloc(n * sizeof(int));" 的实际执行效果是一样的，但从程序的可读性角度来看，calloc 更加强调分配的是 "n 个" 元素，即强调一维数组空间的概念。

3．free 函数

函数原型：

```
void free(void *p);
```

函数功能：释放 p 所指向的存储空间。

例如，函数调用 free(p) 可以释放前面例子中已申请的空间。

动态空间的使用一般分成三个阶段：申请、使用、释放。例 10-1 对此予以说明。

例 10-1　使用动态数组空间。

```
#include<stdio.h>
#include<malloc.h>
```

```
int main()
{
    int n, *p, i;

    printf("Please input the number of elements: ");
    scanf("%d", &n);              /* 动态输入数组元素个数 */
    p = (int *) malloc( n * sizeof(int) );      /* 申请数组空间 */
    printf("Please input the value of %d elements: ", n);
    for(i=0; i<n; i++)            /* 使用数组空间 */
        scanf("%d", &p[i]);       /* 可改写为 scanf("%f", p+i); */
    for(i=0; i<n; i++)
        printf("%d\t", p[i]);     /* 可改写为 printf("%d\t", *(p+i)); */
    printf("\n");
    free(p) ;                     /* 释放数组空间 */
    return 0;
}
```

注意：使用 malloc 和 calloc 函数动态申请空间，不保证每次都成功，也就是说不一定每次都能申请到。所以，一般编写正规程序时，为保证程序执行正确，每次申请空间后，都要测试是否成功。若成功，返回申请到的空间的首指针；若失败，则返回空指针 NULL。此时可以做相关处理，或终止程序执行，或进行出错处理。一般地，动态分配、释放空间的编程流程如下：

```
float *p;
p = (float *) calloc( n, sizeof(float) );
if( p == NULL )  /* 检测空间分配是否成功 */
{
    printf("Storage allocation is fail. Execution stops.\n");
    exit(1);       /* 终止程序的执行，exit 函数原型在 stdlib.h 中 */
}
...                /* 使用动态存储空间 */
free(p);
```

10.2 结构体及指针

1. 结构体类型变量指针

第 8 章已介绍了结构体类型，下面定义一个结构体类型用于描述学生：

```
/* 下面类型的定义放在头文件 studtype.h 中 */
struct student
{
    int    num;          /* 学号 */
    char   name[20];     /* 姓名 */
```

```
    int    age;              /* 年龄 */
    char   sex;              /* 性别 */
    int    score;            /* 成绩 */
};
```

该结构体类型含有 5 个数据成员，struct student 是结构体类型标识符，即结构体类型名。类型定义完毕，就可以定义该类型的结构体变量，如"struct student stud1, stud2;"定义了两个结构体变量 stud1 和 stud2。

第 9 章已介绍，可定义指针用于指向 C 语言基本数据类型的量。结构体类型是导出的数据类型，即编程者使用已有的数据类型而构建的新的数据类型，对于结构体类型的变量，同样也可以定义指针指向它。指针定义格式为：

<结构体类型标识符> * <结构体变量名>;

如：

```
struct student *p1, *p2;
```

如果想让指针 p1 和 p2 分别指向变量 stud1 和 stud2，则应该做赋值"p1=&stud1; p2=&stud2;"，此时 *p1 与 stud1 等价（即*p1 间接访问 stud1），同理*p2 与 stud2 等价。可与基本数据类型变量指针的定义和赋值做类比，若有"int x, *p; p = &x;"，则 *p 与 x 等价，即*p 间接访问 x。

欲访问结构体变量的成员，可以通过成员访问运算符 . 或指针访问运算符 –> 进行，共有三种方法。如图 10-1 所示，方法一通过成员访问运算符访问，格式为："<结构体变量名>.<成员名>"。由于 p1 指向 stud1，则*p1 间接访问 stud1，于是将方法一中的 stud1 改写为*p1，得到方法二，注意由于间接访问运算符*的优先级比成员访问运算符 . 的优先级低，所以需要在 *p1 左右加括号。方法三形象地表达了指针指向的访问关系，即通过指针 p1 访问它所指向的变量 stud1 的成员。这三种方法等价。

图 10-1　结构体变量成员的三种访问方法

2. 指向结构体数组元素的指针

如果定义结构体数组，那么与整型数组类比，可以定义一个指针，让它指向结构体数组元素，有关结构体指针的使用，见程序例 10-2。

例 10-2　定义并初始化结构体数组，该数组存储一个班全体学生的信息；定义一个指针指向结构体数组元素，输出全体学生的信息。

```
#include<stdio.h>
#include "studtype.h"                /* 见前面的定义 */

int main()
{
    int i;
    struct student *p;              /* 定义结构体指针 */
    struct student studs[3]=        /* 定义结构体数组并初始化 */
    {   {10101, "Li Nin",   18, 'M', 88},
        {10102, "Zhang Fun",19, 'M', 99},
        {10104, "Wang Min", 18, 'M', 70},
    };

    p = studs;                      /* A */
    for(i=0; i<3; i++, p++)         /* B */
        printf("%d,%10s,%3d,%c,%3d\n",
        p->num, p->name, p->age, p->sex,
        p->score);
    return 0;
}
```

结构体数组及其指针的含义如图 10-2 所示。程序中 A 行的功能是令 p 指向结构体数组第 0 个元素；B 行 p++ 的含义是令 p 指向下一结构体元素。

运行程序输出如下：

```
10101,    Li Nin, 18,M, 88
10102, Zhang Fun, 19,M, 99
10104,  Wang Min, 18,M, 70
```

图 10-2 结构体数组及其指针的含义

10.3 链表及算法

10.3.1 链表概念的引入

针对一些实际问题，如处理一个班学生的信息，需要使用结构体数组，用于表示每个班全体学生的信息。由于每个班的学生人数不同，如每班人数可能是 20、30、45、50，编写程序时，所定义的结构体数组元素个数需要足够大，如 50 个元素，才能使程序通用。这样虽然解决了程序通用性问题，但带来的副作用是处理人数较少的小班时造成空间浪费，如用 50 个元素的数组处理 20 个人的小班，30 个元素空间是浪费的。这个问题可通过动态申请数组空间的办法解决，即在编程时根据每班实际人数动态申请数组空间，这样就解决了空间浪费的问题。但是由于数组全体元素占用连续存储空间，而且一个结构体数组元素的本身的空间有时比较大，则结构体数组整体的空间更大，动态空间申请时，有时未必能够申请到足够大的连续存储空间，这时 C 语言提供的解决办法是使用链表结构，链表结构对大片连续存储空间的要求降低，能充分使用内存"碎片"。链表结构犹如现实生活中的链子，链子由若干环节组成，每个环节称为一个节点或结点。在 C 语言中链表环节通过结构体实现，每个结点为一个结构体变量。例如若要以上述学生结构体为结点建立链表，在每个结点中存放一个学生的信息，结点内部成员的存储空间是连续的，但一个结点与另一个结点所占用的内存空间不一定连续。为了保障结点之间逻辑上的连续性，或者说从前一个结点可以按顺序"找到"下一个结点，可通过指针建立结点之间的关联，即对每个结构体结点增加一个指向下一结点的指针，如对学生结构体类型做如下改动（注意画线部分）：

```
struct student
{
    int    num;              /* 学号 */
    char   name[20];         /* 姓名 */
    int    age;              /* 年龄 */
    char   sex;              /* 性别 */
    int    score;            /* 成绩 */
    struct student *next;    /* 指向下一结点的指针 */
};
```

链表有多种类型，如单向链表（简称单链表）、双向链表、单向循环链表和双向循环链表等。本书只讨论单链表结构。单链表又分为不带头结点的单链表和带头结点的单链表，如图 10-3 所示。

（a）不带头结点的单链表

（b）带头结点的单链表

图 10-3　不带头结点和带头结点的单链表示意图

在链表结构中，有一个指针 head 指向链表首结点（即物理存储的第一个结点），称为首指针。每一个结点中有一个指向下一结点的指针，最后一个结点的下一结点指针值为 NULL，即空指针，表示链表到此结束。

如果链表中第一个结点就存放了数据元素的信息,这样的链表就是不带头结点的单链表。如果链表中增加一个"头结点",头结点不包含数据元素的信息,这样的链表就是带头结点的单链表。带头结点的单链表的头结点可以用来表示特定的信息,例如表示链表中的总的结点个数等。头结点的加入可以使单链表的操作变得简单(即让编程简单),在10.3.3节中会做相应介绍。带头结点的链表在循环链表和双向链表的实现中意义更大,这超出了本书范围,有兴趣的读者可以进一步学习数据结构课程的有关内容。

　　数组结构和链表结构各有利弊。对于某些问题的算法,使用链表结构,较之使用数组结构更有优势,以例10-2来说明,本例使用的是数组结构,学生信息是按学号顺序排列的,结点物理存储是顺序的,现在欲添加一个学生数据,要求添加数据后的数组仍然按学号顺序排列,若这个学生的学号正好是已有学号的中间值,那么就要在数组中插入元素,将数组后半部分的元素依次向后挪动,这是费时费力的。同样的问题,若使用链表结构就不需要挪动数据,直接将待插入的结点通过指针链接入链表即可。当然,使用链表结构也有一些不足之处,如耗费多余的指针空间以构成链表;另外,有些问题若使用链表结构,则不易于写算法。在解决实际问题时,要靠长期编程积累起来的经验来决定使用哪一种数据结构较为有利。

　　下面依次介绍图 10-3(a)和图 10-3(b)所示的不带头结点和带头结点的两种链表的常用算法。

10.3.2　不带头结点的链表的常用算法

　　对链表的常规操作有:创建无序/有序链表、遍历链表、查找结点、插入结点、删除结点、释放链表空间等。不失一般性,在后续程序中,使用以下的通用结点结构,该结构的定义放在头文件 node_def.h 中,文件内容如下:

```
struct node
{
    int data;                /* 数据 */
    struct node *next;       /* 指向下一结点的指针 */
};
```

　　创建链表就是从无到有,动态申请多个结点空间,依次连入链表,最终获得一个链表的过程。下面通过例 10-3"硬性"地建立一个链表,请读者初步体会链表的概念。

　　例 10-3　动态申请空间,建立链表,输出各结点数据,释放各结点空间。

```
#include<stdio.h>
#include<malloc.h>

#include "node_def.h"

int main()
{
    struct node *head, *p1, *p2;
```

```
head = (struct node *) malloc(sizeof(struct node));
p1 = (struct node *) malloc(sizeof(struct node));
p2 = (struct node *) malloc(sizeof(struct node));
head->data = 1000;  head->next = p1;    /* 给第一个结点成员赋值 */
p1->data = 1001;    p1->next = p2;      /* 给第二个结点成员赋值 */
p2->data = 1002;    p2->next = NULL;    /* 给第三个结点成员赋值 */
while(head!=NULL)                        /* A */
{
    printf("%d\n", head->data);
    p1=head;
    head = head->next;
    free(p1);
}
return 0;
}
```

在程序的 A 行之前，动态申请三个结点空间，通过给各结点的成员直接赋值，从而创建的链表如图 10-4 所示。程序中 A 行开始循环，依次输出各结点的数据域值并依次释放各结点空间，程序运行结束后，该链表就不存在了。程序输出结果如下：

```
1000
1001
1002
```

图 10-4　程序例 10-3 创建的链表

例 10-4　在实际应用中，链表的创建往往是动态的，链表创建完毕还要对链表进行一些操作，如插入结点、删除结点等，本例给出不带头结点的链表的常用算法，下面一一介绍。

（1）创建无序链表。

第一个算法是创建无序链表，在 create() 函数中实现。创建过程是：依次输入数据，若数据不为 -1，就动态申请一个新结点，将数据作为结点数据，动态地在链表尾部连入该结点；当输入数据为 -1 时（表示输入结束），链表的创建过程结束。如图 10-5 所示，在链表的创建过程中，所使用的三个指针的意义是：head 指向链表首结点，p2 指向建立过程中的链表尾结点，p1 指向新开辟的结点。连入结点时，注意三种情况的处理：①首结点的建立，需要将首指针 head 指向第一个连入链表的结点；②中间结点的连入，从第二个结点开始将结点连入链表尾部；③尾结点的处理，链表创建结束时，将尾结点的 next 成员赋值为空指针 NULL，以表示链表结束。

图 10-5　创建链表过程示意

```
/* create()函数创建无序链表。函数返回值：链表的首指针 */
struct node *create()
{
    struct node *p1, *p2, *head;
    int a;

    head = NULL;
    printf("Creating a list…\n");
    printf("Please input a number(if(-1) stop): ");
    scanf("%d", &a);                    /* A，输入第一个数据 */
    while( a != -1 )                    /* 循环输入数据,建立链表 */
    {
        p1 = (struct node *) malloc(sizeof(struct node));
        p1->data = a;
        if(head==NULL)                  /* B */
        { head=p2=p1; }                 /* C,①建立首结点 */
        else
        { p2->next=p1; p2=p1; }         /* D,②连入中间结点 */
        printf("Please input a number(if(-1) stop): ");
        scanf("%d", &a);                /* 输入下一个数据 */
    }
    if(head != NULL)     /* E */
        p2->next=NULL;   /*③处理尾结点（若第一个输入的数据就是-1,则此句不执行）*/
    return(head);        /* 返回创建链表的首指针 */
}
```

因为 head 指针的初值为 NULL，第一次判断 B 行条件时，条件成立，则执行 C 行建立首结点，一旦该首结点建立完毕，后续 head 指针就永远不等于 NULL，所以从第二个结点开始 B 行条件不会为真，只会执行 if 语句的 else 分支即 D 行，将结点作为中间结点连入。注意，只有在 C 行被执行一次的情况下（即至少连入了一个结点），E 行的条件才为真，链表才会有尾结点，需要将为该尾结点的 next 指针赋值为 NULL。

（2）遍历链表（查找结点）。

遍历链表就是依次访问链表的各个结点。例如若想依次输出各结点值，或者在链表中查找某个结点是否存在，都要遍历链表。下面给出两个算法：print()函数实现依次输出链表各结点的值；search()函数实现在链表中顺序查找某结点的值，如果存在则返回该结点的指针，否则返回空指针。

```
/* 输出链表各结点值,是一种对链表的遍历 */
```

```
void print( struct node *head )
{
    struct node *p;

    p=head;
    printf("Output list: ");
    while( p!=NULL )
    {
        printf("%d\t", p->data);
        p = p->next;
    }
    printf("\n");
}

/* 在链表中查找结点数据值为 x 的结点,并返回指向该结点的指针;查询过程也是遍历*/
struct node * search( struct node *head, int x )
{
    struct node *p;

    p=head;
    while( p!=NULL )
    {
        if(p->data == x)  return p;   /* 若找到,则返回该结点指针 */
        p = p->next;
    }
    return NULL;         /* 若找不到,则返回空指针 */
}
```

（3）删除结点。

删除结点就是删除链表中满足一定条件的结点。函数 delete_one_node()实现删除结点的 data 值等于 num 的结点。为简单起见,假定若链表中有多个 data 值为 num 的结点,本函数只删除第一个。如图 10-6 所示,首先找到的待删除结点（由 p1 指向的）,然后删除它。在删除结点时,也需要分三种情况处理:①链表为空链表,无结点可删;②待删除的结点是链表的首结点,此时需要修改 head 指针;③删除其他结点。函数 delete_one_node()的返回值是删除结点后的结果链表的首指针。

图 10-6　删除结点过程示意

```
/* 删除链表中第一个值为 num 的结点 */
struct node *delete_one_node( struct node *head,  int num )
```

```
{
    struct node *p1, *p2;

    if( head == NULL)          /* 链表为空,处理情况① */
    {
        printf("List is null.\n");
        return(NULL);
    }
    p1=head;
    while(p1->data != num && p1->next != NULL )    /* 循环查找待删除结点 */
    {
        p2=p1;
        p1=p1->next; /* p1 向后挪动一个结点,p2 指向的结点在 p1 指向的结点之前 */
    }
    if(p1->data == num)        /* 找到待删除结点,由 p1 指向 */
    {
        if(p1==head)           /* 若找到的结点是首结点,处理情况② */
            head=p1->next;
        else                   /* 找到的结点不是首结点,处理情况③ */
            p2->next = p1->next;
        printf("The node %d is deleted.\n", p1->data);
        free(p1);
    }
    else  /* 未找到待删除结点 */
        printf("Node %d is not found.\n", num);
    return(head);
}
```

本函数中 while 循环结束后,有两种可能:①找到了待删除结点;②未找到待删除结点。对①又分两种情况:一是找到的结点是首结点,此时 p1 指向首结点,由 if(p1==head) 条件成立的情况处理;二是找到的结点不是首结点,由对应的 else 处理,此时不管 p1 指向的是中间结点还是尾结点,"p2->next = p1->next;"都能正确处理,即若 p1 指向的结点是尾结点,这里的处理同样适用。若未找到待删除结点,则只要输出相应信息即可。

（4）释放链表。

释放链表就是释放链表全体结点的空间。函数 free_list()实现释放链表。

```
/* 释放链表 */
void free_list( struct node *head )
{
    struct node *p;

    while(head != NULL)
    {
        p = head;
        head = head->next;
```

```
        free(p);
    }
}
```

（5）插入结点。

函数 insert()用于在链表中插入一个结点，结果链表仍保持升序。升序链表的意义是结点值依次递增。此函数执行的前提是，假定初始链表是升序链表（初始时可以是空链表）。插入结点时，分四种情况：①原链表为空，则待插入结点即为链表首结点；②插入在首结点之前；③插入在链表中间；④插在链表尾结点之后。如图 10-7 所示，函数 insert()实现将 p 指向的结点插入到 p2 和 p1 之间，对应情况③。

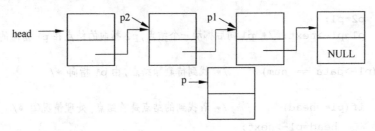

图 10-7　插入结点过程示意

```
/* 插入结点，将p指向的结点插入链表，结果链表仍然保持有序 */
struct node *insert(struct node *head, struct node *p)
{
    struct node *p1, *p2;

    if(head == NULL) /* 原链表为空，对应情况① */
    {
        head=p;
        p->next=NULL;
        return(head);
    }
    p2=p1=head;
    while((p->data) > (p1->data) && p1->next!=NULL) /* 寻找待插入位置 */
    {
        p2=p1; p1 = p1->next;
            /* 指向后一个结点,p2指向的结点在p1指向的结点之前 */
    }
    if((p->data) <= (p1->data))        /* 插在p1之前 */
    {
        p->next = p1;
        if(head == p1) head=p;         /* 插在链表首部,对应情况② */
        else p2->next = p;             /* 插在链表中间,对应情况③ */
    }
    else
    {                                  /* 插在链表尾结点之后,对应情况④ */
```

```
        p1->next = p;
        p->next = NULL;
    }
    return(head);
}
```

（6）创建有序链表。

有序链表可以是升序或降序链表，不失一般性，这里介绍创建升序链表。函数
create_sort()创建升序链表，采用的算法是：依次输入各结点数值，对每个结点数值，动态
建立一个新结点，调用上述 insert()函数将该结点插入到链表中，链表仍保持升序。

```
/* 创建升序链表。函数返回值：结果链表的首指针 */
struct node  *create_sort()
{
    struct node  *p, *head=NULL;
    int a;

    printf("Create an increasing list…\n");
    printf("Please input a number(if(-1) exit): ");
    scanf("%d", &a);
    while( a!=-1 )
    {
        p = (struct node *) malloc(sizeof(struct node)); /* 创建新结点 */
        p->data = a;
        head = insert(head, p);  /* 将 p 指向的结点插入到 head 指向的链表 */
        printf("Please input a number(if(-1) exit): ");
        scanf("%d", &a);
    }
    return(head);
}
```

（7）在主函数中，测试上述函数。

下面给出的主函数用于测试上述各函数。假设包含上述各函数的源程序文件名为
Li1004.c。各语句的功能参见程序中的注释。

```
#include<stdio.h>
#include<malloc.h>
#include "node_def.h"

create() 的定义;
print() 的定义;
search() 的定义;
delete_one_node() 的定义;
free_list() 的定义;
insert() 的定义;
create_sort() 的定义;
```

链表及其算法

```
int main()
{
    struct node *head;
    int num;

    head = create();                            /* 建立一条无序链表 */
    print(head);                                /* 输出链表 */
    printf("Please input a node number to be deleted: ");
    scanf("%d", &num);
    head = delete_one_node(head, num);    /* 删除一个结点 */
    print(head);                                /* 输出各结点值 */

    printf("Please input a node number to be searched: ");
    scanf("%d", &num);
    if(search(head, num) != NULL)         /* 查找一个结点 */
        printf("%d is in the list.\n", num);
    else
        printf("%d is not in the list.\n", num);
    free_list(head);                           /* 释放无序链表空间 */

    head = create_sort();                       /* 建立一条有序链表 */
    print(head);                                /* 输出有序链表各结点值 */
    free_list(head);                            /* 释放有序链表空间 */
    return 0;
}
```

程序的某次执行结果如下：

```
Creating a list…
Please input a number(if(-1) stop): 3<Enter>
Please input a number(if(-1) stop): 2<Enter>
Please input a number(if(-1) stop): 0<Enter>
Please input a number(if(-1) stop): 9<Enter>
Please input a number(if(-1) stop): 3<Enter>
Please input a number(if(-1) stop): -1<Enter>
Output list:  3    2    0    9    3
Please input a node number to be deleted: 3<Enter>
The node 3 is deleted.
Output list:  2    0    9    3
Please input a node number to be searched: 4<Enter>
4 is not in the list.
Create an increasing list…
Please input a number(if(-1) exit): 3<Enter>
Please input a number(if(-1) exit): 2<Enter>
```

```
Please input a number(if(-1) exit): 0<Enter>
Please input a number(if(-1) exit): 9<Enter>
Please input a number(if(-1) exit): 3<Enter>
Please input a number(if(-1) exit): -1<Enter>
Output list:  0    2    3    3    9
```

程序的另一次执行结果如下：

```
Creating a list…
Please input a number(if(-1) stop): 4<Enter>
Please input a number(if(-1) stop): 1<Enter>
Please input a number(if(-1) stop): 3<Enter>
Please input a number(if(-1) stop): -1<Enter>
Output list:  4    1    3
Please input a node number to be deleted: 5<Enter>
Node 5 is not found.
Output list:  4    1    3
Please input a node number to be searched: 3<Enter>
3 is in the list.
Create an increasing list…
Please input a number(if(-1) exit): 4<Enter>
Please input a number(if(-1) exit): 1<Enter>
Please input a number(if(-1) exit): 3<Enter>
Please input a number(if(-1) exit): -1<Enter>
Output list:  1    3    4
```

*10.3.3 带头结点的链表的常用算法

一般来说，本节内容适用于计算机专业学生，非计算机专业学生亦可学习。

10.3.2 节的例 10-4 给出了不带头结点的链表的常用算法。对不带头结点的单链表，由于其第一个元素是"有效"结点，即包含了数据值的结点，在创建链表、插入结点和删除结点的算法中，首结点可能变化，因而首指针也可能变化，在编程时需要考虑多种情况，很不方便。带头结点的单链表解决了这个问题。

整个链表的存取必须从首指针开始，首指针指示链表中第一个结点（称为头结点）。整个链表的逻辑表示如图 10-8 所示。

在图 10-8 中，首指针 head 指针指向的 H 结点为头结点。头结点的数据域可以不存储任何信息，也可以存储链表的长度等之类的附加信息，头结点的指针域存储指向第一个结点的指针（即第一个元素结点的存储位置）。如果链表为空表，则头结点的指针域为空，如图 10-9 所示。

图 10-8 带头结点的链表

图 10-9 带头结点的空链表

带头结点的链表的常用算法在例 10-5 中给出。

例 10-5 带头结点的链表的常用算法。

```c
#include<stdio.h>
#include<stdlib.h>
#include<malloc.h>
#define LEN sizeof(NODE)

/* 链表的存储结构 */
typedef struct node
{
    int data;                  /* 数据 */
    struct node *next;         /* 指向下一结点的指针 */
} NODE;
```

上面首先用 typedef 定义了一个结点类型 NODE，其指针类型为 NODE *。它是后续操作的基础。下面的 initlist()函数用于创建一个空链表，即只有一个头结点的链表。

```c
/* 创建一个空链表, 函数返回值: 指向头结点的指针 */
NODE *initlist()
{
    NODE *head;
    head = (NODE *) malloc(sizeof(NODE));
    head->next = NULL;
    return head;
}

/* 创建无序链表,即按照输入数据的先后顺序创建一个链表,返回首指针 */
NODE *create()
{
    NODE *p1, *p2, *head;  /* p1 指向新结点,p2 指向已连入的尾结点*/
    int a;

    printf("Creating a list…\n");
    p2 = head = initlist();
    printf("Please input a number(if(-1) stop): ");
    scanf("%d", &a);                    /* 输入第一个数据 */
    while( a != -1 )                    /* 循环输入数据,创建链表 */
    {
        p1 = (NODE *) malloc(sizeof(NODE));
        p1->data = a;
        p2->next = p1;
        p2 = p1;
        printf("Please input a number(if(-1) stop): ");
        scanf("%d", &a);                /* 输入下一个数据 */
    }
    p2->next=NULL;
```

```
        return(head);                              /* 返回创建链表的首指针 */
}

/* 输出链表各结点值，是一种对链表的遍历 */
void print( NODE *head )
{
        NODE *p;

        p=head->next;                              /* 让p指向第一个数据结点*/
        if(p!=NULL)
        {
                printf("Output list: ");
                while( p!=NULL )
                {
                        printf("%d\t", p->data);
                        p=p->next;
                }
                printf("\n");
        }
}

/* 在链表中查询结点数据值为x的结点，并返回指向该结点的指针；查询过程也是遍历 */
NODE * search( NODE *head, int x )
{
        NODE *p;

        p=head->next;
        while( p!=NULL )
        {
                if(p->data == x)
                        return p;                  /* 若找到，则返回该结点指针 */
                p = p->next;
        }
        return NULL;                               /* 若找不到，则返回空指针 */
}
```

删除一个结点的过程可以采用图 10-10 表示。在链表中删除结点 2 时，为在链表中实现结点 1、2 和 3 之间指向关系的变化，仅需要修改结点 1 中的指针域即可。假设 p 是指向结点 1 的指针，则修改指针的语句为：

```
temp=p->next;  p->next=temp->next;  free(temp);
```

图 10-10　删除结点过程示意

由此可见，在已知链表中要删除元素确切位置的情况下，仅需要修改指针而不需要移动元素，即可实现结点的删除操作。具体实现见如下函数。

```
/* 删除链表中值为 num 的结点，函数返回值：链表的首指针*/
NODE * delete_one_node( NODE *head, int num )
{
    NODE *p, *temp;

    p=head;
    while(p->next != NULL  &&  p->next->data != num)
        p=p->next;
    temp=p->next;
    if(p->next!=NULL)
    {
        p->next=temp->next;
        free(temp);
        printf("Delete successfully");
    }
    else
        printf("Not found!");
    return head;
}

/* 释放链表 */
void free_list( NODE *head )
{
    NODE *p;

    while(head)
    {
        p=head;
        head=head->next;
        free(p);
    }
}
```

上述 free_list()函数将从头结点开始，逐一释放所有结点。

假设要在链表的两个数据元素 1 和 3 之间插入一个数据元素 x，指针 s 指向该结点，并已知 p 为指向结点 1 的指针，如图 10-11（a）所示。

（a）插入之前　　　　　　　　　　　（b）插入之后

图 10-11　插入结点时指针的变化情况

根据插入操作的语义，首先令 x 结点的指针域指向元素为 3 的结点，然后让元素为 1 结点的指针域指向元素为 x 的结点，从而实现三个元素 1，3 和 x 之间指向关系的变化。插入后的链表如图 10-11（b）所示。假设 s 为指向结点 x 的指针，则上述指针修改可用语句描述为：

```
s->next=p->next;    p->next=s;
```

具体实现函数如下：

```c
/* 插入结点，将 s 指向的结点插入链表，结果链表保持有序 */
NODE * insert(NODE *head, NODE *s) /* head: 首指针，s: 要插入的结点指针 */
{
    NODE *p;

    p=head;
    while(p->next!=NULL && p->next->data < s->data)  /* 寻找待插入位置 */
        p=p->next;
    s->next=p->next;       /* 让 s 指针所指结点中的 next 指向 p 的 next 所指向的结点 */
    p->next=s;             /* 让 p 的 next 指向 s 所指的结点 */
    return head;
}

/* 创建有序链表。返回值：链表的首指针 */
NODE  *create_sort()
{
    NODE  *p, *head=NULL;
    int a;

    printf("Create an increasing list…\n");
    head = initlist();
    printf("Please input a number(if(-1) exit): ");
    scanf("%d", &a);
    while(a!=-1)
    {
        p = (NODE *) malloc(sizeof(NODE));
        p->data = a;
        insert(head, p);
        printf("Please input a number(if(-1) exit): ");
        scanf("%d", &a);
    }
    return(head);
}
```

上述 create_sort()函数首先调用 initlist()函数创建一个空链表，然后再反复调用 insert()函数，从而创建一个有序链表。

下面的主函数给出一个菜单，运行时可通过选择不同的菜单项（D，I，P，S，E 大小写均可），调用不同的函数完成不同功能，从而实现一个功能比较完善的链表操作程序。

```c
int main()
{
    NODE *st, *head=NULL;
    int  num;
    char c;

    printf("\n\tCreate a list:\n");
    head=initlist();              /* 创建一个空链表 */
    while(1){ /*根据输入的选项（D,I,P,S,E 大小写均可），选择完成不同的功能 */
        printf("\n\tD:Delete I:Insert P:Print S:Search E:Exit\n");

        scanf(" %c", &c);  /* c=getch(); */
        switch(toupper(c))
        {
        case 'I':              /* 完成结点插入功能 */
            st=(NODE *)malloc(LEN);
            printf("Please input a number to be inserted: ");
            scanf("%d", &st->data);
            insert(head, st);
            break;
        case 'D':              /* 完成结点删除功能 */
            printf("Please input a number to be deleted: ");
            scanf("%d", &num);
            delete_one_node(head, num);    /* 删除一个结点 */
            break;
        case 'S':              /* 完成结点查找功能 */
            printf("Please input a  number to be searched: ");
            scanf("%d", &num);
            if(search(head, num)!=NULL)    /* 查找一个结点 */
                printf("It is in the list.\n");
            else
                printf("It is not in the list.\n");
            break;
        case 'P':              /* 完成显示全部结点功能 */
            print(head);
            break;
        case 'E':              /* 完成释放链表空间并结束程序功能 */
            free_list(head);
            exit(0);
        }
    }
    return 0;
}
```

在本例的创建链表 create()、插入结点 insert() 和删除结点 delete_one_node() 三个函数中，不需要考虑与头结点变化有关的各种情况，降低了算法操作复杂度。

需要说明的是，在 main()函数中并没有调用创建无序链表的函数 create()，也没有调用创建有序链表的函数 create_sort()，如果需要可以将其添加到 main()函数的主菜单中。此外，给出这两个函数的目的也是为了让读者理解上述各函数之间的关系。

习　题　10

说明：

（1）如无特别说明，本章习题中链表的结点结构为 10.3.2 节中定义的 struct node 类型或 10.3.3 节中定义的 NODE 类型。

（2）对每一个题目，针对不带头结点的、带头结点的链表结构，请选择编写两个版本之一的程序，或者两个版本的程序都编写。

（3）对本习题中各函数的功能进行测试时，如果需要，可直接使用例 10-4 和例 10-5 中的函数。

1．编写函数 reverse()逆转链表，即重置链表各结点的指向，将原链表尾变成新链表头，将原链表头变成新链表尾。

若链表不带头结点，函数原型为 struct node * reverse(struct node *head)或 NODE * reverse(NODE * head)。

若链表带头结点，函数原型为 void reverse(struct node *head)或 void reverse(NODE * head)。

算法提示：依次摘取原链表的首结点，链入新链表的首部，直到原链表为空。

2．编写函数 sort()，将链表中的结点值按照结点数据域 data 值进行非递减排序。采用算法 1（算法 2 见第 3 题）：依次从原链表的首部摘取第一个结点，调用 insert()函数将该结点插入到一个新的有序链表中。新的有序链表就是结果链表。

若链表不带头结点，函数原型为 struct node * sort(struct node *head)或 NODE * sort(NODE * head)。

若链表带头结点，函数原型为 void sort(struct node *head)或 void sort (NODE * head)。

3．编写函数，将链表中的结点值按照结点数据域值 data 进行非递减排序，即实现与第 2 题相同的功能。采用算法 2（算法 1 见第 2 题）：仿照选择法排序，从当前结点开始，直到链尾结点，找到值最小的结点，将其与当前结点进行值的交换。函数 void swap(struct node *p1, struct node *p2)用于将 p1 和 p2 指向的结点进行值的交换，即只交换结点的值域中的值，不改变连接链表的指针域的值。swap()函数的原型也可以是：void swap(NODE * p1, NODE * p2)。不论链表是否带头结点，排序函数原型均为：void sort(struct node *head)或 void sort(NODE * head)。

4．编写函数 merge()，将两个非递减序链表合并成一个非递减序链表，合并后两个原链表将不存在。不论链表是否带头结点，函数原型均为：

```
struct node * merge(struct node *ah,  struct node *bh);
```

或

```
NODE * merge(NODE * ah,NODE * bh);
```

链表及其算法

函数返回值为合并后的第三个链表首指针。

算法提示：依次将两链表中较小首结点链入结果链表尾部。

5．假定链表中的数据元素值构成一个数据集合，编写函数 is_sub_set()，用于判断链表 L1 中的数据元素是否是链表 L2 中的数据元素的子集。不论链表是否带头结点，函数原型均为：

```
int is_sub_set(struct node * L1,  struct node * L2);
```

或

```
int is_sub_set(NODE * L1, NODE * L2);
```

函数返回值的意义是：若 L1 是 L2 的子集，则返回 1（表示"真"），否则返回 0（表示"假"）。

*6．本题要求使用循环链表（循环链表的下一结点指针指向链表首结点）解题，请读者与习题 9 中的第 13 题比较，那里使用的是数组存储结构。有 n 个人围成一圈，每个人顺序编号为 1、2、3、……、n。从第 1 个人开始报数，凡报到 m 的人退出圈子，求依次退出圈子的人的顺序号，以及最后留在圈中的人的序号。例如，初始圈中人的编号是 1、2、3、4、5，从编号为 1 的人开始，要求凡报到 3 的人依次退出圈子，即 n=5、m=3，则退出圈子的人的序号是 3、1、5、2，最后留在圈中的人是 4。要求编写两个函数，函数 create_set()用于创建具有 n 个人的链表，链表中结点的数据域值依次为序号 1、2、3、……、n；函数 count_list()用于输出依次退出圈中的人的序号及最后一个人的序号。不论链表是否带头结点，函数原型均为：

```
struct node * create_set(int n); /* 创建具有 n 个人的链表,返回链表首指针 */
void count_list(struct node *head, int m);
```

或

```
NODE * create_set(int n);
void count_list(NODE * head; int m);
```

要求在主函数输入 n 和 m 的值，首先调用函数 create_set()创建循环链表；然后将链表的首指针 head 和 m 作为参数传递给函数 count_list()，在该函数中依次输出退出圈子的人的序号以及最后留下的人的序号。要求用循环链表实现。注意：在结点退出圈子后，释放结点空间，最终链表消失。

备注：本题使用不带头结点的链表解题更加方便。

第 11 章　数据文件的使用

11.1　输入输出概述

计算机程序在执行时被调入内存，此时将程序称为内部程序。通常，内部程序在执行过程中需要从外部设备输入数据，经处理后将结果输出到外部设备中。

数据在外部设备和内存之间的传递，称为输入输出，如图 11-1 所示。

图 11-1　输入输出

键盘和显示器都是外部设备。通常，键盘被称为标准输入设备，而显示器被称为标准输出设备。C 语言为标准输入输出设备提供的输入输出操作函数是 scanf()、printf()、getchar() 和 putchar() 等。在 C 语言中，输入输出操作不仅仅局限于标准输入输出设备。对输入而言，外部设备还可以是数据文件等；对输出而言，外部设备还可以是打印机和数据文件等。这些外部设备中有一些是真正的物理设备（如键盘、显示器和打印机等），有一些不是物理设备（如数据文件），所以有时也将外部设备称为逻辑设备。

本章主要介绍数据文件作为逻辑设备时的输入输出操作。

11.2　文件的基本概念和分类

文件是存储在存储介质上的一组相关信息的集合，一般由操作系统管理。用户可以使用操作系统支持的软件实现文件的建立和查看等操作。例如，使用 VS2010 集成开发环境建立和查看 C 语言源程序文件。

按照数据的存储格式，数据文件分为文本文件和二进制文件。在文本文件中，存储的是字符编码，西文字符存储 ASCII 码，中文字符存储汉字编码。例如，C 语言源程序文件是文本文件，在文件中存储的是构成程序的全部字符的字符编码。又如，Windows 操作系统自身提供的记事本编辑器可用于创建文本文件。二进制文件存储的是数据的内存映像，例如 int 型数据，存储的是其二进制补码。

为进一步理解文本文件和二进制文件的区别，下面以数据 12345 为例，给出它存储在文本文件和二进制文件中的具体内容。

在文本文件中，文本 12345 占用 5 字节，因为它被看成一串字符，存储对应字符的一串 ASCII 码值，如图 11-2 所示。例如字符"1"的 ASCII 码值是 49，其二进制形式是 00110001，其余字符的 ASCII 码可依次求得。对于任何数字串文本，有几个数字，占用几字节的存储空间。

图 11-2　文本文件内容示意

在二进制文件中存储的是数据的内存映像，即数据在内存中的表示形式是什么，它在数据文件中的存储形式就是什么。例如，对于整型常量 12345，在 VS2010 环境中，它默认是 int 型量，在内存中以补码形式存储，占用 4 字节，它在二进制文件中的存储形式与在内存中的形式相同，也占用 4 字节，如图 11-3 所示。对于任何的 int 型量，只要在其所能表示的数据范围内，均占用 4 字节。

图 11-3　二进制文件内容示意

11.3　缓冲的概念

引入缓冲的目的是解决 CPU 的运行速度和外部设备操作速度不匹配的矛盾。

在进行输入输出时，计算机中央处理器即 CPU 要跟外部设备进行数据交换。每输入输出一次，CPU 都要驱动一次外部设备，但是外部设备的操作速度与 CPU 的运行速度相比是非常缓慢的。因此，计算机的输入输出处理系统经常采用缓冲技术来解决这个问题。以输出操作为例，在内存中开辟一个输出缓冲区，程序中的每次输出，都不是立刻直接驱动并输出到外部设备上的，而是首先输出到缓冲区中，当缓冲区被写满或缓冲区不满但程序干预时，才将缓冲区中的数据成批送往外部设备，这样处理总体而言可以减少对外部设备的驱动次数，提高运行速度。带缓冲的输入输出系统如图 11-4 所示。

图 11-4　带缓冲的输入输出系统

从图 11-4 中可以看出，在缓冲输入输出系统中，CPU 没有直接跟外部设备交换数据，而是直接与内存缓冲区交换数据，由于 CPU 的速度与内存的存取速度相差不大，所以对当前正在执行的一个任务（程序），其缓冲输入输出操作基本上不影响程序执行速度。

缓冲技术是如何提高计算机系统整体运行速度和使用效率的？原因有两个：①一个程序在运行时的多次输入输出，不需要多次驱动外部设备，而是一次性驱动外部设备完成，即减少外部设备的驱动次数。②一个程序在做物理输入输出时，CPU 可以做其他事情。现代操作系统一般都是多任务的，例如，任务 1 如果需要实现真正的物理输入输出时，可以首先驱动外部设备触发物理输入输出操作，同时任务 1 进入等待状态，操作系统把 CPU 切换给任务 2 使用，等到任务 1 的物理输入输出完成后，再把 CPU 切换给任务 1 使用。

C 语言提供了缓冲文件系统和非缓冲文件系统，本章只介绍缓冲文件系统及其输入输出函数的使用。

11.4　文件的读写过程

文件的读写就像一本书的读写一样，分以下三步：
① 打开文件；
② 读写文件；
③ 关闭文件。

对于每一个步骤，C 语言都提供了相应的函数实现。下面首先给出与文件读写相关的概念，然后逐一介绍实现文件读写的函数。

11.4.1　文件和数据流

无论是文本文件还是二进制文件，文件都可以看成数据流，数据流由若干字节构成，以文件结束符 EOF 结尾。C 语言中，一个含有 n 字节的文件的数据流如图 11-5 所示。

图 11-5　文件数据流

就像数组一样，每字节的顺序号从 0 开始，一直到 n-1。EOF 是文件结束符，它是在头文件 stdio.h 中定义的一个符号常量，定义语句为"#define EOF (-1)"。EOF 是英文 End Of File 的首字母缩写，表示文件结尾的意思。就像读写磁带时有一个磁头一样，文件读写位置指针指定文件的当前读写位置，它在文件数据流的前后移动，一般是字符型指针。

11.4.2　文件类型指针

程序在读写一个文件时，需要指定文件的文件名、文件类型、文件的操作方式（即读写方式）以及文件的读写位置指针等信息，这些信息有一部分存放在文件信息区中。文件信息区的本质是一个结构体变量，其各个成员用于指定上述信息的部分内容。该结构体变

数据文件的使用

量的类型是 FILE，已在 stdio.h 中预先定义。在 VS2010 环境中，文件类型 FILE 的定义及部分成员的含义为：

```
struct _iobuf {          /* 定义结构体类型 */
    char *_ptr;          /* 文件读写位置指针 */
    int _cnt;
    char *_base;         /* 文件起始位置指针 */
    int _flag;           /* 文件状态标志字 */
    int _file;
    int _charbuf;
    int _bufsiz;         /* 缓冲区大小 */
    char *_tmpfname;
};
typedef struct _iobuf FILE;  /* 给出结构体类型的新的类型标识 */
```

读者不必细究 FILE 类型中每一个成员的含义，只要对文件信息区的内容和作用有一个大致的了解，知道什么是 FILE 类型即可。

读写文件时，程序中需要建立一个信息区，让文件指针指向该信息区。在程序运行过程中，文件指针代表待读写文件。所有的文件读写函数都是通过该指针指定待读写的文件。那么，系统在何时建立及撤销文件的信息区？这就是 11.4.3 节所要介绍的内容。

11.4.3 文件的打开与关闭

文件的打开用 fopen 函数，文件的关闭用 fclose 函数，它们的函数声明均在 stdio.h 中。

1. 打开文件

打开文件之前要首先定义一个文件信息区指针，它是 FILE 类型的指针，简称文件指针。下列语句定义一个 FILE 类型的指针：

```
FILE *fp;
```

然后，可以使用 fopen 函数打开一个文件，fopen 函数的原型如下：

```
FILE *fopen(char * filename, char *mode);
```

fopen 函数的第一个参数是待打开文件的文件名，第二个参数是文件的使用方式。如果打开成功，函数返回文件指针，否则返回空指针 NULL。

一个具体的例子为：

```
FILE *fp;
fp = fopen("data.dat", "r");          // A
```

上述 A 行语句的作用是，fopen 函数以"读"（"r"表示 read，即输入）方式打开数据文件 data.dat，为该文件建立一个 FILE 类型的信息区，返回该信息区的指针，赋值给文件指针 fp，建立了 fp 与文件的关联；然后在后续程序中就可以使用 C 语言提供的文件读写函数实现对文件的读写操作，在这些读写函数中，fp 代表文件 data.dat。

关于 fopen 函数的第二个参数，C 语言提供的文件使用方式及含义见表 11-1。

表 11-1 C 语言中的文件使用方式及含义

文件的使用方式		含　　义
"r"	（只读）	为输入打开一个文本文件
"w"	（只写）	为输出打开一个文本文件
"a"	（追加）	为追加输出打开一个文本文件（从文件尾开始添加数据）
"rb"	（只读）	为输入打开一个二进制文件
"wb"	（只写）	为输出打开一个二进制文件
"ab"	（追加）	为追加输出打开一个二进制文件（从文件尾开始添加数据）
"r+"	（读写）	为读/写打开一个文本文件
"w+"	（读写）	为读/写建立一个文本文件
"a+"	（读写）	为读/写打开一个文本文件
"rb+"	（读写）	为读/写打开一个二进制文件
"wb+"	（读写）	为读/写建立一个二进制文件
"ab+"	（读写）	为读/写打开一个二进制文件

说明：

（1）以"r"方式打开的文件为输入文件，若文件不存在，则打开不成功。为了判定文件打开是否成功，通常使用如下检测方法：

```
FILE *fp;
fp = fopen("data.dat", "r");
if(fp==NULL)
{
    printf("Can't open the file!\n");
    exit(1);        /* exit()函数终止程序执行，原型在 stdlib.h 中 */
}
```

exit()函数是系统提供的库函数，其功能是终止程序的执行，同时将括号中的参数返回给操作系统，以便操作系统根据该值做进一步的处理。一般地，若程序正常终止，则返回 0 值；若非正常终止，则返回非 0 值。

同理，以任何使用方式打开文件，都可以用这个方法检测文件是否打开成功。

（2）以"w"方式打开的文件为输出文件。若文件不存在，则系统自动创建该文件；若文件已存在，则系统自动删除"老"文件，重新创建一个同名新文件。

（3）以"a"方式打开的文件为追加写方式。若文件不存在，则系统自动创建文件；若文件已存在，则打开成功，并且系统自动将文件的读写位置指针移到文件尾部，以便追加写入新数据。

（4）用"rb"、"wb"和"ab"方式打开文件时，系统打开文件是否成功的处理方式与"r"、"w"和"a"一样，不同点是在读写方式中加入 b 后，打开的是二进制文件。

（5）用"r+"、"w+"和"a+"方式打开文本文件时，文件既可以用于读入，也可以用于写出。同理，用"rb+"、"wb+"和"ab+"方式打开二进制文件时，文件既可以用于读入，也可以用于写出。打开方式若为"r+"和"rb+"，则待打开的文件必须已存在，否则打开不成功。打开方式若为"w+"和"wb+"，用于创建新文件，若在打开操作之前文件已存在，则先删除"老"文件，再创建一个同名新文件。打开方式若为"a+"和"ab+"，则若文件已存在，则打开；若文件不存在，则创建新文件。

（6）当程序开始运行时，系统自动打开三个标准文件：它们是标准输入、标准输出和标准出错输出。对应的文件指针分别是 stdin、stdout 和 stderr，它们分别对应于键盘、显示器和显示器，它们的类型是 FILE *。如果程序从 stdin 输入数据，就是从键盘输入数据。如果程序向 stdout 写数据，则显示到屏幕上。用户可以直接使用这三个文件指针。

2．关闭文件

当文件使用完毕，就要关闭该文件。关闭操作是撤销文件信息区，切断文件指针与文件的关联。文件关闭函数的函数原型为：

```
int fclose(FILE * fp);
```

参数 fp 是文件信息区指针，若关闭成功返回 0 值，否则返回非 0 值。例如，可用 fclose(fp) 语句关闭前面打开的文件。

关闭后的文件指针可用于打开新的文件，即指向新的待读写文件的信息区。

11.5　文件的读写

在 11.4 节开头已介绍，文件的读写分为三个环节即文件的打开、读写和关闭，中间的环节即文件的读写将在本节引入。下面介绍五对相关函数，它们的函数声明都在 stdio.h 中。

- 读写一个字符：fgetc 函数和 fputc 函数。
- 读写一行字符串：fgets 函数和 fputs 函数。
- 格式化读写：fscanf 函数和 fprintf 函数。
- "块"读写：fread 函数和 fwrite 函数。
- "字"（整数）读写：getw 函数和 putw 函数。

另外还将介绍 ungetc 函数和 feof 函数。ungetc 函数用于退回一个字符到输入缓冲区中。feof 函数用于在文件的读写过程中，检测是否到达文件结束状态。

这些函数的原型均可参见附录 B 中的函数原型描述。其中前三对通常用于文本文件的读写，后两对通常用于二进制文件的读写。

前三对文件输入输出函数都有对应的标准输入输出函数，参见表 11-2。对应函数的功能和使用方法有类似之处。

表 11-2　文件读写函数与标准终端输入输出函数的对应

文件 I/O 函数	标准终端 I/O 函数	作用
fgetc	getchar	输入一个字符
fputc	putchar	输出一个字符
fgets	gets	输入一行字符串
fputs	puts	输出一行字符串
fscanf	scanf	格式化输入函数
fprintf	printf	格式化输出函数

11.5.1　fgetc 函数、fputc 函数和 feof 函数

fgetc 函数和 fputc 函数用于读写一个字符，它们的函数原型及功能是：

```
int fgetc(FILE *fp);            /* 功能：从 fp 指定的文件中读入一个字符 */
int fputc(int c, FILE *fp);     /* 功能：将字符 c 写入 fp 指定的文件 */
```

feof 函数的原型是：

```
int feof(FILE *fp);
```

该函数用于判断 fp 指定的文件的读写位置指针是否到达了文件结尾处，如果到达（表示文件已读写完毕），则函数返回一个非零整数值，表示"真"；如果未到达，则函数返回 0 值，表示"假"。

可以从下面的例子中学习上述三个函数的使用。

例 11-1　从键盘输入一行字符串，以 Enter 键结束，将其写入文本文件。

```c
#include<stdio.h>                    /* 文件操作必须包含此头文件 */
#include<stdlib.h>

int main()
{
    FILE *fp;
    char filename[30], ch;       /* filename 存放文件名 */

    printf("Please enter the file name: ");
    gets(filename);              /* 用标准输入函数输入目标文本文件名 */
    fp = fopen(filename, "w");
    if(fp==NULL)
    {
        printf("Can not open file %s!\n", filename);
        exit(1);
    }
    printf("Please input a string: ");
    while((ch=getchar())!='\n')      /* A */
        fputc(ch, fp);               /* B */
    fclose(fp);
    return 0;
}
```

由于文件操作涉及的文件类型 FILE 的定义、相关函数的原型声明均在 stdio.h 中，所以有关文件处理的程序都必须包含头文件 stdio.h。exit 函数的原型声明在 stdlib.h 头文件中给出，所以程序也必须包含头文件 stdlib.h。

为了增加程序的灵活性，文本文件名采用键盘输入的方式指定，而不是在程序中指定一个文件名。在程序的 A 行，使用标准输入函数 getchar 从键盘循环读入字符，判断该字符若不是'\n'，则用 B 行的 fputc 函数将其写入结果文本文件；若 A 行读入的是'\n'（对应 Enter 键），则循环结束。

例 11-2 文本文件的复制。以下程序用于将一个源文件的内容复制到一个目标文件。

```c
#include<stdio.h>
#include<stdlib.h>

int main()
{
    FILE *fp1, *fp2;
    char infile[30], outfile[30], ch;   /* infile 存放源文件名,outfile 存放目
                                            标文件 */

    printf("Please enter an input file name: ");
    gets(infile);                      /* 用标准输入函数输入源文件名 */
    fp1 = fopen(infile, "r");
    if(fp1==NULL)
    {
        printf("Can not open file %s!\n", infile);
        exit(1);
    }
    printf("Please enter an output file name: ");
    gets(outfile);                     /* 用标准输入函数输入目标文件名 */
    fp2 = fopen(outfile, "w");
    if(fp2==NULL)
    {
        printf("Can not open file %s!\n", outfile);
        exit(2);
    }
    while((ch=fgetc(fp1))!=EOF)         /* A */
        fputc(ch, fp2);                /* B */
    fclose(fp1);
    fclose(fp2);
    return 0;
}
```

本程序同时打开两个文件，fp1 是输入文件指针，fp2 是输出文件指针。程序的核心部分 A 行和 B 行与例 11-1 的 A 行和 B 行类似。区别在 A 行，本例中的 A 行的 fgetc(fp1) 从文件中读入字符，如果能正确读入一个字符，则返回该字符的 ASCII 码；如果读写位置指针已到达文件结尾处，再试图读入字符，则 fgetc 函数返回 EOF，表示文件读入结束。

几点说明如下。

（1）例 11-1 和例 11-2 说明了文件操作的三个步骤，即打开文件、读写文件、关闭文件。A 行和 B 行两行代码是读写文件的核心部分，改变这两行代码，同时相应修改程序的其他部分，可以编写出一些完成其他功能的程序。例如若将例 11-2 该两行改写为：

```c
while((ch=fgetc(fp1))!=EOF)    /* A */
    putchar(ch);               /* B */
```

则程序的功能是将文件内容显示在显示器上。若将该两行改写为：

```
count = 0;
while((ch=fgetc(fp1))!=EOF)
    count++;
```

则程序的功能是统计文件中的字符个数。

（2）在例 11-2 中，循环读入文件内容，判断输入文件是否到达文件结尾处是通过判断函数 fgetc 的返回值是否为 EOF 进行的。实际上，标准 C 语言的库函数 feof 也可以完成判断是否到达结尾处的工作，可以将例 11-2 中的 A 行和 B 行两行代码替换成如下几行，程序完成相同的功能：

```
ch=fgetc(fp1);
while(!feof(fp1))
{
    fputc(ch, fp2);
    ch=fgetc(fp1);
}
```

在使用 feof 函数时应注意，当 fgetc 读完最后一个数据时，文件结束状态仍为"假"（此时 feof 函数的检测结果为"假"），表示未到达文件结尾处；如果再试图读下一数据，则文件结束状态变为"真"（此时 feof 函数的检测结果为"真"）。

（3）在第 3 章学习的标准输入输出函数 getchar 和 putchar，实际上它们是标准 C 语言预定义的"宏"。在头文件 stdio.h 中，有如下宏定义：

```
#define getchar()        getc(stdin)
#define putchar(_c)      putc((_c),stdout)
```

可以看出，getchar 从系统已自动打开的标准输入设备 stdin 读入一个字符，putchar()向标准输出设备写一个字符。为了方便，依然称 getchar 和 putchar 为函数。

（4）ungetc 函数的使用。函数原型如下：

```
int ungetc(int c, FILE *fp);
```

其功能是将 c 字符退回到 fp 指定的输入数据流中。

例 11-3 使用 ungetc 函数。假定文本文件 data.txt 的内容是字符流"ABCDEFG…"，下面的函数读入其前三个字符，按逆序退回这三个字符，然后再读入前三个字符。通过本例，读者可以学习 ungetc 函数的使用，同时体会文件缓冲区的意义。

```
#include<stdio.h>
#include<stdlib.h>

int main()
{
    FILE *fp;
```

数据文件的使用

```
    char ch1, ch2, ch3;

    if((fp = fopen("data.txt", "r"))==NULL)
    {
        printf("Can not open data.txt!\n");
        exit(1);
    }
    ch1=fgetc(fp);      /* A */
    ch2=fgetc(fp);
    ch3=fgetc(fp);
    printf("%c%c%c,", ch1, ch2, ch3);
    ungetc(ch1,fp);     /* B */
    ungetc(ch2,fp);
    ungetc(ch3,fp);
    ch1=ch2=ch3='X';
    ch1=fgetc(fp);      /* C */
    ch2=fgetc(fp);
    ch3=fgetc(fp);
    printf("%c%c%c\n", ch1, ch2, ch3);
    fclose(fp);
    return 0;
}
```

程序中从 A 行开始的连续三行依次读入文件的前三个字符，B 行开始的三行逆向将刚才读入的三个字符退回到输入数据流中；此时输入数据流中的数据应为："CBADEGG…"；C 行开始的连续三行重新从输入流中读入三个字符。程序运行结果如下：

```
ABC,CBA
```

程序运行结束后，查看数据文件 data.txt 的内容，发现内容没变。那么程序中退回到输入流中的字符存放在哪里呢？原因是，fgetc 函数和 ungetc 函数是缓冲文件系统的函数，它们不直接操纵文件内容，系统把文件内容调入内存缓冲区，fgetc 函数和 ungetc 函数直接操纵的是内存缓冲区的内容，所以并不影响磁盘中数据文件的内容。

11.5.2 fgets 函数和 fputs 函数

fgets 函数和 fputs 函数用于读写一行字符串，函数原型为：

```
char * fgets(char *s, int n, FILE *fp); /* 功能: 从 fp 指定的文件中读入一行字符串 */
int fputs(const char *s, FILE *fp);     /* 功能: 将字符串 s 写到 fp 指定的文件中 */
```

其中，fgets 从 fp 指向的文件中读取 n–1 个字符，并把它们存放到字符数组 s 中，若在读入 n–1 个字符之前遇到换行符'\n'或文件结束符 EOF，则结束读入。'\n'也作为一个字符读入到字符串中，并且自动在读入的字符之后加一个'\0'作为字符串结尾标志。函数的返回值是读入的字符串的首地址，实际上就是 s 的值。

fputs 函数将 s 指向的字符串写到文件 fp 中，函数原型第一个参数前的 const 的意义是，s 指向的字符串为一个常量字符串，在 fputs 函数中不允许通过指针修改它。

可以通过以下两个例子学习 fgets 函数和 fputs 函数的使用。

例 11-4 以下程序将从键盘上输入的若干行文本存入文本文件 article.txt 中。程序以输入一个空行结束，空行是指仅包含了 Enter 键的一行。

```c
#include<stdio.h>
#include<stdlib.h>
#include<string.h>

int main()
{
    FILE *fp;
    char filename[]="article.txt", line[80];

    if((fp = fopen(filename, "w"))==NULL)
    {
        printf("Can not open file %s!\n", filename);
        exit(1);
    }
    while(strlen(gets(line))>0)     /*A */
    {
        fputs(line, fp);            /*B */
        fputs("\n", fp);            /*C */
    }
    fclose(fp);
    return 0;
}
```

程序运行时输入：

```
line1: C<Enter>
line2: programming<Enter>
line3: language<Enter>
<Enter>
```

程序 A 行中的 gets 函数，从标准输入设备输入一行字符，对应于<Enter>的'\n'不被读入。例如当程序读入第一行字符后，数组 line 中的内容是"line1: C"。第四行的输入只有一个<Enter>，输入到 line 中的是一个空串""，此时 A 行条件为"假"，退出循环。B 行中的 fputs 函数，将 line 数组中的内容原样写到结果文件，不会自动增加输出'\n'，所以必须在 C 行增加输出'\n'。注意对比，标准设备输出函数 puts 在输出字符串后会自动增加输出换行符'\n'，而 fonts 不会。程序运行结束后，文件 article.txt 的内容为：

```
line1: C
line2: programming
line3: language
```

如果将程序中的 C 行去掉，则 article.txt 的内容只有一行：

```
line1: Cline2: programmingline3: language
```

例 11-5　将例 11-4 产生的文件 article.txt 内容输出到屏幕上。

```
#include<stdio.h>
#include<stdlib.h>

int main()
{
    FILE *fp;
    char filename[ ]="article.txt", line[80];

    if((fp = fopen(filename, "r"))==NULL)
    {
        printf("Can not open file %s!\n", filename);
        exit(1);
    }
    while(fgets(line, 80, fp)!=NULL)      /* A */
        puts(line);                        /* B */
    fclose(fp);
    return 0;
}
```

程序的输出为：

```
line1: C
<空行>
line2: programming
<空行>
line3: language
<空行>
```

程序的输出为什么有三个空行？原因是 A 行的 fgets 函数读入行尾的'\n'，即将'\n'也作为一个字符读入，读入的第一行是"line1: C\n"。而 B 行的标准输出函数 puts 的功能是除了将正常的字符串输出外，另外自动增加输出'\n'。

在 A 行，fgets 函数如遇文件结束或输入出错，返回空指针 NULL。

通过以上两个例子，读者应该认识到 fgets 和 gets 以及 fputs 和 puts 这两对函数在使用上的不同。fgets 将'\n'作为字符读入到字符串中，而 gets 不把'\n'读入到字符串中。fputs 原样输出字符串，不增加输出'\n'；而 puts 将字符串输出后，增加输出'\n'。

下面再给出一个例子用于说明 fgetc 和 fputc 函数以及 fgets 和 fputs 函数的使用。

*例 11-6　编写程序完成一种编译预处理工作，将一个 .c 源程序中的注释语句删除。

注释语句有两种形式：第一种为在 /* 和 */ 之间的内容是注释；第二种为每行的 // 后至行尾的内容为注释。注释语句是对程序的开发方法以及程序功能的解释，是给编程者看的，对产生目标文件没有用处，所以编译器在预处理阶段将注释语句删除，然后对结果源程序进行编译。删除注释只是编译预处理工作的一个步骤，在这里不考虑其他的编译预处理工作。这里做两个假定：①注释语句不出现在字符串常量内部，而且注释不能嵌套使用。②源程序的每行不超过 1000 个字符。

例如，被处理的 C 语言源程序为 swap.c，其中包含了两种形式的注释，删除注释语句后产生的结果源程序为 swap1.c，它们的内容如图 11-6 所示。

swap.c

```
#include<stdio.h>
#include<string.h>
/************************************
*      请认真思考本程序功能!        *
************************************/
void swap(char s1[], char s2[])
{
    char t;
    t=*s1; *s1=*s2; *s2=t;
}

int main( )
{
    char s1[]="BD", s2[]="AB";
    if(strcmp(s1,s2)>0)     /* 注释1 */
        swap(s1,s2);        /* 注释2 */
    printf("%s,", s1);      // 注释3
    printf("%s\n", s2);     // 注释4
    return 0;
}
```

swap1.c

```
#include<stdio.h>
#include<string.h>

void swap(char s1[], char s2[])
{
    char t;
    t=*s1; *s1=*s2; *s2=t;
}

int main( )
{
    char s1[]="BD", s2[]="AB";
    if(strcmp(s1,s2)>0)
        swap(s1,s2);
    printf("%s,", s1);
    printf("%s\n", s2);
    return 0;
}
```

图 11-6　编译预处理前后的源程序

例 11-6 程序的处理过程：将源程序文件 swap.c 看成字符流，读写位置指针从字符流中扫过（即依次指向每个字符），正常语句中的字符被写入结果文件 swap1.c；注释中的字符被舍弃。读写位置指针有两种状态，当指针处于正常语句位置时，为状态 1；当指针处于 /* 和 */ 之间时，为状态 2。初始时，设定为状态 1。循环依次读入字符，若读入不成功（表示输入文件结束），则退出循环，结束程序；若读入成功，则读入下一个字符，然后做如下工作。若当前为状态 1，则又分三种情况：①若当前字符为'/'，其下一个字符为'*'，则读入下一字符，进入状态 2；②若当前字符为'/'，其下一个字符仍为'/'，则将本行后续的所有字符作为一行读入（含'\n'），然后把'\n'写入结果文件（即舍弃'\n'之前的所有字符），然后读入下一个字符，仍然保持状态 1；③将当前字符写入结果文件；然后判断第 2 个字符若为

EOF 则结束程序；将第 2 个字符赋值给第一个字符，仍然保持状态 1。若当前为状态 2，则分两种情况：①若当前字符为'*'，其下一个字符为'/'，则读入下一字符，进入状态 1。②判断第 2 个字符若为 EOF 则结束程序；否则，将第 2 个字符赋值给第一个字符，仍然保持状态 2。

程序如下：

```c
#include<stdio.h>
#include<stdlib.h>

int main()
{
    char ch1, ch2, state, temp[1000];
    FILE *fp1, *fp2;
    char source[30]="swap.c";         /* source 存放源文件名 */
    char target[30]="swap1.c";        /* target 存放目标文件名 */

    if((fp1 = fopen(source, "r"))==NULL)
    {
        printf("Can not open file %s!\n", source);
        exit(1);
    }
    if((fp2 = fopen(target, "w"))==NULL)
    {
        printf("Can not open file %s!\n", target);
        exit(2);
    }
    state=1;                          /* 初始状态为状态 1 */
    ch1=fgetc(fp1);
    while(ch1!=EOF)                   /* ch1 为当前字符 */
    {
        ch2=fgetc(fp1);              /* ch2 为当前字符的下一字符 */

        if(state==1)                 /* 如果当前状态为状态 1 */
        {
            if(ch1 == '/' && ch2 == '*')
            {
                ch1=fgetc(fp1);     /* 读入下一个字符作为当前字符 */
                state=2;            /* 进入状态 2 */
            }
            else if(ch1 == '/' && ch2 == '/')
            {
                if(fgets(temp,1000,fp) != NULL) /* 读入本行余下字符，含换行 */
                    fputc('\n', fp2);/* 只需将换行写入结果文件，其余字符舍弃 */
```

```
                ch1=fgetc(fp1);          /* 读入下一个字符作为当前字符 */
            }
            else
            {
                fputc(ch1, fp2);         /* 将当前字符写入结果文件 */
                if(ch2==EOF) break;      /* 第 2 个字符若为 EOF 则结束程序 */
                ch1=ch2;                 /* 将当前字符的下一字符作为新的当前字符 */
            }
        }
        else if(state==2)                /* 如果当前状态为状态 2 */
        {
            if(ch1=='*' && ch2=='/')
            {
                ch1=fgetc(fp1);          /* 再读入一个字符作为当前字符 */
                state=1;                 /* 进入状态 1 */
            }
            else
                if(ch2==EOF) break;      /* 第 2 个字符若为 EOF 则结束程序 */
                else ch1=ch2;            /* 将当前字符的下一字符作为新的当前字符 */
        }
    }
    fclose(fp1);
    fclose(fp2);
    return 0;
}
```

　　如果读者有兴趣，可对程序做进一步改进以处理一些特殊情况。如字符串中包含了形如注释形式的字符子串，例如在语句"printf("aa/* comment */ bb\n");"中，类似于注释语句的部分"/* comment */"是不作为注释处理的，而是作为字符串常量中的一部分，不能删除。

　　请读者认真思考一下程序 swap.c 的功能，它的正确输出应为：AD, BB。

11.5.3　fscanf 函数和 fprintf 函数

　　fscanf 函数和 fprintf 函数用于文件格式化的输入和输出，函数原型为：

```
int fscanf(FILE *fp, const char *format, 输入量地址列表);
int fprintf(FILE *fp, const char *format, 输出量列表);
```

　　参数 fp 是文件指针，参数 format 是格式控制字符串。将此两个函数的原型与标准格式化输入输出函数 scanf 和 printf 的原型比较可以发现，多了第一个参数——文件指针，它用于指定输入输出的数据文件。其他的使用方式与 scanf 和 printf 没有区别。fscanf 函数和 fprintf 函数可用于输入任意基本类型的数据。fscanf 函数的返回值是成功输入的数据的个数，而 fprintf 函数的返回值是成功输出的字符个数（即字节数），参见 3.2 节。

例 11-7 从数据文件 in.txt 中读入数据到二维数组中，调用函数分别求该二维数组的主、辅对角线上的元素之和，然后将二维数组的数据以矩阵方式写入另一数据文件 out.txt，最后写入求和结果。

假定存放二维数组数据的文件 in.txt 的内容为：

```
 1  2  3  4
 5  6  7  8
 9 10 11 12
13 14 15 16
```

程序如下：

```c
#include<stdio.h>
#include<stdlib.h>

int main()
{
    void sum(int (*a)[4], int *, int *); /* 函数原型声明 */
    FILE *fp1, *fp2;
    int a[4][4], i, j, sum1, sum2;

    if((fp1=fopen("in.txt", "r"))==NULL)/* 打开输入数据文件 */
    {
        printf("Can't open in.txt!\n");
        exit(1);
    }
    if((fp2=fopen("out.txt", "w"))==NULL)/* 打开输出数据文件 */
    {
        printf("Can't open out.txt!\n");
        exit(2);
    }
    for(i=0; i<4; i++)
        for(j=0; j<4; j++)
            fscanf(fp1, "%d", &a[i][j]);  /* 从文件读元素值 */
    sum(a, &sum1, &sum2);    /* 调用函数，计算对角线元素之和 */
    for(i=0; i<4; i++)
    {
        for(j=0; j<4; j++)
            fprintf(fp2, "%4d", a[i][j]); /* 写数组元素到文件 */
        fprintf(fp2, "\n");
    }
    fprintf(fp2, "sum1=%d\nsum2=%d\n", sum1, sum2); /* 写求和结果到文件 */
    fclose(fp1);
    fclose(fp2);
    return 0;
```

```
    }

    void sum(int (*a)[4], int *sum1, int *sum2)  /* 通过指针带回多个计算结果 */
    {
        int i;

        *sum1=*sum2=0;
        for(i=0; i<4; i++)
        {
            *sum1 = *sum1 + a[i][i];
            *sum2 = *sum2 + a[i][3-i];
        }
        return 0;
    }
```

该程序运行后，数据文件 **out.txt** 中的内容为：

```
 1  2  3  4
 5  6  7  8
 9 10 11 12
13 14 15 16
sum1=34
sum2=34
```

注意：

标准格式化输入函数 scanf 的调用形式为：

scanf(格式控制字符串，输入量地址列表);

它是从标准输入设备 stdin 读入数据，而标准输入设备也可以被看成文件，于是上述 scanf 的调用形式等价于：

fscanf(stdin，格式控制字符串，输入量地址列表);

标准格式化输出函数 printf 的调用形式为：

printf(格式控制字符串，输出量列表);

由于标准输出设备是 stdout，于是 printf 的调用形式等价于：

fprintf(stdout，格式控制字符串，输出量列表);

11.5.4 fread 函数和 fwrite 函数

在 11.5.1～11.5.3 节介绍的三对函数一般用于文本文件的读写。使用文本文件编辑器打开文本文件，读者即能"读懂"文本文件的内容。数据保存在文本文件中，在数据读入或写出时，系统需要对数据格式做转换。例如，在例 11-7 中，在做输入操作时，由于输入文

数据文件的使用

件中的数据是以文本方式存放的，在读入时，系统要将文本数据转换成二进制形式存入内存。同理，数据输出时，系统会将数据的内存映像转换成文本写到输出文件中。数值存储格式的转换会导致输入输出速度变慢。

在实际应用中，数据文件的作用往往就是用于保存数据，而不需要读者去"读懂"这些数据。因此，C 语言提供了将数据的内存映像直接写入数据文件以及将保存在数据文件中的内存映像重新直接读入内存的输入输出函数，它们是 fread 函数和 fwrite 函数、getw 函数和 putw 函数。由于不需要对数据的存储格式进行变换，二进制文件的使用能够使数据的输入输出"变快"。

fread 和 fwrite 两个函数的原型如下：

```
int fread(char *ptr, unsigned size, unsigned n, FILE *fp);
int fwrite(char *ptr, unsigned size, unsigned n, FILE *fp);
```

参数 ptr 是内存地址。函数 fread 的功能是从 fp 所指定的文件中读取 n 个长度为 size 字节的数据项，存放到 ptr 所指向的内存区。函数 fwrite 的功能是把 ptr 所指向的内存中的 n×size 字节的内存映像原样输出到 fp 所指定的文件中。

例 11-8 编写一个对二进制文件进行读写的程序。其功能是：从键盘输入若干学生的信息，写入二进制文件；再从该二进制文件中读出学生的信息，存入内存中的结构体数组，并依次将数组元素内容输出到屏幕上。

```c
#include<stdio.h>
#include<stdlib.h>
#include<string.h>

#define LEN sizeof(struct student)

struct student          /* 定义一个结构体类型 */
{
    char name[10];   /* 姓名 */
    char id[10];     /* 学号 */
    int score;       /* 分数 */
};

int main()
{
    struct student st, sts[100];
    int i, n=0;                     /* n 用于统计学生数 */
    FILE *fp;

    fp=fopen("stud.dat", "wb"); /* 打开二进制文件 stud.dat,用于写数据 */
    if(fp==NULL)                    /* 若打开不成功 */
    {
        printf("Can't open stud.dat!\n");
        exit(1);
```

```
    }
    scanf("%s", st.name);              /* 从键盘输入姓名 */
    while(strcmp(st.name, "#")!=0)     /* 循环输入时,若姓名为"#",则结束输入 */
    {
        n++;
        scanf("%s%d", st.id, &st.score);   /* 从键盘输入学号和分数 */
        fwrite((char *)&st, LEN, 1, fp);   /* A */
        scanf("%s", st.name);
    }
    fclose(fp);                            /* B */

    fp=fopen("stud.dat", "rb"); /* 重新打开二进制文件 stud.dat,用于读入数据 */
    if(fp==NULL)                      /* 若打开不成功 */
    {
        printf("Can't open stud.dat!\n");
        exit(2);
    }
    fread((char *)sts, LEN, n, fp);        /* C */

    for(i=0; i<n; i++)                             /* 输出 n 个学生的信息 */
        printf("%s\t%s\t%d\n", sts[i].name, sts[i].id, sts[i].score);
    fclose(fp);
    return 0;
}
```

　　程序中的 A 行实现一次性将 LEN×1 字节的内存二进制映像写到数据文件中。第一个实参(char *)&st 表示结构体变量的内存起始地址,从该地址开始,连续存放了该结构体变量的三个成员的二进制数值,其长度是 LEN 字节。A 行所在的 while 循环结束时,共写出 n 个结构体变量的内存映像,相当于在文件中存放了 n 个结构体变量的内存映像值。

　　程序的 C 行实现一次性从数据文件中读入 LEN×n 字节的数据,存入数组 sts[ ]中。第一个实参(char *)sts 表示数组在内存中的起始地址。C 行将文件中的 n 个结构体变量的内存映像"成块"读入内存。

　　在二进制文件的读写过程中,没有对数据的存放格式进行转换,仅仅将数据"块"原样地在内存和文件之间"复制",所以文件的读写速度较快。

　　B 行将以写方式打开的文件 stud.dat 关闭,此时文件指针 fp 所指向的文件信息区被撤销。紧接着的一行将文件以读方式重新打开,fp 指向了一个新的文件信息区。程序中重复使用文件指针 fp。

　　本程序的一次执行结果如下(画线部分为输入,其余为输出):

```
wss  0101  80<Enter>
tyy  0102  90<Enter>
czz  0103  85<Enter>
#<Enter>
```

数据文件的使用

wss	0101	80
tyy	0102	90
czz	0103	85

11.5.5 getw 函数和 putw 函数

getw 和 putw 两个函数的原型如下：

```
int getw(FILE *fp);
int putw(int w, FILE *fp);
```

getw 函数的功能是从 fp 指定的二进制文件中读入一个字（一般为一个整型量），作为函数返回值，如遇文件结束或读入出错，则返回 EOF。函数 putw 的功能是将一个字（一般 w 为一个整型量）写入 fp 指定的二进制文件。这里读入写出的都是整型量的内存二进制映像。

例 11-9 将数组 a 的各元素用 putw 输出到二进制文件中，然后从该文件读入刚才写出的数据到数组 b 中，最后在屏幕上输出数组 b 的各元素值。

```c
#include<stdio.h>
#include<stdlib.h>

int main()
{
    int i, a[10]={1, 2, 3, 4, 5, 6, 7, 8, 9, 10}, b[10];
    FILE *fp;

    if((fp=fopen("data.dat", "wb"))==NULL)
    {                        /* 打开二进制文件 data.dat,用于写数据 */
        printf("Can't open data.dat!\n");
        exit(1);
    }
    for(i=0; i<10; i++)
        putw(a[i], fp);      /* A */
    fclose(fp);
    if((fp=fopen("data.dat", "rb"))==NULL)
    {                        /* 重新打开二进制文件 data.dat,用于读数据 */
        printf("Can't open data.dat!\n");
        exit(2);
    }
    for(i=0; i<10; i++)      /* B */
        b[i]=getw(fp);       /* C */

    fclose(fp);

    for(i=0; i<10; i++)
        printf("%d%c", b[i], i<9 ? ',': '\n' );  /* D */
```

```
    return 0;
}
```

  程序首先打开一个二进制文件 data.dat 用于写入，在 A 行依次把数组元素的二进制内存映像写到该文件中，每个元素都是一个字。在 C 行又依次将文件中的对应于"字"的内存映像读入数组 b 的各元素中。可以将 B 和 C 两行替换成一个语句"fread((char *)b, sizeof(int), 10, fp) ;"，则一次性将文件中的 10 个整型量的内存映像读入内存 b 数组。

  另外，请注意 D 行，输出格式%c 对应的第二个输出量是画线部分内容，表示输出数组的前 9 个元素时，每个元素后面输出逗号；当输出数组第 10 个元素时，后面输出换行'\n'。程序的输出是：

```
1,2,3,4,5,6,7,8,9,10
```

11.6　文件的随机读写

  如图 11-5 所示，文件是数据流，在读写文件时首先要定义文件指针，令其指向文件信息区。在文件信息区中有一个当前文件读写位置指针_ptr，文件刚被打开时，对于不同的文件使用方式，读写位置指针默认定位在文件的首部或尾部，当进行读写操作时，读写位置指针自动向后（向文件尾方向）移动，这称为文件的顺序读写（或顺序访问）。在 11.5 节介绍了文件的顺序读写。但是，有时只需要读取文件的部分内容，这些内容可能分散在文件的不同部位，此时可以使用 C 语言提供的函数将文件读写位置指针移动到待读写的地方，然后再进行操作，这就是文件的随机读写（随机访问）。文件读写位置指针是一个 char * 类型的字符指针，因为文件数据流实际上是字符流。图 11-7 给出了文件读写时文件指针 fp、文件读写位置指针_ptr 的示意图。

  下面首先介绍文件读写位置指针的移动和定位函数，然后给出文件随机读写的例子。

图 11-7　文件读写位置指针示意

11.6.1　文件读写位置指针的定位

  文件读写位置指针的当前位置和移动是以字节为单位的。

1．rewind 函数

文件的读写就像用录放机录放磁带一样。录放机有一个磁头，指定当前录放位置，而文件有一个读写位置指针，指定当前的读写位置。在操作录放机时，随时可以用"倒带"操作将磁头倒回到首部，重新录放。文件的读写位置指针也可以随时被移动回文件数据流的首部。函数 rewind 实现这个功能，该函数原型如下：

```
void rewind (FILE *fp);
```

函数功能是将 fp 指定的文件的读写位置指针置于文件开头位置。

2．ftell 函数

函数原型为：

```
long ftell(FILE *fp);
```

函数返回 fp 所指定的文件的读写位置指针相对于文件开头的字节数偏移量，即文件指针所在的字节的序号，参见图 11-5。如果出错（例如，假如文件不存在，即 fp 的值为 NULL），ftell 函数的返回值为 EOF。

3．fseek 函数

函数原型为：

```
int fseek(FILE *fp, long offset, int base);
```

其中，第一个参数 fp 为文件指针，指定待操作的文件；第二个参数 offset 指定指针移动的相对位移量；第三个参数 base 指定指针移动的基准位置。fseek 函数的功能是将 fp 所指定的文件读写位置指针按照 base 所指定的基准位置，移动到 offset 位置处。offset 若为正数，表示向文件尾方向移动（也称为向后移动）；offset 若为负数，表示向文件头方向移动（也称为向前移动）。base 的取值和意义如表 11-3 所示。

表 11-3　base 的取值和意义

base 的值	对应的预定义的符号常数	作　用
0	SEEK_SET	相对于文件开始处
1	SEEK_CUR	相对于当前位置
2	SEEK_END	相对于文件结尾处

下面是 fseek 函数调用的几个实例及功能：

```
fseek(fp, 200L, SEEK_SET);   将读写位置指针以文件头为基准向后移动 200 字节
fseek(fp, 50L, SEEK_CUR);    将读写位置指针从当前位置开始向后移动 50 字节
fseek(fp, -50L, SEEK_CUR);   将读写位置指针从当前位置开始向前移动 50 字节
fseek(fp, -100L, SEEK_END);  将读写位置指针以文件尾为基准向前移动 100 字节
```

第二个实参中的后缀大写字母 L 表示该值是一个 long int 类型的常量。请读者思考如下几个 fseek 函数调用实例的功能：

```
fseek(fp, 0L, 0);
fseek(fp, 0L, 1);
```

```
fseek(fp, 0L, 2);
```

11.6.2 文件的随机读写

利用 11.6.1 节所介绍的函数，可以实现文件的随机读写。

例 11-10 文件的随机访问。

编写程序，将 Fibonacci 数列的前 40 项写入二进制文件 fib.bin 中，然后从该文件中读出其中的奇数项输出到屏幕上，要求每行输出 4 个数。Fibonacci 数列的第 1 项和第 2 项均为 1，从第 3 项开始，每一项的值是其紧邻的前两项之和，数列为：1, 1, 2, 3, 5, 8, 13, 21, 34,…。程序如下：

```
#include<stdio.h>
#include<stdlib.h>

int main()
{
    FILE *fp;
    int f1=1, f2=1, i, posi;

    if((fp=fopen("fib.bin", "wb+"))==NULL)  /* 为读写创建二进制文件 fib.bin */
    {
        printf("Can't open fib.bin!\n");
        exit(1);
    }
    for(i=0; i<20; i++)
    {
        fwrite((char*)&f1, sizeof(int), 1, fp);
        fwrite((char*)&f2, sizeof(int), 1, fp);
        f1=f1+f2;
        f2=f2+f1;
    }
    posi = ftell(fp);                       /* 查看当前读写位置 */
    printf("End posi = %ld\n", posi);       /* 输出当前读写位置 */
    rewind(fp);                             /* 将读写位置指针移至文件头 */
    posi = ftell(fp);                       /* 再次查看当前读写位置 */
    printf("Begin posi = %ld\n", posi);     /* 输出当前读写位置 */

    for(i=0; i<20; i++)
    {
        fread((char *)&f1, sizeof(int), 1, fp);  /* 读入奇数项 */
        fseek(fp, (long)sizeof(int), SEEK_CUR);  /* 跳过偶数项 */
        printf("%10d", f1);
        if((i+1)%4==0)
            printf("\n");
    }
```

数据文件的使用

```
        fclose(fp);
        return 0;
}
```

请阅读程序的注释。程序首先创建了一个用于读写的二进制文件 fib.bin，将 Fibonacci 数列的前 40 项写入该文件，然后在不关闭文件的情况下把文件读写位置指针重新定位于文件头，在最后一个循环中从文件读入一个数据项，然后跳过一个数据项，即读入奇数项，跳过偶数项，并将读入的奇数项输出到屏幕上。

程序的运行结果如下：

```
End posi = 160
Begin posi = 0
        1            2            5           13
       34           89          233          610
     1597         4181        10946        28657
    75025       196418       514229      1346269
  3524578      9227465     24157817     63245986
```

*例 11-11 文件的随机访问。

已知非递减整数数据序列为：

<u>18</u> 1   2   4   6   9   10   11   15   17   21   22   23   25   26   28   29   30   32

其中第一个数据是此序列中的数据个数。

编写程序实现：①将该数据序列写入二进制文件 data.bin，含数据个数 18；②直接在二进制文件中实现二分法查找，即在不读出该二进制文件中全部数据的情况下，查找任意一个数值是否存在于序列中，如果存在，指出它在序列中的位置。约定第一个数据的位置为 1。例如上述非递减序列中的数值 6 所在的位置是 4。

程序如下：

```
#include<stdio.h>
#include<stdlib.h>

void createDataFile();   /* 函数原型声明 */

int main()
{
    FILE *fp;
    int n, x, y, low, mid, high;
    int posi = -1;

    createDataFile();              /* 创建初始数据文件 */
    if((fp=fopen("data.bin", "rb"))==NULL)  /* 为读入打开二进制文件 data.bin */
    {
        printf("Can't open data.bin!\n");
        exit(1);
```

```
        }
        fread((char*)&n, sizeof(int), 1, fp);   /* 读入序列中数值个数 */

        printf("Please input x: ");
        scanf("%d", &x);                    /* 输入待查找的 x */
        low=1; high=n;
        while(low<=high)
        {
            mid=(low+high)/2;               /* 计算中间元素的位置 */

            /* 将读写位置指针移至从文件起始位置开始的 mid 字节处 */
            fseek(fp, (long)mid*sizeof(int), SEEK_SET);

            fread((char *)&y, sizeof(long), 1, fp); /* 读入当前位置数据到变量 y 中 */
            if(x==y)    /* 找到数据,记住位置,退出循环 */
            {
                posi = mid;
                break;
            }
            else if(x<y) high=mid-1;
            else low=mid+1;
        }
        if(posi>0)
            printf("Position=%ld\n", posi);
        else
            printf("Not found!\n");
        fclose(fp);
        return 0;
}

void createDataFile()    /* 创建初始数据文件 */
{
    int a[]={18,1,2,4,6,9,10,11,15,17,21,22,23,25,26,28,29,30,32};
    FILE *fp;
    if((fp=fopen("data.bin", "wb"))==NULL)   /* 创建二进制文件 data.bin */
    {
        printf("Can't open data.bin!\n");
        exit(3);
    }

    fwrite((char*)&a, sizeof(a), 1, fp);

    fclose(fp);
}
```

程序中的 createDataFile()函数实现了创建初始数据文件。读者也可以采用其他方法编写通用程序，输入不同个数的非递减数据序列。

用二分法查找有序数列比顺序法查找效率高，尤其当数据量较大时。本程序在查找过程中通过 fread 函数从文件中读出的数据个数较少。

11.7　文件的出错检测

在文件读写时，可能出现错误。例如在极端情况下，若磁盘已满，再往文件中写数据，就会出错；又如，若文件的使用方式为"读"，但程序中却向该文件写数据，也会出错。标准 C 语言提供了两个函数用于检测出错状态和清除出错状态。在 VS2010 中，这两个函数的原型是：

```
int ferror(FILE * _File);
void clearerr(FILE * _File);
```

其中，_File 为文件指针形参。若 fp 是文件指针实参，两个函数的一般调用形式为 ferror(fp) 和 clearerr(fp)。函数 ferror 的功能是：如果 fp 指定的文件出错，则函数返回"真"值；否则返回"假"值。函数 clearerr 的功能是清除出错状态。请注意，每次进行输入输出，系统都会为给出一个新的出错状态以指定刚才的输入输出有无出错，因此，应当在调用一个输入输出函数后立即使用 ferror 函数检测是否出错。文件打开初始状态，出错状态为 0，也就是没有出错。下面给出一个例子对这两个函数的使用予以说明。

例 11-12　文件的出错检测及清除函数的使用。

```
#include<stdio.h>

int main( )
{
    int x, num;
    FILE *fp;

    fp=fopen("in.txt", "r");
    if(fp)
        printf("open success!\n");
    else
        printf("open fail!\n");

    fprintf(fp, "anything");            /* A */

    if(ferror(fp))                      /* B */
    {
        printf("writing to file \"in.txt\" error!\n");
        clearerr(fp);                   /*C */
    }
```

```
    num = fscanf(fp, "%d", &x);                /* D */

    printf("num=%d\n", num);
    printf("x=%d\n", x);
    fclose(fp);
    return 0;
}
```

程序的运行结果为:

```
open success!
writing to file "in.txt" error!
num=1
x=88
```

程序打开一个输入数据文件 in.txt,A 行试图向文件写数据,出错,B 行检测出错状态为真,输出相应提示信息,C 行清除出错状态后,D 行从文件中读取一个整型量(假定文件 in.txt 中第一个数据为 88),num 获取该 fscanf 函数正确读入的数据个数,其值为 1。

当程序中使用 ferror 检测到错误并处理完错误后,可使用 clearerr 函数将出错状态清除。

*11.8　输入输出重定向

本节之前介绍了使用标准 C 语言自身提供的输入输出函数实现文件的读写。实际上,Windows 操作系统还提供了输入输出重定向机制,在命令行执行方式下将标准设备的输入输出重定向到文件上,以实现文件的读写操作。其他的操作系统如 UNIX 也提供了输入输出重定向机制。

下面以 Windows 的命令行执行方式为例,介绍输入输出重定向的具体使用方法。

例 11-13　将从标准输入设备输入的字符双倍输出到标准输出设备上。例如若用户输入 abc<Enter>,则屏幕输出 aabbcc。程序如下:

```
#include<stdio.h>

int main()
{
    char c;

    while( (c=getchar())!=EOF )
    {
        putchar(c);
        putchar(c);
    }
    return 0;
}
```

在集成环境中运行该程序，运行时的输入输出为（带下画线的部分是用户的输入）：

```
C<Enter>
CC
<空行>
program<Enter>
pprrooggrraamm
<空行>
^Z<Enter>                              /* 按键 Ctrl+Z 或按键 F6 产生^Z */
```

本程序在运行时，当用户按 Enter 键后，当前行的内容被操作系统送入输入缓冲区，getchar 函数从输入缓冲区中读入字符，对应于 Enter 键的输入字符被作为'\n'读入，在输出时输出了两个'\n'，产生一个空行。用户可输入若干行，当用户输入一个文件结束符，程序结束运行。按键 Ctrl+Z 或按键 F6 产生^Z，程序内部读入它，即读入文件结束符 EOF。

本例源程序文件名为 Li1113.c，该源程序属于项目解决方案 dbl_copy.sln（取 double copy 之意），经编译连接后产生的可执行文件为 dbl_copy.exe，该可执行文件存储在 D:\CProg\dbl_copy\Debug 文件夹中。可以在操作系统下使用文件重定向功能运行该程序，方法是在 Windows 中，首先进入命令行执行方式（选择"开始"→"所有程序"→"附件"→"命令提示符"），然后把当前工作目录切换到 D:\CProg\dbl_copy\Debug，在该提示符后输入如下命令行之一：

```
① dbl_copy<Enter>
② dbl_copy  < infile<Enter>
③ dbl_copy  > outfile<Enter>                    或   >> outfile
④ dbl_copy  < infile > outfile<Enter>           或   >> outfile
```

infile 表示输入数据文件名，outfile 表示输出数据文件名，它们都存储在 D:\CProg\dbl_copy\Debug 文件夹中。

第一种执行方式与在集成环境中的执行过程一样，使用标准设备作为输入输出文件。

后面三种执行方式中，<符号的意义是把标准输入设备重定向到文件 infile 上，此时 infile 是标准输入设备，程序中原来应从标准输入设备上读入数据的函数 getchar，现在转向从文件 infile 中读入数据。>符号的意义是把标准输出设备重定向到文件 outfile 上，此时 outfile 是标准输出设备，程序中 putchar 输出的内容原来应输出到标准输出设备上，现在转向输出到文件 outfile 中。可以把<和>看成箭头，表示数据的流动方向。注意，如果将输出重定向的>改为>>，表示向输出文件中追加输出。

例如，若输入输出数据文件名分别是 in.txt 和 out.txt，则上述后三个命令行是：

```
② dbl_copy  < in.txt<Enter>
③ dbl_copy  > out.txt<Enter>                    或   >> out.txt
④ dbl_copy  < in.txt > out.txt<Enter>           或   >> out.txt
```

读者可以按上述四种方式运行该程序，体会输入输出重定向的含义。对于②、④两种方式在程序运行之前必须使用文本编辑器生成输入数据文件 in.txt。

*11.9　通过命令行参数指定待读写的文件名

例 11-2 实现了文本文件的复制。待复制的源文件名和目标文件名是程序运行时通过键盘输入确定的。本节介绍如何通过命令行参数指定待复制的文件名。在 9.4.4 节中已经介绍了 main()函数的参数和命令行参数之间的关系，并给出了例 9-33 予以说明。下面给出例 11-14，它将完成与例 11-2 相同的功能，但程序的运行方式不同。

例 11-14 文件复制。

```c
#include<stdlib.h>
#include<stdio.h>

int main(int argc, char *argv[ ])
{
    FILE *fp1, *fp2;
    char ch;

    if(argc!=3)    /* 如果输入的命令行参数个数不是 3 个,则报错 */
    {
        printf("Command format is wrong.\n");
        exit(5);
    }
    if((fp1=fopen(argv[1], "r"))==NULL)
    {
        printf("Can not open file %s!\n", argv[1]);
        exit(1);
    }
    if((fp2=fopen(argv[2], "w"))==NULL)
    {
        printf("Can not open file %s!\n", argv[2]);
        exit(2);
    }
    while((ch=fgetc(fp1))!=EOF)
        fputc(ch, fp2);
    fclose(fp1);
    fclose(fp2);
    return 0;
}
```

本例源程序文件名为 Li1114.c，该源程序属于项目解决方案 copy.sln，经编译连接后产生的可执行文件为 copy.exe，该可执行文件存储在 D:\CProg\copy\Debug 文件夹中。通过命令行执行方式执行该程序，在命令行中指定输入输出文件名：

<u>copy source.txt target.txt<Enter></u>

293

第
11
章

数据文件的使用

操作系统分析该命令行，得到命令行参数个数为 3，命令行字符串分别是"D:\CProg\copy\Debug\copy.exe"、"source.txt" 和 "target.txt"。argv[1] 和 argv[2]分别是 "source.txt" 和 "target.txt"。本程序实现将源文件 source.txt 复制到目标文件 target.txt 的功能。读者可用此程序将您的 C 语言源程序文件复制到一个新的 C 语言源程序文件中，例如，输入命令"copy ex1.c   ex2.c<Enter>"可实现将 ex1.c 复制到 ex2.c 中。注意，此时三个文件 copy.exe、ex1.c 和 ex2.c 应存储在同一个文件夹中。

习　题　11

1．叙述缓冲文件系统的概念及缓冲文件系统的目的。

2．叙述文件指针和文件读写位置指针的区别。

3．stdin、stdout 和 stderr 分别表示什么？它们的类型是什么？系统何时创建它们？

4．编写程序，创建文本文件 mul.txt，其内容为九九乘法表，其格式为：

	1	2	3	4	5	6	7	8	9
1	1	2	3	4	5	6	7	8	9
2	2	4	6	8	10	12	14	16	18
3	3	6	9	12	15	18	21	24	27
4	4	8	12	16	20	24	28	32	36
5	5	10	15	20	25	30	35	40	45
6	6	12	18	24	30	36	42	48	54
7	7	14	21	28	35	42	49	56	63
8	8	16	24	32	40	48	56	64	72
9	9	18	27	36	45	54	63	72	81

要求通过循环自动生成该表，其中每个数据占 4 个字符位置，右对齐。第 1 列行号（1、2、3、……、9）表示相乘的第 1 项，第 1 行列号（1、2、3、……、9）表示相乘的第 2 项，其余数据表示第 1 项与第 2 项相乘的结果。

5．用编辑器创建一个文本文件 data.txt，其内容为若干实数，数据之间以空白字符分隔。编程实现：从该文件中读入这些实数，求出这些实数的平均值。在程序中创建并产生另一个文本文件 result.txt，将 data.txt 中的全体实数输出到该文件中，要求每行输出 5 个数，并且在最后输出求出的平均值。

6．将 0°～90°的每一角度的正弦值和余弦值求出，写到二进制文件 sincos.bin 中。要求：角度用 int 型量表示，对应的正弦值和余弦值用 double 型量表示，二进制文件中存储的是数据的内存映像。提示：C 语言的标准数学库函数 sin()和 cos()的参数是弧度。将角度转换成弧度的公式为：弧度 =（角度/180）×π。

7．将第 6 题所产生的数据文件 sincos.bin 中的 20°～30°每一度的度数及其对应的正弦值和余弦值读出，显示到屏幕上，要求一行显示一个度数的数据，各数据列对齐。注意，本题要求用文件随机读写实现，首先将文件读写位置指针定位在第一个待读入数据处。

8．编写程序，将第二个文本文件的内容追加到第一个文本文件的尾部。例如，第一和第二个文本文件名分别是 t1.txt 和 t2.txt，程序运行后，t1.txt 的内容是原 t1.txt 和 t2.txt 两个文件内容的合并，t2.txt 文件的内容保持不变。

9．通过键盘输入一篇英文文章，然后将其存放到一个文本文件 article.txt 中。要求通过输入 Ctrl+Z，结束键盘输入。

10．有两个文本文件，各自存放了已按非递减序排好的字符流，编程将这两个文件中的字符流合并到第三个文本文件中，并保持字符的非递减序。例如，文件 string1.txt 中的内容是 abbr，文件 string2.txt 中的内容是 bit，合并后存放到第三个文件 string3.txt 中，则文件 string3.txt 的内容为 abbbirt。要求使用归并算法，不允许使用排序算法。归并时要求边读入边写出字符，即从前两个文件读入的字符直接写入第三个结果文件，而不能把字符全部读入数组再处理。归并算法的思路为：首先从第一个和第二个文件中各读入一个字符，将较小者写入第三个文件，然后从较小者已写入结果文件的输入文件中读入下一个字符，循环做上述步骤，直到其中一个输入文件的所有字符读完，然后把另一个输入文件中的字符全部写入结果文件。参见习题 7 第 1 题。

11．在一个文本文件 source.txt 中包含一篇英文文章。编程将其读入内存，然后以文章中的逗号和句号为结尾分隔符，将文件 source.txt 中的内容分成若干行写入第二个文件 result.txt 中。例如，文件 source.txt 的内容是：

```
On Sunday morning, I usually get up very late. I wash my face and then go
out to do morning exercises. It is about 8:20. After I eat my breakfast,
I often go to a supermarket with my mother. The supermarket is near our
home, so we walk there. It takes us about 20 minutes to get there on foot.
```

结果文件 result.txt 的内容应是：

```
On Sunday morning,
I usually get up very late.
I wash my face and then go out to do morning exercises.
It is about 8:20.
After I eat my breakfast,
I often go to a supermarket with my mother.
The supermarket is near our home,
so we walk there.
It takes us about 20 minutes to get there on foot.
```

要求每一行以字母开头，即文件 source.txt 中紧接在逗号或句号后的空格被舍弃，不写入结果文件。

12．编写程序将一个文本文件 source.txt 中的每一行加上行号，写入另一个文件 result.txt 中。例如，文件 source.txt 的内容是：

```
C
Programming
Language
End
```

结果文件 result.txt 的内容应是：

```
001 C
002 Programming
003 Language
004 End
```

要求行号是 3 位数，不足 3 位前面以 0 补齐，且行号与第一个字母之间以一个空格隔开；另外，要求程序中使用 fgets 和 fputs 函数。

ASCII 码表

ASCII 值	控制字符	ASCII 值	字符	ASCII 值	字符	ASCII 值	字符
0	NUL	32	空格	64	@	96	`
1	SOH	33	!	65	A	97	a
2	STX	34	"	66	B	98	b
3	ETX	35	#	67	C	99	c
4	EOT	36	$	68	D	100	d
5	ENQ	37	%	69	E	101	e
6	ACK	38	&	70	F	102	f
7	BEL	39	'	71	G	103	g
8	BS	40	(	72	H	104	h
9	HT	41	)	73	I	105	i
10	LF	42	*	74	J	106	j
11	VT	43	+	75	K	107	k
12	FF	44	,	76	L	108	l
13	CR	45	-	77	M	109	m
14	SO	46	.	78	N	110	n
15	SI	47	/	79	O	111	o
16	DLE	48	0	80	P	112	p
17	DC1	49	1	81	Q	113	q
18	DC2	50	2	82	R	114	r
19	DC3	51	3	83	S	115	s
20	DC4	52	4	84	T	116	t
21	NAK	53	5	85	U	117	u
22	SYN	54	6	86	V	118	v
23	ETB	55	7	87	W	119	w
24	CAN	56	8	88	X	120	x
25	EM	57	9	89	Y	121	y
26	SUB	58	:	90	Z	122	z
27	ESC	59	;	91	[	123	{
28	FS	60	<	92	\	124	|
29	GS	61	=	93	]	125	}
30	RS	62	>	94	^	126	~
31	US	63	?	95	_	127	DEL

附录 B 常用库函数

库函数并不是 C 语言的组成部分，它是由人们根据需要编制并提供给用户使用的。为了方便用户使用库函数，每一种 C 语言编译系统都提供了一批库函数，不同的编译系统所提供的库函数的数目和函数名以及函数功能并不完全相同。

用到库函数时必须包含相应的头文件。需要了解 C 提供的库函数请查阅有关手册。本附录列出一些最常用的库函数。

1. 常用数学函数

使用如表 B-1 所示的数学函数时，要要包含头文件 math.h。

表 B-1　常用数学函数

函 数 原 型	功　　能	返　回　值	说　　明
int abs(int x)	求整数 x 的绝对值	绝对值	
double acos(double x)	求实数 x 的反余弦	计算结果	−1≤x≤1
double asin(double x)	求实数 x 的反正弦	计算结果	−1≤x≤1
double atan(double x)	求实数 x 的反正切	计算结果	
double cos(double x)	求实数 x 的余弦	计算结果	x 的单位为弧度
double cosh(double x)	求实数 x 的双曲余弦	计算结果	
double exp(double x)	求 e^x	计算结果	
double fabs(double x)	求实数 x 的绝对值	绝对值	
double floor(double x)	求不大于 x 的最大整数	该整数的双精度数	
double fmod(double x, double y)	求 x/y 的余数	该余数的双精度数	
long labs(long x)	求长整型数 x 的绝对值	绝对值	
double log(double x)	求自然对数（以 e 为底的对数）	计算结果	
double log10(double x)	求以 10 为底的对数	计算结果	
double modf(double x,double *y)	取 x 的整数部分放到 y 所指向的单元中	x 的小数部分	
double pow(double x,double y)	求 x^y	计算结果	
double sin(double x)	求实数 x 的正弦	计算结果	x 的单位为弧度
double sinh(double x)	求实数 x 的双曲正弦	计算结果	
double sqrt(double x)	求 x 的平方根	计算结果	x≥0
double tan(double x)	求实数 x 的正切	计算结果	x 的单位为弧度
double tanh(double x)	求实数 x 的双曲正切	计算结果	

2. 字符函数

使用如表 B-2 所示的字符处理函数时，要包含头文件 ctype.h。

表 B-2　字符处理函数

函 数 原 型	功　　能	返 回 值	说　明
int isalnum(int ch)	检查 ch 是否是字母（alpha）或数字（numeric）	是字母或数字返回非零整数值，否则返回 0	
int isalpha(int ch)	检查 ch 是否是字母	是字母返回非零整数值，否则返回 0	
int iscntrl(int ch)	检查 ch 是否是控制字符（其 ASCII 码为 0～0x1F）	是控制字符返回非零整数值，否则返回 0	
int isdigit(int ch)	检查 ch 是否是数字（0～9）	是数字返回非零整数值，否则返回 0	
int isgraph(int ch)	检查 ch 是否是可打印字符（其 ASCII 码为 0x21～0x7E），不包括空格	是可打印字符返回非零整数值，否则返回 0	
int islower(int ch)	检查 ch 是否是小写字母（a～z）	是小写字母返回非数值，否则返回 0	
int isprint (int ch)	检查 ch 是否是可打印字符（包括空格），其 ASCII 码为 0x20～0x7E	是可打印字符返回非零整数值，否则返回 0	
int ispunct(int ch)	检查 ch 是否是标点字符（不包括空格），即除字母、数字和空格以外的所有可打印字符	是标点字符返回非零整数值，否则返回 0	
int isspace (int ch)	检查 ch 是否是空格、制表符或换行符	是空格、制表符或换行符返回非零整数值，否则返回 0	
int isupper (int ch)	检查 ch 是否是大写字母（A～Z）	是大写字母返回非零整数值，否则返回 0	
int isxdigit (int ch)	检查 ch 是否是一个十六进制字符（即 0～9，或 A～F 或 a～f）	是一个十六进制字符返回非零整数值，否则返回 0	
int tolower(int ch)	将 ch 字符转换为小写字母	返回 ch 字符所代表的字符的小写字母	
int toupper(int ch)	将 ch 字符转换为大写字母	返回 ch 字符所代表的字符的大写字母	

3. 字符串处理函数

使用如表 B-3 所示的字符串处理函数时，要包含头文件 string.h。

表 B-3　字符串处理函数

函 数 原 型	功　　能	返　回　值	说　　明
void * memcpy(void * p1, const void *p2, size_t n)	存储器复制，将 p2 所指向的 n 字节复制到 p1 所指向的存储区中	目的存储区的起始地址	实现任意数据类型之间的复制
void * memset(void * p, int v, size_t n)	将 v 的值作为 p 所指向的区域的值，n 是 p 所指向区域的大小	返回该区域的起始地址	
char * strcat(char * p1, const char *p2)	将 p2 所指向的字符串接到 p1 所指向的字符串的后面	目的存储区的起始地址	
char * strchr(const char *s, int c)	找出 s 指向的字符串中第一次出现字符 c 的位置	返回指向该位置的指针，若找不到，则返回空指针	
int strcmp(const char * p1, const char *p2)	两个字符串比较	若两字符串相同，返回 0；若 p1 所指向的字符串小于 p2 所指向的字符串，返回负数；否则，返回正数	
char * strcpy(char * p1, const char *p2)	将 p2 所指向的字符串复制到 p1 所指向的区域中	目的存储区的起始地址	
unsigned int strlen(const char *s)	求字符串的长度	字符串中包含的字符个数	
char * strncat(char * p1, const char *p2, size_t n)	将 p2 所指向的字符串（最多 n 个字符）接到 p1 所指向的字符串的后面	目的存储区的起始地址	
int strncmp(const char * p1, const char *p2, size_t n)	前两个参数与函数 strcmp( )相同，最多比较 n 个字符	与函数 strcmp( )相同	
char * strncpy(char * p1, const char *p2,size_t n)	前两个参数与函数 strcpy( )相同，最多复制 n 个字符	与函数 strcpy( )相同	
char * strstr(const char * p1, const char *p2)	p2 所指向的字符串是否是 p1 所指向的字符串的子串	若是子串，返回开始位置；否则返回 0	
char * strlwr(char *s)	将 s 所指向的字符串中所有大写字母变成小写字母，其他字母不变	返回字符串的起始地址	
char * strupr(char *s)	将 s 所指向的字符串中所有小写字母变成大写字母，其他字母不变	返回字符串的起始地址	

4. 其他常用的函数

使用如表 B-4 所示的其他常用的函数时，要包含头文件 stdlib.h。

表 B-4 其他常用的函数

函 数 原 型	功　　能	返 回 值	说　　明
void abort(void)	终止程序执行		不做结束工作
void exit(int status)	终止程序执行		做结束工作
int abs(int x)	求整数的绝对值	返回绝对值	
long labs(long x)	求长整数的绝对值	返回绝对值	
double atof(const char *s)	将 s 所指向的字符串转换成实数	返回实数值	
int atoi(const char *s)	将字符串转换成整数	返回整数值	
long atol(const char *s)	将字符串转换成长整数	返回长整数值	
int rand(void)	产生一个随机数	返回随机数	
void srand(unsigned seed)	初始化随机数发生器		
int system(const char *s)	将 s 所指向的字符串作为一个可执行文件，并执行之		
void * calloc(unsigned int n, unsigned int size)	分配 n 个数据项的内存连续空间，每个数据项的大小为 size	分配内存单元的起始地址。若不成功，则返回 NULL	
void free (void *p)	释放 p 所指向的内存区		
void * malloc (unsigned int size)	分配 size 字节的内存连续空间	分配内存单元的起始地址。若不成功，则返回 NULL	
void * realloc(void *p,unsigned int size)	将 p 所指向的已分配内存区的大小改为 size。size 可以比原来分配的空间大或小	返回指向该内存区的指针	

　　最后 4 个函数是有关动态分配存储空间的函数。动态分配空间的函数系统返回 void 指针，void 指针具有一般性，使用时要用强制类型转换的方法将 void 指针转换成所需要的类型。

5. 实现键盘和文件输入输出的函数

使用如表 B-5 所示的输入输出函数时，要包含头文件 stdio.h。

表 B-5　实现键盘和文件输入输出的函数

函 数 原 型	功　　能	返　回　值	说明
void clearerr(FILE *fp)	清除由 fp 所指向的文件结束标志和错误标志		
int fclose(FILE *fp)	关闭 fp 指向的文件,清除所有缓冲区	若成功，则返回 0；否则返回非 0	
int feof(FILE *fp)	检查 fp 指向的文件是否到达文件末尾	如果到达文件末尾,函数返回一个非零整数值;否则返回 0	
int fgetc(FILE *fp)	返回 fp 指向的文件中的随后一个字符	返回读入的字符;若读入出错，则返回 EOF	
char * fgets(char *s, int n, FILE *fp)	从 fp 指向的文件中读取长度为 n−1 的字符串，读取的内容存放到 s 指向的存储单元中	返回地址 s；若遇文件结束或出错，则返回 NULL	
FILE * fopen(const char *filename, const char *mode)	以 mode 指定的方式打开一个名为 filename 的文件	打开成功，返回一个文件指针（文件信息区的起始地址），否则返回 NULL	
int fprintf(FILE *fp, const char *format, ...)	以 format 指定的格式输出到 fp 所指向的文件中	实际输出的字符数；出错时返回一个负数	
int fputc(int c, FILE *fp)	将字符 c 输出到 fp 指向的文件中	若成功，则返回该字符；否则返回 EOF	
int fputs(const char *s, FILE *fp)	将 s 指向的字符串输出到 fp 所指向的文件中	若成功，则返回一个非负值；否则返回 EOF	
unsigned fread(void *ptr, unsigned int size, unsigned int n, FILE *fp)	从 fp 所指向的文件中读取长度为 size 的 n 个数据项，存放到 ptr 所指向的内存区	返回读取的数据个数；若遇文件结束或出错,则返回 0	
int fscanf(FILE *fp, const char *format, ...)	从 fp 所指向的文件中按 format 指定的格式将输入数据存放到随后的各个参数所指向的内存单元	若没有读取到数据而已到达文件末尾，则返回 EOF；否则返回已输入的数据个数	
int fseek(FILE *fp, long offset, int base)	将 fp 所指向的文件位置指针移到以 base 所指出的位置为基准、以 offset 为位移量的位置	若成功，则返回 0；否则返回非 0	
long ftell(FILE *fp)	返回 fp 所指向的文件中的读写位置	返回 fp 所指向的文件中的读写位置	
unsigned fwrite(const void *ptr, unsigned int size, unsigned int n, FILE *fp)	把 ptr 所指向的 n*size 字节输出到 fp 所指向的文件中	返回写入的数据项数	

函 数 原 型	功 能	返 回 值	说明
int getc(FILE *fp)	该函数等价于 fgetc()函数，区别在于 getc()函数通常以宏的方式实现。从 fp 所指向的文件中读入一个字符	返回所读字符；若出错或文件结束，则返回 EOF	
int getchar(void)	从标准输入设备读取下一个字符	返回所读的字符；若出错或文件结束，则返回 EOF	
char * gets(char *s)	从标准输入设备中读入下一行字符，把读到的字符串存储到由 s 指向的存储单元	返回地址 s；若出错或没有存储字符，则返回 NULL	
int printf(const char *format, ...)	按 format 指向的格式字符串所规定的格式，将输出表列输出到标准输出设备	返回输出字符的个数；若出错，则返回负数	
int putc(int ch, FILE *fp)	将字符 ch 输出到 fp 所指向的文件中	返回输出的字符 ch；若出错，则返回 EOF	
int putchar(int ch)	将 ch 输出到标准输出设备	返回输出的字符；若出错，则返回 EOF	
int puts(const char *s)	将 s 指向的字符串输出到标准输出设备，将'\0'转换为回车换行	返回一个非负数；若出错，则返回 EOF	
void rewind (FILE *fp)	将 fp 指示的文件中的位置指针置于文件开头位置		
int scanf(const char *format, ...)	从标准输入设备按 format 规定的格式读取数据，存放到随后的各个参数给定的地址处	若读取成功,则返回读取并存储的数据个数；否则返回 EOF	

参 考 文 献

[1] 王珊珊，臧洌，张志航. 程序设计语言——C[M]. 北京：清华大学出版社，2007.

[2] 王珊珊，尤彬彬，朱敏，等. C语言程序设计上机实验及学习指导[M]. 南京：南京大学出版社，2015.

[3] 王珊珊，臧洌，张志航. C++程序设计教程[M]. 3版. 北京：机械工业出版社，2017.

[4] 王珊珊，臧洌，张志航. C++语言程序设计上机实验及学习指导[M]. 南京：南京大学出版社，2015.

[5] 谭浩强. C程序设计[M]. 4版. 北京：清华大学出版社，2012.

[6] 布朗森. 标准C语言基础教程[M]. 4版. 北京：电子工业出版社，2012.

[7] KELLEY A，POHL I. A Book on C: Programming in C[M]. 4th ed. 北京：机械工业出版社，2004.

[8] KERNIGHAN B W，RITCHIE D M. The C Programming Language[M]. 2nd ed. 北京：机械工业出版社，2005.

[9] 杨涛. C程序设计语言（第2版·新版）习题解答[M]. 北京：机械工业出版社，2004.

[10] JOHNSONBAUGH R, KALIN M. ANSI C应用程序设计[M]. 杨季文，吕强，译. 北京：清华大学出版社，2006.

[11] 姜恒远，陶烨，张莉，等. C语言程序设计教程[M]. 北京：高等教育出版社，2010.

[12] BRONSON G J. 标准C语言基础教程[M]. 单先余，陈芳，张蓉，等译. 4版. 北京：电子工业出版社，2006.

图书资源支持

感谢您一直以来对清华版图书的支持和爱护。为了配合本书的使用,本书提供配套的资源,有需求的读者请扫描下方的"书圈"微信公众号二维码,在图书专区下载,也可以拨打电话或发送电子邮件咨询。

如果您在使用本书的过程中遇到了什么问题,或者有相关图书出版计划,也请您发邮件告诉我们,以便我们更好地为您服务。

我们的联系方式:

地　　　址:北京海淀区双清路学研大厦 A 座 707

邮　　　编:100084

电　　　话:010－62770175－4604

资源下载:http://www.tup.com.cn

电子邮件:weijj@tup.tsinghua.edu.cn

QQ:883604(请写明您的单位和姓名)

用微信扫一扫右边的二维码,即可关注清华大学出版社公众号"书圈"。

资源下载、样书申请

书圈